四川省示范性高职院校建设项目成果

数控机床电气控制与 PLC

主　编　杨　丁　刘　帅

主　审　李进东

西南交通大学出版社
·成都·

内容简介

本书结合高职教育人才培养特点，以数控机床对电气控制系统及可编程控制器的要求为主线，采用项目化模式编写而成，全书内容分为三个部分，第一部分介绍由继电器、接触器等电器组成的机床电气控制系统，第二部分介绍数控系统的连接方法，第三部分介绍可编程控制器。本书内容紧密结合工程实际、突出技术应用，在讲清基本理论的基础上，强调学生通过实验、实训的方法主动学习，特别注重培养学生的技能和综合素质。本书的内容阐述通俗易懂、图文并茂，便于教学和自学。

本书可作为高等职业院校、技师学院、技术学院、技工学校等数控专业、机械制造及自动化专业和机电专业的教材，也可作为其他专业师生用书，还可作为工厂中数控机床操作、维修、调试人员的参考用书。

图书在版编目（CIP）数据

数控机床电气控制与 PLC / 杨丁，刘帅主编. —成都：西南交通大学出版社，2013.10（2023.3 重印）
四川职业技术学院省级示范性高职院校建设项目成果
ISBN 978-7-5643-2621-0

Ⅰ. ①数… Ⅱ. ①杨… ②刘… Ⅲ. ①数控机床－电气控制－高等职业教育－教材②可编程序控制器－高等职业教育－教材 Ⅳ. ①TG659②TM571.6

中国版本图书馆 CIP 数据核字（2013）第 206446 号

数控机床电气控制与 PLC

主编 杨丁 刘帅

*

责任编辑 李芳芳
特邀编辑 李 丹
封面设计 墨创文化

西南交通大学出版社出版发行
四川省成都市金牛区二环路北一段 111 号西南交通大学创新大厦 21 楼
邮政编码：610031 发行部电话：028-87600564
http://www.xnjdcbs.com

成都蓉军广告印务有限责任公司印刷

*

成品尺寸：185 mm × 260 mm 印张：18.25
字数：456 千字
2013 年 10 月第 1 版 2023 年 3 第 6 次印刷
ISBN 978-7-5643-2621-0
定价：39.00 元

序

在大力发展职业教育、创新人才培养模式的新形势下，加强高职院校教材建设，是深化教育教学改革、推进教学质量工程、全面培养高素质技能型专门人才的前提和基础。

近年来，四川职业技术学院在省级示范性高等职业院校建设过程中，立足于"以人为本，创新发展"的教育思想，组织编写了涉及汽车制造与装配技术、物流管理、应用电子技术、数控技术等四个省级示范性专业，以及体制机制改革、学生综合素质训育体系、质量监测体系、社会服务能力建设等四个综合项目相关内容的系列教材。在编撰过程中，编著者立足于"理实一体"、"校企结合"的现实要求，秉承实用性和操作性原则，注重编写模式创新、格式体例创新、手段方式创新，在重视传授知识、增长技艺的同时，更多地关注对学习者专业素质、职业操守的培养。本套教材有别于以往重专业、轻素质，重理论、轻实践，重体例、轻实用的编写方式，更多地关注教学方式、教学手段、教学质量、教学效果，以及学校和用人单位"校企双方"的需求，具有较强的指导作用和较高的现实价值。其特点主要表现在：

一是突出了校企融合性。全套教材的编写素材大多取自行业企业，不仅引进了行业企业的生产加工工序、技术参数，还渗透了企业文化和管理模式，并结合高职院校教育教学实际，有针对性地加以调整优化，使之更适合高职学生的学习与实践，具有较强的融合性和操作性。

二是体现了目标导向性。教材以国家行业标准为指南，融入了"双证书"制和专业技术指标体系，使教学内容要求与职业标准、行业核心标准相一致，学生通过学习和实践，在一定程度上，可以通过考级达到相关行业或专业的标准，使学生成为合格人才，具有明确的目标导向性。

三是突显了体例示范性。教材以实用为基准，以能力培养为目标，着力在结构体例、内容形式、质量效果等方面进行了有益的探索，实现了创新突破，形成了系统体系，为同级同类教材的编写，提供了可借鉴的范样和蓝本，具有很强的示范性。

与此同时，这是一套实用性教材，是四川职业技术学院在示范院校建设过程中的理论研究和实践探索中的成果。教材编写者既有高职院校长期从事课程建设和实践实训指导的一线教师和教学管理者，也聘请了一批企业界的行家里手、技术骨干和中高层管理人员参与到教材的编写过程中，他们既熟悉形势与政策，又了解社会和行业需求；既懂得教育教学规律，又深谙学生心理。因此，全套系列教材切合实际，对接需要，目标明确，指导性强。

尽管本套教材在探索创新中存在有待进一步锤炼提升之处，但仍不失为一套针对高职学生的好教材，值得推广使用。

此为序。

四川省高职高专院校
人才培养工作委员会主任
二〇一三年一月二十三日

前　言

电气控制技术是以电动机或其他执行电器为控制对象，以实现生产过程自动化为目的的控制技术。电气控制技术被广泛应用于各种需要动力的工业控制场合。随着现代科学技术的飞速发展，工业电气控制手段和方法也发生了巨大变革，PLC 技术、伺服驱动技术、数控技术逐渐代替继电器复杂的接线而成为控制核心。

数控机床是集电气自动控制技术、检测技术、计算机技术、精密制造技术于一体的典型机光电一体化设备。着力发展以数控机床为核心的先进制造业已成为我国经济发展的重要战略，而电气控制系统与 PLC 控制的设计是数控机床研发、调试和使用维护过程中的重要工作。所以熟悉和掌握数控机床的电气控制与 PLC 技术，对于更好地解决数控机床应用中出现的问题具有重要作用。

本书结合高职教育人才培养特点，以数控机床对电气控制系统及可编程控制器的要求为主线，采用项目化模式编写而成，内容紧密结合工程实际、突出技术应用，特别注重学生的技能和综合素质的培养。全书内容分为三个部分共十二个项目。第一部分是项目一～五，主要介绍继电器接触器控制的基本回路、电气控制系统基本规则、电气控制系统分析和设计方法，能满足普通机床电气控制系统分析的需要。第二部分是项目六～八，介绍数控机床控制系统的连接，主要以配置 FANUC 0i-D/0i Mate-D 系统（部分内容兼顾 FANUC 0i-C/0i Mate-C 系统需要）的数控铣床和数控车床为平台，内容详尽，实践应用性较强，能满足高职数控技术专业学生的数控机床基本连接调试的需要。第三部分是项目九～十二，在内容编排上由浅入深、循序渐进，首先通过项目九介绍了通用 PLC 基本指令编程，使读者了解 PLC 的工作原理、基本程序设计方法；然后过渡到数控系统内置可编程控制器的应用上来，比较全面地介绍了 FANUC PMC 在数控机床中各种功能程序的设计方法，通过对各个实例的训练和理解，结合相关产品说明书，读者基本能完成数控机床的 PLC 程序设计和调试工作。

本书可作为高等职业院校、技师学院、技术学院、技工学校等数控专业、机械制造及自动化专业和机电专业的教材，也可作为其他专业师生用书，还可作为工厂中数控机床操作、维修、调试人员的参考用书。

在学习内容的选取上建议数控专业学习项目一～十二的内容；其他专业可主要学习项目一～五及项目九的内容，辅助介绍了解其他项目。

本书由四川职业技术学院杨丁、刘帅任主编，四川职业技术学院李进东主审。全书由以下人员编写完成：项目一～三由四川职业技术学院杨丁编写，项目九～十二由四川职业技术学院刘帅编写，项目六～八由四川职业技术学院郑旭编写，项目四、五由四川工程职业技术学院钟铃编写。在本书的编写过程中，天津机电职业技术学院的高艳平老师、四川信息职业技术学院的杨金鹏老师提出了许多宝贵意见，四川职业技术学院领导及兄弟部门给予了大力支持，在此表示最诚挚的感谢。

由于时间仓促，加之编者水平有限，本书难免存在疏漏之处，如您在使用本书过程中有各种宝贵意见，恳请向编者（dewanzn@vip.qq.com）反馈。

编　者

2013 年 5 月

目　录

第一部分　电气控制基本回路

第二部分　数控机床控制系统连接

第三部分　数控机床 PLC 编程

第一部分

电气控制基本回路

项目一 三相异步电动机全压启动控制

【教学导航】

建议学时	建议理论 6 学时，实践 4 学时，共 10 学时。
推荐教学方法	理论实践一体化教学，引导学生自主学习。
推荐学习方法	以小组为单位，边学边做，小组讨论；老师先介绍基本概念、基本理论、基本方法，然后引导学生通过实验、实训的方法主动学习。
学习要领	• 注意掌握机床电气控制的基本原理和方法，对最基本、最典型的控制线路和实例要熟悉； • 学习典型设备和系统时，着重研究、体会元器件和线路的应用特点，不必过分追求理论的系统与完整； • 机床电气自动控制的新技术、新产品日新月异，在学习时，应密切注意这方面的实际发展动态，以求把基本理论和最新技术联系起来。
知识要点	• 机床电气控制的应用和发展； • 电气控制系统图的种类和作用； • 电气原理图的绘制规则和识图方法； • 常用低压电器元件的结构、工作原理、型号、图形符号、规格、正确选择、使用方法及其在控制线路中的作用； • 三相交流电动机点动、连续控制线路。

任务一 项目描述

电动机是工业生产中重要的执行电器，电动机的单向全电压启动控制是电气控制技术的基础，它主要包括点动和连续运行两种方式。某设备由一台三相交流异步电动机拖动，设备上有一个绿色的正常启动按钮、一个红色的停止按钮、一个黄色的点动按钮。在按下正常启动按钮后电动机通电并保持连续运行；当按下停止按钮时电动机失电停止运行；在设备正常工作之前需要进行调试，此时，操作者可以按住点动按钮使电动机通电运行，但是当操作者松开此按钮时，电动机就失电停止运行；如果在电动机正常工作过程中电网突然断电，当重新恢复供电之后电动机不会自己启动而造成危险。那么，这台设备是怎样实现上述功能控制的呢？其实这离不开电气控制技术。通过本项目中各工作任务的训练，学生能认识电气控制技术的作用，了解电气控制系统的基本规则，掌握按钮、转换开关、接触器、熔断器等电器元件的原理和接线使用方法，并学会电动机全压启动控制线路的分析方法。

任务二　电气控制技术的认识

一、电气控制技术的作用

电气控制技术是以电动机或其他执行电器为控制对象，以继电器接触器、可编程控制器或数控技术等手段实现生产过程自动化为目的的控制技术。

由接触器、继电器、按钮、开关及保护元器件等组成的电气自动控制系统作为最基本的自动化控制手段，其结构简单、控制成本低，在小型电气控制系统中被广泛使用，而且它是组成电气控制系统的基础，也是可编程控制器或数控技术控制系统中的信号采集和驱动输出部分所必须的。

可编程控制器（PLC）在电气控制系统中的应用越来越普遍，已成为实现工业自动化的重要手段之一，它是在继电器接触器控制的基础之上发展而来的，采用存储器运算的方法，更加方便、可靠地实现逻辑控制、顺序控制、定时、计数等功能，且接线非常简单、灵活。所以在复杂的、大型的电气自动控制系统中，可编程控制器具有继电器接触器不可比拟的优势。

随着现代电器元件、电气控制系统与计算机技术的发展，机床结构也在不断变化，性能不断提高，逐步发展为以电气为主的控制系统，而机械传动系统的结构大大简化。数控技术是一种新的控制手段，它在速度调节和位置控制方面具有不可比拟的优越性和发展前景，它的出现使机床的动作达到了前所未有的灵活程度。采用直流或交流无级调速电动机来驱动机床，使结构复杂的变速箱变得十分简单，简化了机械结构，提高了效率和刚度，也提高了精度。近年来数控机床的快速发展在很大程度上依赖于控制技术的革命性发展。

机床的控制任务是实现对主轴转速和进给量的控制，并辅助完成保护、冷却、照明等系统的控制。机床的电气自动控制系统就是用电气手段为机床提供动力，并实现上述控制任务的系统。现代机床在电气自动控制方面综合应用了许多先进的科学技术成果，如计算机技术、电子技术、传感技术、伺服驱动技术，使机床的自动化程度、加工效率、加工精度、可靠性不断提高，同时扩大了工艺范围，缩短了新产品的试制周期，在加速产品更新换代、降低成本和减轻工人劳动强度等方面起到了重要作用。

由此可见，电气自动控制技术对于现代机床及其他机器设备的自动生产过程，有着极其重要的作用。

二、机床电气控制技术的发展

随着科学技术的不断发展，机床电气控制技术经历了从手动控制到自动控制、从单一功能到多功能的发展，对操作者而言，也从紧张繁重发展到了轻松自如。

机床电气控制，最初采用手动直接控制，其动作比较单一，如砂轮机。后来由于切削工具的发展，机床结构的改进，切削功率的增大，机床运动的增多，手动控制已不能满足要求，于是出现了以继电器、接触器为主的控制电器所组成的控制装置和控制系统。这种控制系统，可实现对机床各种运动的控制，如启停控制、正/反转控制、调速控制等。它们的控制方法较简单直接、工作稳定可靠、成本低，使机床的自动化向前迈进了一大步。

由于继电器接触器控制装置接线固定，使用单一性，难以适应复杂和程序可变的控制对象的需要。为了适应这种控制需要，可编程控制器（PLC）就产生了。可编程控制器技术是在硬件接线的继电器接触器控制基础之上发展而来的既有逻辑控制、定时、计数功能，又能实现数字运算、数据处理、模拟量调节、联网通信等功能的控制装置。可编程控制器由于其稳定可靠的性能，极其便利的易扩展性，已成为现代生产机械设备中开关量控制的主要电气控制装置。

由于工程现代控制理论和计算机技术、大规模集成电路、检测技术的发展，使得近年来数控机床快速发展，数控机床的发展极大地推动了现代加工技术和手段的发展，提高了加工精度和效率。现代数控机床已发展到以计算机为控制核心的计算机数控，其控制的灵活性和通用性极强，工作可靠，控制系统也极大简化，因此，已成为现代机床的主要发展形式。

近年来，电气控制技术已从传统的继电器接触器控制技术逐步发展到以可编程控制技术和数控技术为主的新的控制方式。可编程控制器（PLC）和数控系统作为新型的自动化控制装置，在机床控制领域发挥着越来越重要的作用。

任务三 电气控制系统设计基本规则的了解

一、电气图形符号和文字符号

电气控制系统由电动机、电磁传动装置和各种控制电器所组成。出于设计、分析和使用的方便，必须使用国家标准规定的统一的图形符号和文字符号来表示电动机和各种电器的连接关系。我国现行的工业自动化控制技术领域的相关规定有：

- GB/T 4728《电气图常用符号》
- GB/T 7159《电气技术中的文字符号通则》
- JB/T 2739《工业机械电气图用图形符号》
- JB/T 2740《工业机械电气设备电气图、图解和表的绘制》
- GB/T 5465《电气设备用图形符号》
- GB/T 5226《机械电气设备通用技术条件》
- GB/T 4026《电器设备接线端子和特定导线线端的识别及应用字母数字系统的通则》
- GB 5094《电气技术中的项目代号》
- GB 2681《电工成套装置中的导线颜色》
- GB 2682《电工成套装置中的指示灯和按钮的颜色》

（一）电气图中的图形符号

图形符号通常是指用于图样或其他文件中表示一个设备或概念的图形、标记或字符。图形符号由符号要素、限定符号、一般符号以及非电气操作控制的动作（例如机械控制符号）特征符号等构成。

符号要素，是一种具有确定意义的简单图形，必须同其他图形组合才能构成一个设备或概念的完整符号。例如，三相异步电动机是由定子、转子及各自的引线等几个符号要素构成，这些符号要求有确切的含义，但一般不能单独使用，其布置也不一定与符号所表示的设备实际结构相一致。

一般符号，是表示同一类产品和此类产品特性的一种很简单的符号，它们是各类元器件的基本符号。例如，一般电阻器、电容器和具有单向导电性的二极管的符号。一般符号不但广义上代表各类元器件，也可以表示没有附加信息或功能的具体元件。

限定符号，是用以提供附加信息的一种加在其他符号上的符号。例如，在电阻器一般符号的基础上，加上不同的限定符号就可组成可变电阻器、光敏电阻器、热敏电阻器等具有不同功能的电阻器。也就是说使用限定符号以后，可以使图形符号具有多样性。

限定符号一般不能单独使用。一般符号有时也可以作为限定符号。例如，电容器的一般符号加到二极管的一般符号上就构成变容二极管的符号。

图形符号的注意事项：

（1）所有符号均应按无电压、无外力作用的正常状态表达。例如，按钮未按下，闸刀未合闸等。

（2）在图形符号中，某些设备元件有多个图形符号，在选用时，应该尽可能选用优选形。在能够表达其含义的情况下，尽可能采用最简单形式，在同一图号的图中使用时，应采用同一形式。图形符号的大小和线条的粗细应基本一致。

（3）为适应不同需求，可将图形符号根据需要放大和缩小，但各符号相互间的比例应该保持不变。图形符号绘制时方位不是强制的，在不改变符号本身含义的前提下，可以将图形符号根据需要旋转或成镜像放置。

（4）图形符号中导线符号可以用不同宽度的线条表示，以突出和区分某些电路或连接线。例如常将电源或主信号导线用加粗的实线表示。

（二）电气图中的文字符号

电气图中的文字符号是用于标明电气设备、装置和元器件的名称、功能、状态和特征的，可在电器设备、装置和元器件上或其近旁使用，以表明电气设备、装置和元器件种类的字母代码和功能字母代码。电气技术中的文字符号分为基本文字符号和辅助文字符号。

1. 基本文字符号

基本文字符号分为单字母符号和双字母符号两种。

单字母符号是用拉丁字母将各种电气设备、装置和元器件划分为23大类，每一类用一个字母表示。例如，"R"代表电阻器，"M"代表电动机，"C"代表电容器等。

双字母符号是由一个表示种类的单字母符号与另一字母组成，并且是单字母符号在前、另一字母在后。双字母中在后的字母通常选用该类设备、装置和元器件的英文名词的首位字母，这样，双字母符号可以较详细和更具体地表述电气设备、装置和元器件的名称。例如，"RP"代表电位器，"RT"代表热敏电阻器，"MD"代表直流电动机，"MC"代表笼型异步电动机。

2. 辅助文字符号

辅助文字符号是用以表示电气设备、装置和元器件以及线路的功能、状态和特征的，通常也是由英文单词的前一两个字母构成。例如，"DC"代表直流（Direct Current），"AC"代表交流电（Alternating Current），"IN"代表输入（Input），"S"代表信号（Signal）。

辅助文字符号一般放在单字母文字符号后面，构成组合双字母符号。例如，"Y"是电气操作机械装置的单字母符号，"B"代表制动的辅助文字符号；"YB"代表制动电磁铁的组合符号。辅助文字符号也可单独使用，例如，"ON"代表闭合，"N"代表中性线。

二、电气控制系统图

电气控制系统由电气控制元件按一定要求连接而成。为了清晰地表达设备电气控制系统的工作原理，便于系统的安装、调整、使用和维修，将电气控制系统中的各电器元器件用一定的图形符号和文字符号来表示，再将其连接情况用一定的图形表达出来，这种图形就是电气控制系统图。

电气控制系统图包括电气原理图、电器布置图、电气互连图（或安装接线图）等。

1. 电气原理图

电气原理图是说明电气设备工作原理的线路图。在电气原理图中并不考虑电器元件的实际安装位置和实际连线情况，只是把各元件按接线顺序用符号展开在平面图上，用直线将各元件连接起来。

现以图1.1所示的某设备的风扇电动机控制的电气原理图为例，说明在阅读和绘制电气原理图时应注意的事项。

（1）电气原理图应分成若干图区，复杂的图采用纵横分区，纵向用大写字母编号，横向用数字标号；较简单的图也可以只作横向分区，图区的横向编号写在图的下部，并在原理图的上方用汉字注明该区电路的作用含义。

（2）电气原理图由主电路和辅助电路组成。主电路一般用粗线画在左边；辅助电路一般用细线画在右边，图1.1的控制部分就是该系统的辅助电路。无论是主电路还是控制电路，各元件一般应按动作顺序从上至下、自左至右依次排列。

（3）电源的画法一般集中水平画在图面上方，相序自上而下依次是L1、L2、L3排列，若有中性线（N）和保护接地线（PE）则依次排在相线下方。

（4）电气原理图中各元器件的文字符号和图形符号必须按标准绘制和标注。同一电器的所有元件必须用同一文字符号标注。

（5）电气原理图应按功能来组合，同一功能的电气相关元件应画在一起，但同一电器的各部件不一定画在一起。电路应按动作顺序和信号流程自上而下或自左向右排列。

（6）电气原理图中各电器应该是未通电或未动作的状态，二进制逻辑元件应是置零的状态，机械开关应是循环开始的状态，即按电路"常态"画出。

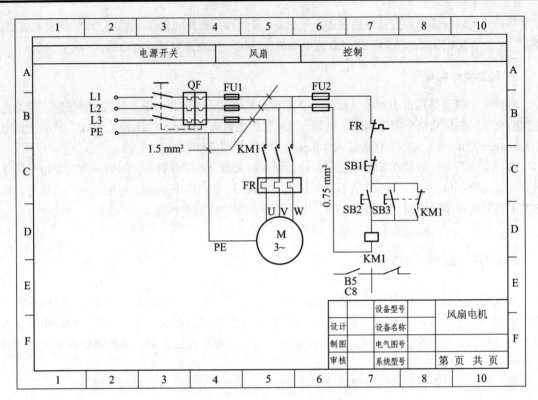

图 1.1　风扇电动机控制电气原理图

2. 电器布置图

　　电器布置图用来表明各种电器元件在机械设备和电气控制柜中的实际安装位置。它将提供电气设备各个单元的布局和安装工作所需数据的图样。例如，电动机要和被拖动的机械装置在一起，行程开关应画在获取信息的地方，操作手柄应画在便于操作的地方，一般电器元件应放在电气控制柜中。

　　图 1.2 为笼型异步电动机直接启/停控制电气柜的电器布置图。

　　在阅读和绘制电气安装图时应注意以下几点：

　　（1）按电气原理图要求，应将动力电路、控制电路和信号电路分开布置，并各自安装在相应的位置，以便于操作、维护。

　　（2）体积较大、较重的电器元件应安装在电器安装板的下方，而发热量较大的元件应安装在电器安装板的上方。

　　（3）电气控制柜中各元件之间、上下左右之间的连线应保持一定间距，并且应考虑器件的发热和散热因素，应便于布线、接线和检修。

　　（4）图中的文字符号应与电气原理图、电气互连图和电气设备清单等一致。

　　（5）电器元件的布置应考虑整齐、美观、对称。外形尺寸与结构类似的电器应安装在一起，以利安装和配线。

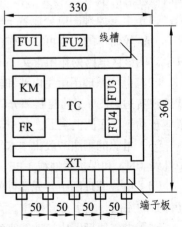

图 1.2　笼型异步电动机控制线路
电器布置图

3. 电气互连图

电气互连图又称为安装接线图，是用来表明电气设备各单元之间的接线关系，一般不包括单元内部的连接，着重表明电气设备外部元件的相对位置及它们之间的电气连接。图 1.3 为笼型异步电动机直接启/停控制线路的电气互连图。

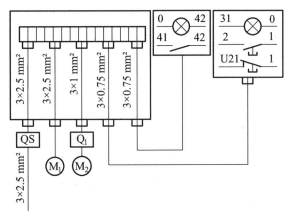

图 1.3　电动机控制线路电气互连图

在阅读和绘制电气互连图时应注意以下几点：

（1）外部单元同一电器的各部件画在一起，其布置应尽量符合电器的实际情况。

（2）不在同一控制柜或同一配电屏上的各电器元件的连接，必须经过接线端子排进行。图中文字符号、图形符号及接线端子排编号应与原理图一致。

（3）电气设备的外部连接应标明电源的引入点。

（4）不在同一控制箱和同一配电屏上的各电器元件都必须经接线端子板连接。互连图中的电气互连关系用线束来表示，连接导线应注明导线规格（数量、截面积等），一般不表明实际走线途径，施工时由操作者根据实际情况选择最佳走线方式。

三、电气控制系统设计

工业电气控制系统的设计，一般包含两个基本内容：一个是原理设计，即要满足生产机械功能的各种电气控制要求；另一个是工艺设计，即要满足电气控制装置本身的制造、使用和维修的需要。原理设计决定了生产机械设备的合理性与先进性，工艺设计决定了电气控制系统是否具有生产可行性、经济性、美观、使用维修方便性等特点，所以电气控制系统设计要全面考虑两方面的内容。在熟练掌握典型环节控制电路、具有对一般电气控制电路分析能力之后，设计者还应掌握电气控制系统设计的一般原则、基本内容和一般步骤等知识才能举一反三，设计出合理的电气控制系统。

（一）电气控制系统设计的一般原则

生产机械种类繁多，其电气控制方案各异，但电气控制系统的设计原则基本相同。设计工作的首要问题是树立正确的设计思想和工程实践的观点，它是高质量完成设计任务的基本保证。

电气控制系统设计的一般原则如下：

（1）最大限度地满足生产机械和生产工艺对电气控制系统的要求。电气控制系统设计的依据主要来源于生产机械和生产工艺的要求。

（2）设计方案要合理。在满足控制要求的前提下，设计方案应力求简单、经济，便于操作和维修，不要盲目追求高指标和自动化。

（3）机械设计与电气设计应相互配合。许多生产机械采用机电结合控制的方式来实现控制要求，因此，要从工艺要求、制造成本、结构复杂性、使用维护方便等方面协调处理好机械和电气的关系。

（4）确保控制系统安全可靠地工作，必须注意各种保护环节、互锁要求等。

（二）电气控制系统图的绘图规则

电气控制系统图是表达设计成果、传递设计意图的重要依据，绘制时应注意以下规则：

1. 标线号

在电气原理图上用字母和数字标注线号，每经过一个器件改变一次线号（接线端子除外）。

2. 布置器件

根据电气原理图，将电器元件在配电盘或控制盘上按先上后下、先左后右的规则排列，并以接线图的表示方法画出电器元件（方框+电气符号）。

3. 标器件号

给安放位置固定的器件标注符号（包括接线端子）。

4. 二维标注

在导线上标注导线线号和指示导线去向的器件号。注意在配电盘的引出、引入导线均须采用接线端子连接。

（三）选择电器元件时的注意事项

根据设计任务要求和设计方案，在选择电器元件时应注意如下的一般性要求：

（1）根据对控制元件功能的要求，确定电器元件类型。例如，在选择继电器与接触器类型时，如果元件用于通、断功率较大的主电路时，则应选接触器控制；若元件用于切换功率较小的电路（如控制电路）时，则应选择中间继电器；若伴有延时要求时，则应选用时间继电器。

（2）根据电气控制的电压、电流及功率的大小来确定元件的规格，满足元器件的承载能力的临界位及使用寿命。

（3）掌握元器件预期的工作环境及供应情况，如防油、防尘、货源等。

（4）为了保证一定的可靠性，采用相应的降额系数，并进行一些必经的计算和校核。

（四）电气控制系统设计的基本任务和内容

电气控制系统设计的基本任务是根据控制要求设计、编制出设备制造、使用和维修过程中所必须的图纸、资料等。图纸包括电气原理图、元器件布置图、安装接线图、电气柜示意图、控制面板图、电器元件安装底板图和非标准件加工图等，另外还要编制外购件目录、单台材料消耗清单、设备说明书等文字资料。

电气控制系统设计的内容主要包含原理设计与工艺设计两个部分，以电力拖动控制设备为例，设计内容主要有：

1. 原理设计内容

电气控制系统原理设计的主要内容包括：

（1）拟订电气设计任务书。

（2）确定电力拖动方案，选择电动机。

（3）设计电气控制原理图，计算主要技术参数。

（4）选择电器元件，制订元器件明细表。

（5）编写设计说明书。

电气原理图是整个设计的中心环节，它为工艺设计和制订其他技术资料提供依据。

2. 工艺设计内容

进行工艺设计主要是为了便于组织电气控制系统的制造，从而实现原理设计提出的各项技术指标，并为设备的调试、维护与使用提供相关的图纸资料。工艺设计的主要内容有：

（1）设计电气总布置图、总安装图与总接线图。

（2）设计组件布置图、安装图和接线图。

（3）设计电气柜、操作台及非标准元件。

（4）列出元件清单。

（5）编写使用维护说明书。

（五）电气控制系统设计的一般步骤

（1）拟订设计任务书。

设计任务书是整个电气控制系统的设计依据，又是设备竣工验收的依据。设计任务的拟订一般由技术部门、设备使用部门和任务设计部门等几方面共同完成。

电气控制系统的设计任务书，主要包括以下内容：

① 设备名称、用途、基本结构、动作要求及工艺过程介绍。

② 电力拖动的方式及控制要求等。

③ 联锁、保护要求。

④ 自动化程度、稳定性及抗干扰要求。

⑤ 操作台、照明、信号指示、报警方式等要求。

⑥ 设备验收标准。

⑦ 其他要求。

（2）确定电力拖动方案。

电力拖动方案选择是电气控制系统设计的主要内容之一，也是以后各部分设计内容的基础和先决条件。

所谓电力拖动方案是指根据零件加工精度、加工效率要求、生产机械的结构、运动部件的数量、运动要求、负载性质、调速要求以及投资额等条件去确定电动机的类型、数量、传动方式以及拟订电动机启动、运行、调速、转向、制动等控制要求。

电力拖动方案的确定要从以下几个方面考虑：

① 拖动方式的选择。电力拖动方式分独立拖动和集中拖动。电气传动的趋势是多电动机拖动，这不仅能缩短机械传动链，提高传动效率，而且能简化总体结构，便于实现自动化。具体选择时，可根据工艺与结构决定电动机的数量。

② 调速方案的选择。大型、重型设备的主运动和进给运动，应尽可能采用无级调速，有利于简化机械结构、降低成本；精密机械设备为保证加工精度也应采用无级调速；对于一般中小型设备，在没有特殊要求时，可选用经济、简单、可靠的三相笼型异步电动机。

③ 电动机调速性质要与负载特性适应。对于恒功率负载和恒转矩负载，在选择电动机调速方案时，要使电动机的调速特性与生产机械的负载特性相适应，这样可以使电动机得到充分合理的应用。

（3）拖动电动机的选择。

电动机的选择主要有电动机的类型、结构型式、容量、额定电压与额定转速。

电动机选择的基本原则是：

① 根据生产机械调速的要求选择电动机的种类。

② 工作过程中电动机容量要得到充分利用。

③ 根据工作环境选择电动机的结构型式。

应该注意的是，在满足设计要求的情况下优先考虑采用结构简单、价格便宜、使用维护方便的三相交流异步电动机。

正确选择电动机容量是电动机选择中的关键问题。电动机容量计算有两种方法，一种是分析计算法，另一种是统计类比法。分析计算法是按照机械功率估计电动机的工作情况，预选一台电动机，然后按照电动机实际负载情况做出负载图，根据负载图校验温升情况，确定预选电动机是否合适，不合适时再重新选择，直到电动机合适为止。

在比较简单、无特殊要求、生产数量又不多的电力拖动系统中，电动机容量的选择往往采用统计类比法，或者根据经验采用工程估算的方法来选用，通常还要预留一定的裕量，选择稍大容量的电动机。

（4）选择控制方式。

控制方式要实现拖动方案的控制要求。随着现代电气技术的迅速发展，生产机械电力拖动的控制方式从传统的继电接触器控制向 PLC 控制、CNC 控制、计算机网络控制等方面发展，控制方式越来越多。控制方式的选择应在经济、安全的前提下，最大限度地满足工艺的要求。

（5）设计电气控制原理图，并合理选用元器件，编制元器件明细表。

（6）设计电气设备的各种施工图纸。

（7）编写设计说明书和使用说明书。

任务四　相关电器元件的认识

凡是对电能的生产、输送、分配和应用能起到切换、控制、调节、检测以及保护等作用的电工器械，均称为电器。工作在交流 1 200 V 及以下、直流 1 500 V 及以下的电路中的电器称为低压电器。机床电气控制线路中使用的电器元件多数属于低压电器元件。

一、低压电器的分类

低压电器的品种繁多，为方便对低压电器元件的理解，以下先介绍低压电器元件的分类。

1. 按动作性质分

（1）自动电器，这类电器有电磁铁等动力机构，按照指令、信号或参数变化而自动动作，使工作电路接通和切断，如接触器、自动开关等。

（2）非自动电器，这类电器没有动力机构，依靠人力或其他外力来接通或切断电路，如刀开关、转换开关等。

2. 按工作原理分

（1）电磁式电器，依据电磁感应原理来工作的电器，如交直流接触器、各种电磁式继电器等。

（2）非电量控制器，电器根据外力或某种非电物理量的变化而动作，如刀开关、行程开关、按钮、速度继电器压力继电器、温度继电器等。

3. 按用途分

（1）配电电器，用于供、配电系统中进行电能输送和分配的电器。如刀开关、低压断路器等。

（2）控制电器，用于控制电路和控制系统的电器。如转换开关、接触器、继电器、电磁启动器、控制器等。

（3）主令电器，用于发送控制指令的电器。如按钮、主令开关、主令控制器、转换开关等。

（4）保护电器，用于保护电路及用电设备，使其安全运行的电器。如熔断器、电流继电器、热继电器等。

（5）执行电器，用于驱动生产机械运行或保持机械装置在指定位置的电器。如电磁阀、电磁离合器、电磁制动器等。

许多电器既可作控制电器，也可作保护电器，它们之间没有明显的界线。例如，电流继电器可按"电流"参量来控制电动机，又可用来保护电动机不致过载；又如，行程开关既可用来控制工作台的加、减速及行程长度，又可作为终端开关保护工作台而不致闯到导轨外面去。

二、按钮的认识

按钮也称控制按钮或按钮开关，它是机床电气设备中结构简单、应用广泛的手动控制电器，其作用通常是用来短时间地接通或断开小电流的控制电路，通过远距离控制接触器、继电器等电器，从而达到控制电动机或其他设备运行的目的。由于控制按钮在电气自动控制系统中主要用于发送控制"命令"，所以它也是一种主令电器。

1. 结构及动作原理

因使用环境和要求不同，控制按钮的结构种类非常多。例如，在简单启/停控制线路中可以使用由两个按钮元件组成"启动"、"停止"的双联按钮；在电动机正/反转控制电路中可以使用由三个按钮元件组成的"正转"、"反转"、"停止"的三联按钮；在用于发送一般控制指令时也可以使用单个按钮；此外还有一种紧急式按钮——装有突出的蘑菇形钮帽，常作为"急停"功能控制按钮。

常见控制按钮的外形如图 1.4 所示。

（a）LAY9 系列按钮外形

（b）LA18 系列按钮外型　　　　　　（c）防雨按钮 COB 系列

图 1.4　常见按钮外形

按钮一般由按帽、复位弹簧、触头（或称触点）和外壳等部分组成，其结构示意图与电气原理图如图 1.5 所示，文字符号为 SB。触头是按钮的导电部件，在按钮接入电路后触头可以用来接通和断开电路。每个按钮中的触头形式有常开触头和常闭触头两种。

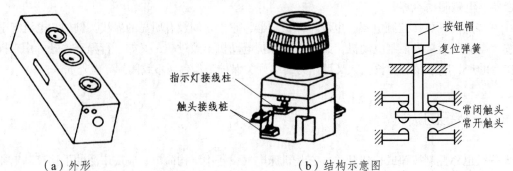

（a）外形　　　　　　　　　　　　　（b）结构示意图

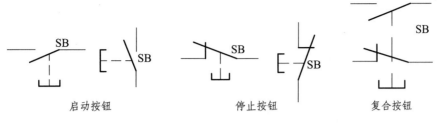

（c）电气原理图

图 1.5　按钮的外形、结构示意图及电气原理图

常开触头，又称动合触头。在没有外力作用（未按下）时，触头是断开的；施加外力作用（已按下）时，触头闭合，但外力消失后，在复位弹簧作用下自动恢复原来的断开状态。

常闭触头，又称动断触头。在没有外力作用时，触头是闭合的，施加外力作用时，触头断开，但外力消失后，在复位弹簧作用下自动恢复原来的闭合状态。

为了满足实际使用需要，一个按钮还可以制成多对常开和常闭的触头。在按下按钮时，所有的触头都改变状态，即常开触头要闭合，常闭触头要断开。但是，这两对触头的变化是有先后次序的，按下按钮时，常闭触头先断开，常开触头后闭合；松开按钮时，常开触头先复位（断开），常闭触头后复位（闭合）。

控制按钮按保护形式分为开启式、保护式、防水式和防腐式等。按结构形式分为嵌压式、紧急式、钥匙式、带信号灯式、带灯紧急式等。按钮颜色有红、黑、绿、黄、白、蓝等，在使用时应根据国家标准 GB 2682 合理选择。

2. 型号含义

按钮的型号及其含义如图 1.6 所示。

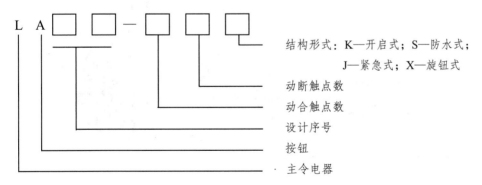

图 1.6　按钮的型号及其含义

3. 控制按钮型号的选择原则

控制按钮型号的选择应注意以下原则：

（1）根据使用场合，选择控制按钮的种类，如开启式、防水式、防腐式等；

（2）根据用途，选择控制按钮的结构形式，如钥匙式、紧急式、带灯式等；

（3）根据控制回路的需求，确定按钮数，如单钮、双钮、三钮、多钮等；

（4）根据工作状态指示和工作情况的要求，选择按钮及指示灯的颜色。

三、转换开关的认识

1. 转换开关的用途

转换开关结构形式非常多，使用范围非常广，因此，又称为万能转换开关。它是由多组相同结构的触头组件叠装而成的多挡位多回路的主令电器，也称组合开关。当用于主电路，主要用作电源的引入开关时，又称电源的隔离开关。

万能转换主要用于各种控制线路的转换、电压表、电流表的换相测量控制、配电装置线路的转换和遥控等。可以适用于交流 50 Hz、额定工作电压 380 V 及以下、直流压 220 V 及以下、额定电流至 160 A 的电气线路中，它可以直接启停 5 kW 以下的异步电动机，但每小时的接通次数不宜超过 15 ~ 20 次，开关的额定电流一般取电动机额定电流的 1.5 ~ 2.5 倍。

常见万能转换开关外形如图 1.7 所示。国内现有的包括 LW2，LW4，LW5，LW6，LW8，LW12，LW15，LW16，LW26，LW30，LW39，CA10，HZ5，HZ10，HZ12 等各类开关以及进口设备上的转换开关。万能转换开关派生产品有挂锁型开关和暗锁型开关（63 A 及以下），可用作重要设备的电源切断开关，防止误操作以及控制非授权人员的操作。

万能转换开关体积小、功能多、结构紧凑、选材讲究、绝缘良好、转换操作灵活、安全可靠。

万能转换开关规格齐全，有 10 A，16 A，20 A，25 A，32 A，63 A，125 A 和 160 A 等电流等级。

图 1.7　常见万能转换开关外形

2. 结构组成及原理

万能转换开关由操作机构、定位装置、触点、接触系统、转轴、手柄等部件组成。其单层结构示意图如图 1.8（a）所示。

触头在绝缘基座内，为双断点触头桥式结构，动触点设计成自动调整式以保证通断时的同步性，静触点装在触点座内。使用时依靠凸轮和支架进行操作，控制触点的闭合和断开。

操作时用手柄带动转轴和凸轮推动触头接通或断开。由于凸轮的形状不同，当手柄处在不同位置时，触头的吻合情况不同，从而达到转换电路的目的。

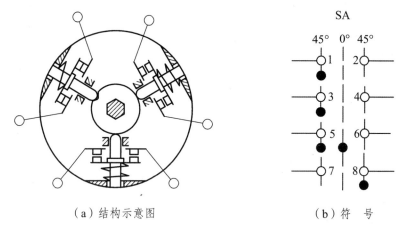

（a）结构示意图　　　　　　　　（b）符　号

图 1.8　万能转换开关结构示意和电气原理图形符号

常用产品有 LW5 和 LW6 系列。LW5 系列可控制 5.5 kW 及以下的小容量电动机；LW6 系列只能控制 2.2 kW 及以下的小容量电动机。用于可逆运行控制时，只有在电动机停车后才允许反向启动。LW5 系列万能转换开关按手柄的操作方式可分为自复式和自定位式两种。所谓自复式是指用手拨动手柄于某一挡位时，手松开后，手柄自动返回原位；定位式则是指手柄被置于某挡位时，不能自动返回原位而停在该挡位。

万能转换开关的手柄操作位置是以角度表示的。不同型号的万能转换开关的手柄有不同的角度位置和触点状态，电气图中的图形符号如图 1.8（b）所示。由于其触点的分合状态与操作手柄的位置有关，所以，除在电气图中画出触点图形符号外，还应画出操作手柄与触点分合状态的关系，用"·"表示手柄所处某一位置时闭合的触点。图中当万能转换开关手柄打向左 45° 时，触点 1-2、3-4、5-6 闭合，触点 7-8 断开；手柄打向 0° 时，只有触点 5-6 闭合；手柄打向右 45° 时，触点 7-8 闭合，其余断开。

3. 型号含义

万能转换开关的型号及其含义如图 1.9 所示。

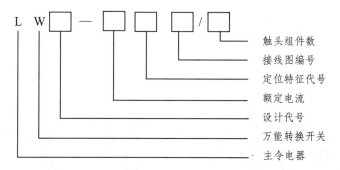

触头组件数
接线图编号
定位特征代号
额定电流
设计代号
万能转换开关
主令电器

图 1.9　万能转换开关的型号及其含义

4. 转换开关的选择原则

万能转换开关在选择时应注意以下原则：

（1）按额定电压和工作电流选用相应的万能转换开关系列；

（2）按操作需要选定手柄型式和定位特征；

（3）按控制要求参照转换开关产品说明，确定触头数量和接线图编号；

（4）选择面板型式及标志。

四、接触器的认识

（一）接触器的用途及外形

接触器是用来频繁接通和切断交、直流电路的中远距离控制电器。按通过其主触头的电流性质不同可分为交流接触器和直流接触器两类。本书主要使用和介绍交流接触器。

常见交流接触器的外形如图 1.10 所示。

（a）CJ20 系列

（b）CJ12 系列

（c）CJ19 系列　　　　　　　（d）CJ40 系列

图 1.10　常见交流接触器的外形

（二）交流接触器的结构

交流接触器主要包括电磁机构、触头系统、灭弧装置、其他部件等几部分，其结构如图 1.11 所示。

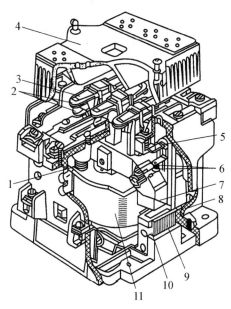

图 1.11　交流接触器的结构

1—释放弹簧；2—主触头；3—触头压力弹簧；4—灭弧罩；5—常闭辅助触头；6—常开辅助触头；
7—动铁芯；8—缓冲弹簧；9—静铁芯；10—短路环；11—线圈

1. 电磁机构

电磁机构是各种电磁式电器的感测部分，其作用是将电磁能转换成机械能，从而带动触头的闭合或断开。

电磁机构由线圈、动铁芯、静铁芯和短路环等组成。线圈通电后，在铁芯中产生电磁力，吸引动铁芯移动，带动触头系统移动。短路环的作用是减小电磁噪声和振动，也称减振环。

电磁机构的工作原理是：线圈通过电流后产生磁场，磁感线经过铁芯、衔铁和工作气隙形成闭合回路，产生的电磁吸力克服复位弹簧的反作用力，将衔铁吸向铁芯；线圈断电后，衔铁在复位弹簧的弹力作用下恢复原始状态。电磁铁分为直流电磁铁和交流电磁铁。

2. 触头系统

触头用来接通和断开电路，是一切有触头的电器的执行元件。对触头的要求一般是：接通时导电性能好、不跳（不振动）、噪声小、不过热；断开时能可靠地消除规定容量下的电弧。

触头闭合且有工作电流通过时的状态称为电接触状态，电接触状态时触头之间的电阻称为接触电阻，其大小直接影响电路工作情况。若接触电阻较大，电流通过触头时电能损耗大，将使触头发热导致温度升高，严重时可能使触头熔焊，这样既影响了工作的可靠性，又降低了触头的寿命。接触电阻的大小主要与触头的接触形式、接触压力、触头材料及触头表面积等因素有关。

根据结构形式不同，触头分为桥式触头和指式触头两种。触头的接触形式有点接触、线接触和面接触三种，如图 1.12 所示。

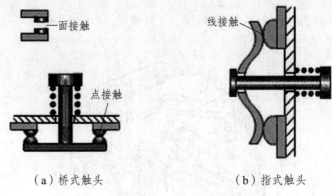

（a）桥式触头　　　　　　　　（b）指式触头

图 1.12　接触器触头种类及其结构形式

桥式触头有点接触和面接触两种，点接触适合小电流电路；面接触触头通常在接触面镶有合金，接触电阻较小，耐磨，适用于大电流电路。

指式触头为线接触，在接通和分断时触头间会产生滚动摩擦，有利于去除触头表面的氧化膜，这种形式适用于大电流且操作频繁的场合。为使触头接触时导电性能良好，减小接触电阻并消除开始接触时产生的振动，触头上装有触头弹簧，以增加动、静触头间的接触压力。

接触器触头系统分为主触头和辅助触头两种。

主触头接在主电路中，用来接通和断开主电路和其他大容量电路。根据主触头的对数不同，接触器又分为两极、三极、四极接触器。

辅助触头一般用在辅助电路和其他小电流电路中，用来实现各种自锁、互锁、辅助功能的控制。辅助触头一般有常开触头和常闭触头两类。在未通电或不受外力作用的常态下处于断开状态的触头称为常开触头（又称动合触头）；反之称为常闭触头（又称动断触头）。

3. 灭弧装置

当触头分断大电流电路时，会在动静触头间产生强烈的电弧。电弧可能烧坏触头，并使电路的切断时间延长，严重时甚至会导致其他事故。为使电器工作可靠，必须采用灭弧装置将电弧迅速熄灭。

一般灭弧装置所采用的灭弧原理有电动力灭弧、灭弧栅灭弧、磁吹灭弧和纵缝灭弧等。其中：10 A 以下的小容量交流电器常用电动力灭弧，容量较大的交流电器常采用灭弧栅灭弧，直流电器广泛采用磁吹灭弧，纵缝灭弧则对交直流电器皆可。

4. 其他部件

其他部件包括复位弹簧、缓冲弹簧、触头压力弹簧片、接线桩、支架及底座等。

（三）交流接触器动作原理

交流接触器的动作原理如图 1.13 所示。电磁线圈得电以后，产生的磁场将铁芯磁化，吸引动铁芯，克服反作用弹簧的弹力，使它向着静铁芯运动，拖动触头系统运动，使得动合触点闭合、动断触点断开。一旦电源电压消失或者显著降低，以致电磁线圈没有激磁或激磁不足，动铁芯就会因电磁吸力消失或过小而在反作用弹簧的弹力作用下释放，使得动触点与静触点脱离，触点恢复线圈未通电时的状态。

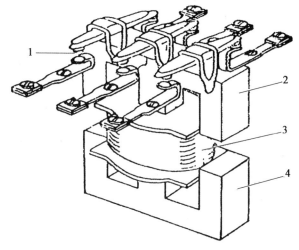

图 1.13　交流接触器动作原理示意图

1—主触点；2—动铁芯；3—电磁线圈；4—静铁芯

交流接触器的电气原理图形符号如图 1.14 所示。

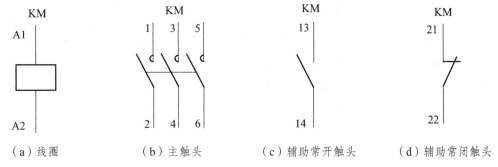

（a）线圈　　　　（b）主触头　　　　（c）辅助常开触头　　　　（d）辅助常闭触头

图 1.14　接触器的电气原理图形符号

（四）安装方法

（1）安装前应先检查线圈的额定电压、额定电流等技术数据是否符合要求；检查接触器触头接触是否良好，有无卡阻现象；对新安装的接触器应擦净铁芯表面的防锈油。

（2）接触器的安装方向应遵照其说明书要求。注意接线柱切勿错接，一般三极交流接触器 A1-A2 为线圈；1-2、3-4、5-6 为主触头；13-14 NO、43-44 NO 为辅助常开触头；21-22 NC、31-32 NC 为辅助常闭触头。有些接触器要求安装在垂直面上，其倾斜度不得超过 5°。对有散热孔的接触器，散热孔应放在上下位置，以利于散热。

（3）安装与接线时，切勿把零件失落在接触器内部，以免引起卡阻或短路故障。

（4）应拧紧固定螺钉，防止运行振动。

（5）触头表面因电弧出现金属小珠时，应及时锉修，但银及银合金触头表面产生的氧化膜，由于接触电阻很小，可不必锉修，否则会缩短触头的寿命。

（6）接触器的触头应定期清扫保持清洁，但不允许涂油。

（五）型号的意义

接触器的型号及其含义如图 1.15 所示。

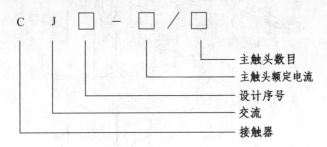

图 1.15　交流接触器的型号及其含义

（六）接触器的选择方法

（1）接触器的极数和电流种类，应根据主触头接通和分断电路的性质来选择。三相交流系统中一般选用三极接触器，当需要同时控制中性线时，则选用四极交流接触器。

（2）根据负载的工作任务来选择接触器的使用类别。在电力拖动控制系统中，接触器常见的使用类别及典型用途如表 1.1 所示。它们的主触头达到的接通和分断能力为：AC1 和 DC1 类允许接通和分断额定电流；AC2、DC3 和 DC5 类允许接通和分断 4 倍的额定电流；AC3 类允许接通 6 倍的额定电流和分断额定电流；AC4 类允许接通和分断 6 倍的额定电流。

（3）主触点额定电压的选择，应大于等于负载额定电压。

（4）主触点额定电流不小于其控制电路的最大工作电流。

（5）线圈电压：等于控制电路工作电压。

表 1.1　接触器常见使用类别和典型用途

电流种类	使用类别	典型用途
AC （交流）	AC1	无感或微感负载、电阻炉
	AC2	绕线转子异步电动机的启动、制动
	AC3	笼型异步电动机的启动、运转中分断
	AC4	笼型异步电动机的启动、反接制动、反向和点动
DC （直流）	DC1	无感或微感负载、电阻炉
	DC2	并励电动机的启动、反接制动和点动
	DC3	串励电动机的启动、反接制动和点动

五、熔断器的认识

1. 熔断器的用途及类型

熔断器是一种当电流超过规定值一定时间后，以它本身产生的热量使熔体熔化而分断电路的电器，广泛应用于低压配电系统和控制系统及用电设备中作短路和过电流保护。熔断器根据其结构不同主要分为瓷插式、螺旋式、无填料封闭管式和有填料封闭管式等类型。

2. 熔断器的结构

瓷插式、螺旋式、无填料封闭管式、有填料封闭管式的外形及结构分别如图 1.16～图 1.19 所示。

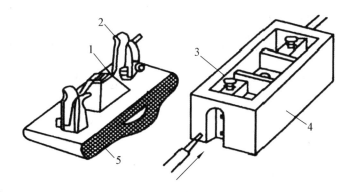

图 1.16 RC1A 系列瓷插式熔断器

1—熔丝；2—动触头；3—静触头；4—瓷座；5—瓷盖

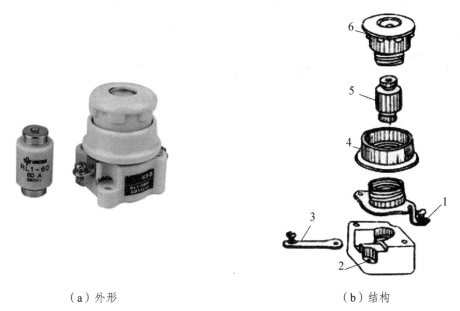

（a）外形　　　　　　　　　　　（b）结构

图 1.17 RL1 系列螺旋式熔断器

1—上接线端；2—座子；3—下接线端；4—瓷套；5—熔断管；6—瓷帽

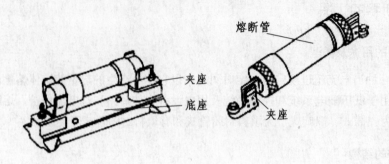

（a）外形

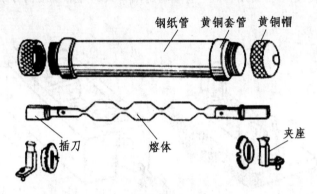

（b）结构

图 1.18　RM10 系列无填料封闭管式熔断器

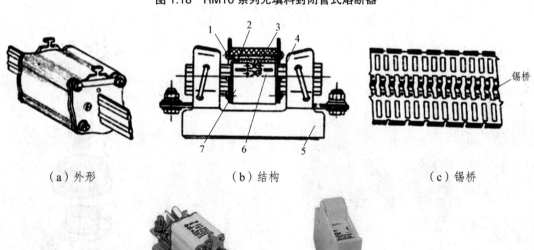

（a）外形　　　　　　　（b）结构　　　　　　　（c）锡桥

（d）RT0 系列外形　　　　（e）RT18 系列外形

图 1.19　有填料封闭管式熔断器

1—熔断指示器；2—石英砂填料；3—指示器熔丝；4—插刀；5—底座；6—熔体；7—熔管

3. 熔断器的安装方法及使用注意事项

（1）瓷插式熔断器的熔丝应顺着螺钉旋紧方向绕过去；不要把熔丝绷紧，以免减小熔丝截面尺寸。

（2）熔体的额定电流只能小于或等于熔断器的额定电流。熔断器的额定分断能力应大于电路中可能出现的最大短路电流。

（3）对螺旋式熔断器，电源线必须与瓷底座的下接线端连接，防止更换熔体时发生触电。

（4）某些熔断器有安装方向要求，请认真根据说明书安装。

（5）应保证熔体与安装座接触良好，以免因接触电阻过大使熔体温度升高而熔断。

（6）更换熔体应在停电的状况下进行。

4. 熔断器的型号及电气原理图形符号

熔断器的型号如图 1.20 所示，其电气原理图形符号如图 1.21 所示。

图 1.20　熔断器型号意义　　　　　图 1.21　熔断器电气原理图形符号

5. 熔断器一般选择方法

（1）熔断器的类型，主要应根据使用环境、负载的情况、短路电流的大小等因素来选择。例如：对于容量较小的照明电路或电动机的保护，宜采用 RC1A 系列插入式熔断器或 RM10 系列无填料密封管式熔断器；对于短路电流较大的电路或有易燃气体的场合，宜采用高分断能力的 RL 系列螺旋式熔断器或 RT 系列有填料密封管式熔断器。一般情况下，管式熔断器常用于大型设备及容量较大的变电场合；插入式熔断器常用于无振动的场合；螺旋式熔断器多用于机床配电；电子设备一般采用熔丝座。

（2）额定电压：应略大于线路工作电压。

（3）熔体额定电流：

在配电系统中，各级熔断器应相互匹配，一般上一级熔体的额定电流要比下一级熔体的额定电流大 2 ~ 3 倍。用于一台电动机时熔体额定电流等于电动机额定电流的 1.5 ~ 2.5 倍。用于多台电动机时应满足如下公式：

$$I_{NP} = (1.5 \sim 2.5)I_{NM\,max} + \sum I_{NM}$$

式中　I_{NP}——熔体额定电流；

　　　I_{NM}——电动机的额定电流；

　　　$I_{NM\,max}$——容量最大的电动机的额定电流。

（4）熔断器的额定电流选择：当熔体额定电流确定后，根据熔断器额定电流大于或等于熔体额定电流来确定熔断器额定电流。

任务五　电动机全压启动控制线路分析

电动机全压启动控制是一种简单、可靠、经济的启动方法，在功率不很大的电动机控制系统中使用非常广泛。同时采用按钮-接触器实现电动机启动控制的线路在电气控制系统中具有典型性，可以推广到各种电气控制系统的启动电路中。

一、使用开关元件直接启动

使用开关元件直接将电源到电动机的线路接通或断开，从而使电动机得电运转或失电停止，这是一种最简单的手动控制方法。

开关元件直接启动控制电路可以适用于小型台钻、冷却泵、砂轮机和风扇等小功率电机的控制，一般可以使用闸刀开关、转换开关、手动空气开关等元器件实现手动操作，直接控制三相交流异步电动机的启动和停止。其线路图如图1.22 所示。L1、L2、L3 是三相交流电源输入，QS 是刀开关，FU 是熔断器，M 是三相交流电动机。合上刀开关 QS后，电动机 M 得电启动；断开刀开关 QS 后，电动机 M 断电停止。

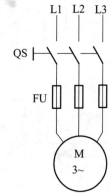

图 1.22　使用刀开关直接启动控制

直接启动控制线路结构简单，但也有一些不足，主要体现在以下几个方面：

（1）在启动、停车频繁时，使用这种手动控制方式既不方便，也不安全；

（2）只能适用于不需要频繁启停的小容量电动机；

（3）只能就地操作、手动操作，不便于远程控制；

（4）无失压保护和欠压保护功能。

所谓失压保护或欠压保护是指电动机运行后，由于外界原因突然断电或电压下降太多时电路的保护功能。为防止重新恢复正常供电时电动机自行运转可能会导致事故的发生，一般采用按钮-接触器或其他欠电压保护电器来实现安全保护。

二、接触器实现点动、连续运行控制

生产机械的运转常有短时间运转与连续运转两种状态，前者在电气控制上称为点动控制，后者称为连续运行控制。点动控制线路是用按钮、接触器来控制电动机运转的最简单的控制线路，当按下按钮时，电动机就得电运转；当松开按钮时，电动机就失电停转。连续运行是电动机不会随着操作者松开按钮而停止运行，只有在按下停止按钮时才会停止运行。例如，一般机床在正常加工时，其主轴电动机的旋转动作是连续保持的，即连续运行控制；而在调试和换挡时，则往往需要在操作者按下控制按钮时使机床点动以便观察。

　　使用接触器实现点动、连续运行控制的基本电路图如图 1.23 所示。图中，SB1 为停止按钮，SB2 为启动按钮；熔断器 FU1 作主电路的短路保护，FU2 作辅助电路的短路保护。

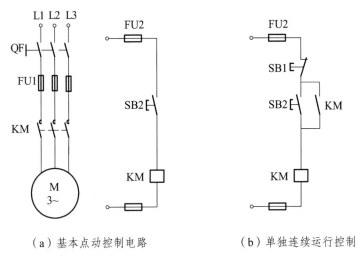

（a）基本点动控制电路　　　　　　　　（b）单独连续运行控制

图 1.23　基本点动/连续运行控制电路

　　图 1.23（a）中，当按下控制按钮 SB2 以后，KM 线圈得电，其主触头闭合，使得主电路中电动机 M 的定子线圈通电，该电动机就开始旋转。由于按钮 SB2 具有自动复位功能，所以当操作者松开按钮后，SB2 会恢复为断开状态，接触器 KM 线圈失电，主电路中电动机随即会断电而停止运行。该电路中电动机的动作控制为点动控制。

　　图 1.23（b）中，控制电路串接了一个停止按钮 SB1（常闭）和一个启动按钮 SB2（常开），且在启动按钮 SB2 的两端并接了接触器 KM 的一对常开辅助触头。当按下 SB2 以后，KM 线圈得电，其常开辅助触头闭合，从而使得电流可以经 KM 辅助常开触头接入 KM 线圈，使得 KM 线圈保持通电，像这样利用接触器自身辅助常开触头使用其线圈保持通电，从而达到电动机连续运行的功能叫自锁。这种具有自锁功能的电路不但能保证电动机持续运转，而且还具有欠压和失压（零压）保护作用。

　　上述基本点动/连续运行控制电路结构简单、连线方便、使用广泛，是各种复杂电路最基本的组成部分。

　　通过对基本点动/连续运行控制电路进行改进，还可得到既可点动又可连续运行的控制线路。

三、点动与连续运行复合控制

　　在某些控制系统中，要求同一个电路既能实现电动机的点动运行又能实现连续运行，这时可以使用下面的电路实现控制。

1. 用转换开关选择实现点动与连续运行

　　开关选择控制的既能点动又能连续运行的控制线路如图 1.24 所示。图中，FR 为热继电器（其详细原理将在后面项目中介绍）；SA 为选择开关，当 SA 断开时，按 SB2 为点动操作；当 SA 闭合时，按 SB2 为连续运行操作。

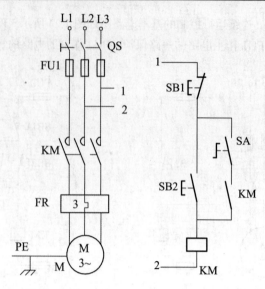

图 1.24　开关选择的点动与连续运行控制线路

线路动作原理为：

点动（SA 断开）SB2 + ——KM+——M+（运转）

　　　　　　　SB2 - ——KM - ——M - （停车）

连续运行（SA 闭合）：SB2 ± ——KM+自——M+（运转）

　　　　　　　　　　SB1 ± ——KM - ——M - （停车）

2. 用复合按钮控制的点动与连续运行

复合按钮控制的既能点动又能连续运行的控制线路如图 1.25 所示。图中，SB3 为点动按钮，它是一个复合按钮，使用了一对常开触头和一对常闭触头。SB2 为连续运行按钮。

线路动作原理为：

点动：SB3 ± ——KM ± ——M ± （运转，停车）

连续运行：SB2 ± ——KM+自——M+（运转）

按下按钮 SB3，它的常闭触头先断开接触器的自锁电路，常开触头后闭合，接通接触器线圈。松开按钮 SB3 时，由于它的常开触头先恢复断开，使接触器 KM 线圈断电，自锁触头断开，而后 SB3 的常闭触头再闭合，接触器 KM 线圈也不可能再得电。

3. 用中间继电器控制的点动与连续运行

用中间继电器控制的既能点动又能连续运行的控制线路如图 1.26 所示。图中，KA 为中间继电器（原理与电磁接触器相近，将在后面项目中详细介绍）。

线路动作原理为：

点动：SB3 ± ——KM ± ——M ± （运转，停车）

连续运行：SB2 ± ——KA+自——KM+——M+（运转）

综上所述，线路能够实现连续运行和点动控制的根本原因在于能否保证 KM 线圈得电后，自锁支路被接通；能够接通自锁支路，就可以实现连续运行，否则只能实现点动。

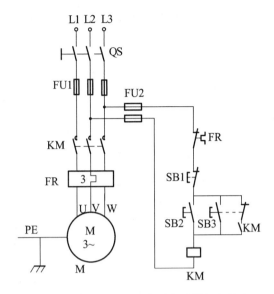

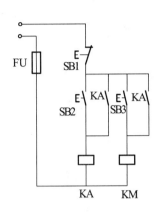

图 1.25　复合按钮控制点动与连续运行线路　　　图 1.26　中间继电器控制的点动与连续运行线路

任务六　电气控制线路连接实训

一、实训目的

（1）认识常用低压电器；

（2）熟悉常用电工工具的使用方法；

（3）掌握电动机全压启动控制线路的接线工艺及注意事项；

（4）熟悉电气制图规范：

① JB/T 2739《工业机械电气图用图形符号》；

② JB/T 2740《工业机械电气设备电气图、图解和表的绘制》。

二、实训任务

（1）识别与使用常用电器元件，熟悉常用电工工具及万用表的使用方法。

（2）连接并调试电路，使其工作过程正常，安全可靠。各电路图如图 1.27 所示。

三、工作准备

1. 工具、仪器及器材

（1）工具：测电笔、螺钉旋具、尖嘴钳、斜口钳、剥线钳、电工刀等。

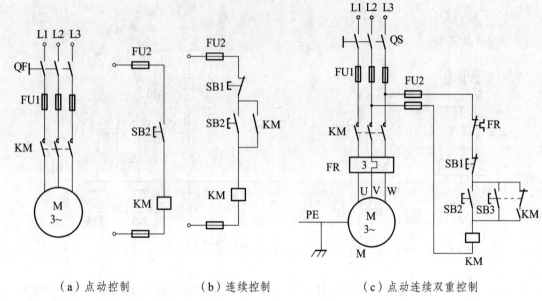

（a）点动控制　　　　　（b）连续控制　　　　　（c）点动连续双重控制

图 1.27　电动机直接启动控制线路连接

（2）仪表：万用表、兆欧表、钳形电流表。

（3）器材、器件：交流接触器、按钮、转换开关、熔断器、电动机、各种规格的坚固体、UT 型接头及管形接头、编码套管等。

阅读以上工具、仪器、器材的说明书，练习其使用方法。

2. 场地要求

数控机床电气控制实训室，配备相关电工工具和元器件，电源满足三相 AC 380 V 要求。

3. 识图与分析

（1）电器元件的识别。

本任务中涉及的低压电器元件主要有断路器、熔断器、按钮、交流接触器，它们的作用分别是：

断路器 QF：作为电源隔离开关（后续项目中详述）。

熔断器 FU1、FU2：分别作主电路、控制电路的短路保护。

按钮 SB1、SB2、SB3：用于实现启动、停止或点动的主令电器。

交流接触器：用于主电动机的控制。

（2）分析电路的工作原理和特点，并对原电气原理图中未编号的线端进行编号。

4. 电器元件识别

学生按 3 人一组分成小组，通过讨论、现场收集资料、查阅说明书等方法确定实施方案，识别电器元件，并将本实训所需的电器元件型号填入表 1.2。

表 1.2 元器件明细表

序 号	代 号	名 称	型 号	规 格	数 量	备 注
1	KM1	接触器	CJ20-10	10 A，线圈电压 380 V	1	
2						
3						
4						
5						
6						
7						

注：该表由每个小组根据自己确定的方案及选定的电器型号填写，供检查和评估参考。

四、工作步骤及要求

1. 实训步骤

（1）根据电气原理图画出接线图。

（2）按表配齐所用电器元件，检查各电器元件的质量情况，了解其使用方法。

（2）在控制板上安装走线槽，做到横平竖直，排列整齐匀称，安装牢固和便于走线等。

（4）按电气原理图 1.27（a）及自己所编的线号制备线缆。

（5）正确连接线路，先接主回路，再接控制回路。

（6）检查无误后，经指导老师检查认可再合闸通电试车。

（7）观察实验现象及结果，并做相应记录。

（8）注意接线工艺。

（9）同理完成图 1.27（b）、（c）的验证。

（10）完成实验报告，谈谈对各种控制电器使用的认识及体会。

2. 实训记录单

每位学生根据自己的实施过程、故障现象及调试方法填写下面的记录单（见表 1.3）。该表的前两列由学生填写，后两列由指导老师检查后填写。

表 1.3 工作过程记录单

序 号	工作内容	用 时	得 分
1			
2			
3			
4			
5			
6			
7			
8			

【知识拓展】

电气控制系统常用的保护环节

电气控制系统必须在安全可靠的前提下满足生产工艺要求,为此,在电气控制系统的设计与运行中,必须考虑系统发生各种故障和不正常工作情况的可能性,在控制系统中设置有各种保护装置以实现各种安全保护。所以,保护环节是所有电气控制系统不可缺少的组成部分。常用的保护环节有短路、过电流、过载、过电压、失电压、断相、弱磁与超速保持等。

1. 短路保护

当电器或线路绝缘遭到损坏、负载短路、接线错误时将可能产生短路现象。短路时产生的瞬时故障电流可达到额定电流的十几倍到几十倍,使电气设备或配电线路因过电流而产生电动力损坏,甚至因电弧而引起火灾。短路保护要求具有瞬时特性,要求在很短的时间内切断电源。短路保护的常用方法有熔断器保护和低压断路器保护。

2. 过电流保护

过电流保护是区别于短路保护的一种电流型保护。所谓过电流是指电动机或电器元件超过其额定电流的运行状态,其一般比短路电流小,不超过 6 倍额定电流。在过电流情况下,电器元件并不是马上损坏,只要在达到最大允许温升之前,电流值能恢复正常,还是允许的。但过大的冲击负载,使电动机流过大的冲击电流,以致损坏电动机。同时,过大的电动机电磁转矩也会使机械的传动部件受到损坏,因此要瞬时切断电源。

过电流保护常用过电流继电器来实现,通常过电流继电器与接触器配合使用,即将过电流继电器线圈串接在被保护线路中,当线路电流达到其整定值时,过电流继电器动作,而过电流继电器常闭触头串接在接触器线圈电路中,使接触器线圈断电释放,接触器主触头断开来切断电动机电源。这种过电流保护环节常用于直流电动机和三相绕线转子电动机的控制线路中。若过电流继电器动作电流为 1.2 倍电动机启动电流,则过流继电器亦可实现短路保护作用。

3. 过载保护

过载保护是过电流保护中的一种。过载是指电动机的运行电流大于其额定电流,但在 1.5 倍额定电流以内。引起电动机过载的原因很多,如负载的突然增加、缺相运行或电源电压降低等。若电动机长期过载运行,其绕组的温升将超过允许值而使绝缘老化、损坏。过载保护装置要求具有反时限特性,且不会受电动机短时过载冲击电流或短路电流的影响而瞬时动作,所以通常热继电器作过载保护,当有 6 倍以上额定电流通过热继电器时,需要经过 5 s 后才动作,这样在热继电器未动作前,可能使热继电器的发热元件先烧坏,所以在使用热继电器作过载保护时,还必须装有熔断器或低压断路器等短路保护装置。由于过载保护特性与过电流保护不同,故不能用过电流保护方法来进行过载保护。

对于电动机进行缺相保护,可选用带断相保护的热继电器来实现过载保护。

4. 失压（欠压）保护

电动机应在一定的额定电压下才能正常工作,电压过高、过低或者工作过程中非人为因素的突然断电,都可能造成生产机械损坏或人身事故,因此在电气控制线路中,应根据要求设置失压保护、过电压保护和欠电压保护。

电动机正常工作时，如果因为电源电压显著降压或消失而停转，一旦电源电压恢复时，有可能自行启动，电动机的自行启动将造成人身事故或机械设备损坏。为防止电压恢复时电动机自行启动或电器元件自行投入工作而设置的保护称为失电压保护。采用接触器和按钮控制的启动、停止电路，就具有失压保护作用。

5. 其他保护

除上述保护外，还有欠电压保护、过电压保护、直流电动机弱磁保护、超速保护、行程保护等。

项目小结与检查

本项目是机床电气控制的基础，以熟练掌握点动与连续运行控制线路的应用为目的，介绍了机床电气控制的概念、基本规则，并根据项目需求，对按钮、转换开关、接触器、熔断器等电器元件进行了详细介绍。项目最后通过学生亲手实践训练的方式使其能对电动机启动控制电路有更深刻的理解，能极大地提高学生的动手能力和学习兴趣。点动与连续运行控制线路是机床电气控制中最基本的一个线路，其结构也较简单，但它的应用却非常广泛，是在实际当中经过验证了的线路，几乎在所有机床电气控制系统中都应用了本线路的思想。熟练掌握这种线路，是阅读、分析、设计其他机械电气控制线路的基础。在绘制电气图时，必须严格按照国家标准规定使用各种符号、单位、名词术语和绘制原则。

本项目在实施时要特别注意过程的检查，学生要做好每个操作步骤、使用的元器件情况、工具情况、所遇到的问题情况、解决办法等记录。

项目练习与思考

1.1 电路中的 SB、SA、KM、FU 分别是什么电器元件的文字符号？它们在实际应用时选型的主要依据是什么？

1.2 什么是电气的自锁？其作用是什么？

1.3 电磁式接触器一般由哪几部分组成？

1.4 什么是失压保护？机床电气控制系统中为什么必须有失压保护？

1.5 熔断器在电路中主要起什么作用？

1.6 试分析电动机连续运行控制的主电路中，如果熔断器 FU 与空气开关 QF 位置连接反了可能会怎样。

1.7 试分析接触器在使用时若线圈接入电压不正确会出现什么现象。

1.8 设计电路：某设备由一台单向运转的三相交流电动机拖动，设备上有一个点动按钮、一个连续运行启动按钮、一个正常停止按钮和一个紧急停止按钮。当按下点动按钮时电机点动运行，并且黄色指示灯亮；当按下连续运行启动按钮时电动机连续运行，并且绿色指示灯亮；当按下正常停止按钮后电机停止，并且指示灯熄灭；当按下紧急停止按钮时电机停止，并且红色指示灯亮。紧急停止按钮具有触头状态保持功能。试设计此设备的控制电路。

项目二　电动机正反转及自动往复循环控制

【教学导航】

建议学时	建议理论 4 学时，实践 4 学时，共 8 学时。
推荐教学方法	理论实践一体化教学，引导学生自主学习。
推荐学习方法	以小组为单位，边学边做，小组讨论；老师先介绍基本概念、基本理论、基本方法，然后引导学生通过实验、实训的方法主动学习。
学习要领	• 注意掌握机床电气控制的基本原理和方法，对最基本、最典型的控制线路和实例要熟悉； • 学习典型设备和系统时，着重研究、体会元器件和线路的应用特点，不必过分追求理论的系统与完整； • 机床电气自动控制的新技术、新产品日新月异，在学习时，应密切注意这方面的实际发展动态，以求把基本理论和最新技术联系起来。
知识要点	• 三相交流电动机正反转控制功能的意义及用途； • 低压断路器、行程开关、接近开关等电器元件的结构、工作原理、型号、图形符号、规格、正确选择、使用方法及其在控制线路中的作用； • 电气互锁与机械互锁的意义； • 三相交流电动机正反转控制电路连线方法及其工作原理； • 工作台自动往复循环控制电路连线方法及其工作原理。

任务一　项目描述

在工业生产中，有很多机械设备都是需要往复运动的。例如，铣床加工中工作台的左右运动、前后和上下运动，平面磨床矩形工作台的往返加工运动，运煤小车的来回运动，起重机吊钩的上升和下降等，这些都需要电气控制线路对电动机实现自动正/反转换相控制来实现。

一、自动往复循环工作台

自动往复循环控制的应用如图 2.1 所示。图中 SQ 为行程开关，又称限位开关，它装在预定的位置上，在工作台的 T 形槽中装有撞块，当撞块移动到此位置时，碰撞行程开关，使其触点动作，从而控制工作台的停止和换向，这样工作台就能实现往返运动。其中撞块 1 只能碰撞 SQ2 和 SQ4，撞块 2 只能碰撞 SQ1 和 SQ3，工作台行程可通过移动撞块位置来调节，以适于加工不同的工件。

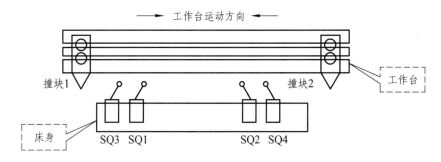

图 2.1　自动往复循环的应用

图中 SQ1、SQ2 装在机床床身上，用来控制工作台的自动往返位置；SQ3 和 SQ4 用来作终端保护，即限制工作台的极限位置。SQ3 和 SQ4 分别安装在向右或向左的某个极限位置上，如果 SQ1 或 SQ2 失灵，工作台会继续向左或向右运动，当工作台运行到极限位置时，会碰撞 SQ3 或 SQ4，从而切断控制线路，迫使电动机 M 停转，工作台就停止移动。SQ3 和 SQ4 在这里实际上起终端保护作用，因此称为终端保护开关或简称为终端开关。

二、正/反转控制实现方法

在三相交流电源中，各相电压经过同一值（最大值或最小值）的先后次序称为相序。如果各相电压的次序为 A—B—C（或 B—C—A，C—A—B），则这种相序称为正序或顺序。如果各相电压经过同一值的先后次序为 A—C—B（或 C—B—A，B—A—C），则这种相序称为负序或逆序。

如图 2.2 所示，将三相电源进线（A，B，C）依次与电动机的三相绕组首端（U，V，W）相连，就可使电动机获得正序交流电而正向旋转；只要将三相电源进线中的两相导线对调，就可改变电动机的通电相序，使电动机获得反序交流电而反向旋转。即把三相电源中的任意两相对调，就可使电动机反向旋转。正/反向运行控制线路又称为双向可逆控制线路。

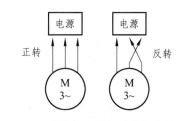

图 2.2　电动机正转与反转相序调相

最初人们需要某种设备反转需要将电机导线拆换，但这种方法在实际使用中烦琐。后来，有人安装了两个闸刀通过切换闸刀来改变电机的正反转。再后来出现了倒顺开关，这种接线比较简单且体积也减小，但由于受到触点的限制，只能在小型的电机上得到广泛使用。

伴随着接触器的诞生，电机的正反转电路也有了进一步的发展，可以更加灵活方便地控制电机的正反转，并且在电路中增加了保护电路——互锁和双重互锁，可以实现低电压和远距离频繁控制。

因此，现在的三相交流电动的正反转控制常用的方法有两种：一种是利用倒顺开关（或组合开关）改变相序，另一种是利用接触器的主触点改变相序。在实际应用电路中增加了一些接近开关、光电开关等，可以实现双向自动控制。

任务二　相关电器元件的认识

一、低压断路器

低压断路器又称为自动空气开关、自动空气断路器，是一种既可手动不频繁接通或断开电路，又可自动实现保护功能的电器。其功能是刀开关、熔断器、热继电器、欠电压继电器的组合，常用作低压配电的总电源开关。

低压断路器的种类繁多、结构各异、功能不同，但一般都是由本体和附件组成的。本体是不带任何附件，但能确保顺利合、分电路，并且有在电路或设备发生短路、过流、欠压、失压时，自动跳闸切断故障的功能。

附件作为断路器功能的派生补充，为断路器增加了控制手段和扩大保护功能，使断路器的使用范围更广，保护功能更齐全，操作和安装方式更多。例如，西门子、正泰等厂家生产的部分产品还具有可调电流、报警触头、插入式接线等功能。

目前断路器附件已成为断路器不可分割的一个重要部分。但附件并不是越齐全越好，这就要根据具体的控制线路和保护线路来合理地应用附件，避免造成不必要的浪费，同时要分清电压等级、交流或直流、辅助触头的对数等，如应用不当，不但起不到保护作用，而且还可能造成很大的经济损失。

1. 外形结构与符号

低压断路器的种类很多，按其结构形式可分为框架式（万能式）和塑料外壳式（装置式）；按操作方式可分为手动、电动和液压传动操作；按触头数目可分为单极、双极和三极；按动作速度可分为延时动作、普通速度和快速动作等。

目前低压断路器因使用环境不同其结构样式也有很多。常见的低压断路器外形如图 2.3 所示。

图 2.3　常见低压断路器外形结构

2. 工作原理

因低压断路器的附件结构种类很多很杂，难以统一，所以此处主要介绍低压断路器的本体部分的一般工作原理，如图 2.4 所示，开关的主触头靠操作机构手动或电动合闸，并由自动脱扣机构将主触头锁定在合闸位置。

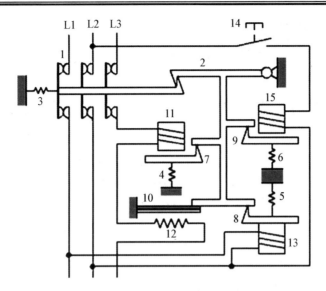

图 2.4　断路器的工作原理图

1—触头；2—搭钩；3、4、5、6—弹簧；7、8、9—衔铁；10—双金属片；11—过流脱扣线圈；
12—加热电阻丝；13—欠压、失压脱扣线圈；14—按钮；15—分励线圈

　　低压断路器的主触头是靠手动操作或电动合闸的。主触头闭合后，脱扣机构将主触头锁在合闸位置上。过电流脱扣器的线圈和热脱扣器的热元件与主电路串联，欠电压脱扣器的线圈与电源并联。

　　当电路发生短路或严重过载时，过流脱扣线圈 11 吸合衔铁 7，使脱扣机构动作，主触头断开主电路；当电路长时间过载时，加热电阻丝 12 温度升高使双金属片 10 向上弯曲，推动脱扣机构动作；当电路失压或欠压时，线圈 13 吸力不足，衔铁 8 在弹簧 5 作用下向上运动，也使脱扣机构动作；以上三者都导致主触头在弹簧 3 的作用下断开主电路。按钮 14、分励线圈 15、衔铁 9 与弹簧 6 一起实现手工远距离控制功能。

　　用低压断路器来实现短路保护比熔断器更为优越，因为当三相电路短路时，很可能只有一相熔断器的熔体熔断，造成缺相运行。而自动空气开关不同，只要短路，自动空气开关就跳闸，将三相电路同时切断，因此，它广泛应用于要求较高的场合。

　　常用的低压断路器型号有 DW10 系列（万能式）和 DZ10 系列（塑料外壳装置式）。选用时其额定电压、额定电流应不小于电路正常工作的电压和电流，热脱扣器和过流脱扣器的整定电流与负载额定电流一致。

　　断路器和电气原理图形及符号如图 2.5 所示，其文字符号为 QF。

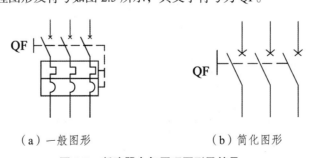

（a）一般图形　　　　　　　　　（b）简化图形

图 2.5　断路器电气原理图形及符号

3. 交流断路器用于直流电路

交流断路器可以派生为直流电路的保护，但必须注意三点改变：

（1）过载和短路保护。

① 过载长延时保护。采用热动式（双金属元件）作过载长延时保护时，其动作源为 I^2R，交流的电流有效值与直流的平均值相等，因此不需要任何改制即可使用。但对大电流规格，采取电流互感器的二次侧电流加热者，则因互感器无法使用于直流电路而不能使用。如果过载长延时脱扣器是采用全电磁式（液压式，即油杯式），则延时脱扣特性要变化，最小动作电流要变大 110% ~ 140%，因此，交流全电磁式脱扣器不能用于直流电路（如要用则要重新设计）。

② 短路保护。热动-电磁型交流断路器的短路保护是采用磁铁系统的，它用于经滤波后的整流电路（直流）需将原交流的整定电流值乘上一个 1.3 的系数。全电磁型的短路保护与热动电磁型相同。

（2）断路器的附件，如分励脱扣器、欠电压脱扣器、电动操作机构等，分励、欠电压均为电压线圈，只要电压值一致，则用于交流系统的，不需作任何改变，就可用于直流系统。辅助、报警触头，交直流通用。电动操作机构，用于直流时要重新设计。

（3）由于直流电流不像交流电流有过零点的特性，直流的短路电流（甚至倍数不大的故障电流）的开断、电弧的熄灭都有困难，因此接线应采用二极或三极串联的办法，增加断口，使各断口承担一部分电弧能量。

二、行程开关

行程开关是机床上常用的一种主令电器，它的作用是依据生产机械的行程发出命令以控制其运动方向和行程长短。若将行程开关安装于生产机械行程和终点处，用以限制其行程，则称为限位开关或终端开关。

行程开关按其结构不同一般可分为直动式、滚轮式和微动式三种。

1. 直动式行程形开关

直动式行程开关的结构原理与控制按钮相似，如图 2.6 所示。当机床撞块压下推杆时，其行程开关的常闭触头分开，而常开触头闭合；当撞块离开推杆时，触点在弹簧力作用下恢复原来状态。

这种行程开关结构简单、价格便宜。它的缺点是触点通断速度取决于撞块的移动速度，如果撞块移动速度慢，触点就不能瞬时切断电流，使电弧在触点上停留时间过长，容易烧蚀触点。故在撞块移动速度低于 0.4 m/min 的场合不宜使用。

常用的按钮式行程开关有 LX1、JLXK1 等系列。

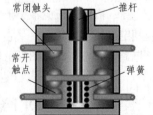

图 2.6　直动式行程开关结构原理

2. 滚轮式行程开关

滚轮式行程开关分为单滚轮自动复位和双滚轮非自动复位两种形式。

单滚轮自动复位行程开关的结构原理如图 2.7 所示。当撞块自右向左推动滚轮 1 时，摆杆 2 绕固定支点 3 逆时针转动，于是滚轮 4 向右滚动，此时弹簧 5 被压缩储存能量，当滚轮 4 滚过 T

形摆杆 11 的中点并推开压板 6 时，T 形摆杆 11 在弹簧 5 的作用下，迅速顺时针转动，从而使常闭触头 7 迅速断开，而常开触头 8 迅速闭合。当撞块离开滚轮时，在复位弹簧 9、10 的作用下，触头恢复原始状态。

双滚轮非自动复位行程开关摆杆的上部是 V 字形，其上装有两个滚轮，内部没有复位弹簧，其他结构完全相同。

滚轮式行程开关的优点是，触头的通断速度不受撞块运动速度的影响，动作快；其缺点是结构较复杂，价格较贵。常用的滚轮式行程开关有 LX2、LX19 等系列。

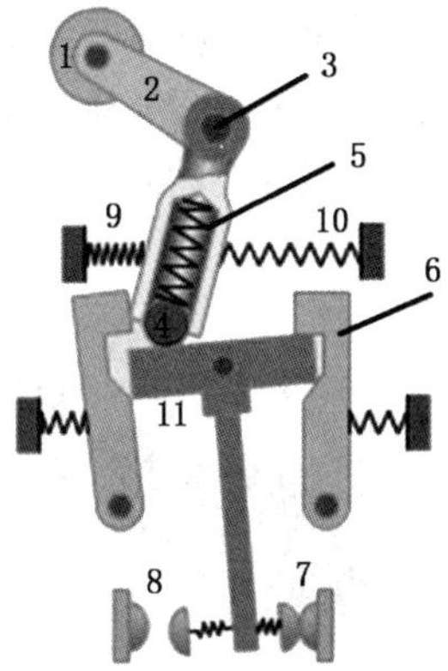

3. 微动行程开关

图 2.7　滚轮式行程开关结构原理

微动行程开关的结构原理如图 2.8 所示。其工作原理是：撞块压动推杆 1，使片状弹簧 2 变形，从而使触头动作；当撞块离开推杆后，片状弹簧恢复原状，触头复位。常用的微动开关有 LX-5、LXW-11 等系列。

微动开关体积小、重量轻、动作灵敏，适用于行程控制要求较精确的场合。但由于推杆允许的行程小（动作行程 LX-5 型为 0.3 ~ 0.7 mm、LXW-11 型为 1.2 mm），结构强度不高，因此使用时必须从机构上对推杆的最大行程加以限制，以免压坏开关。

行程开关的电气原理图形及文字符号如图 2.9 所示。

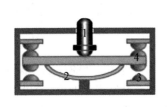

图 2.8　微动行程开关结构原理

1—推杆；2—片状弹簧；3—静触点；4—动触点

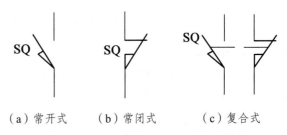

（a）常开式　　（b）常闭式　　（c）复合式

图 2.9　行程开关电气原理图形及文字符号

三、接近开关

（一）含义和作用

接近开关又称无触点行程开关，它是利用位移传感器对接近物体的敏感特性达到控制线路接通或断开的目的。当有物体移向接近开关，并接近到一定距离时，接近开关才有"感知"，开关才会动作，通常把这个距离叫"检出距离"。

接近开关在现代电气控制系统中应用范围很广，它不仅可以完成行程控制和限位保护，还可用于变频计数器、变频脉冲发生器、液面控制和加工程序的自动衔接，甚至作为非接触型的检测装置，用作检测零件尺寸和测速等。接近开关的特点有工作可靠、寿命长、功耗低、定位精度高、操作频率高以及适应恶劣的工作环境等。

在数控机床中接近开关被广泛用作硬件行程限制、机械零点设置、刀库移动限位、刀架选刀、主轴准停、各种液压气动元件限位等。

常见接近开关的外形如图 2.10 所示。

图 2.10　常见接近开关外形结构

（二）接近开关的种类

因为位移传感器可以根据不同的原理和不同的方法做成，而不同的位移传感器对物体的"感知"方法也不同，所以常见的接近开关有以下几种：

1. 无源接近开关

这种开关不需要电源，通过磁力感应控制开关的通断状态。当磁或者铁质触发器靠近开关磁场时，和开关内部磁力作用使其触头动作。特点：不需要电源，非接触式，免维护，环保。

2. 霍尔接近开关

霍尔元件是一种磁敏元件。利用霍尔元件做成的开关叫作霍尔开关。当磁性物件移近霍尔开关时，开关检测面上的霍尔元件因产生霍尔效应而使开关内部电路状态发生变化，由此识别附近有磁性物体存在，进而控制开关的通或断。这种接近开关的检测对象必须是磁性物体。

3. 电容式接近开关

这种开关的测量通常是构成电容器的一个极板，而另一个极板是开关的外壳。这个外壳在测量过程中通常是接地或与设备的机壳相连接。当有物体移向接近开关时，不论它是否为导体，由于它的接近，总要使电容的介电常数发生变化，从而使电容量发生变化，使得和测量头相连的电路状态也随之发生变化，由此便可控制开关的接通或断开。这种接近开关检测的对象，不限于导体，可以是绝缘的液体或粉状物等。

4. 涡流式接近开关

这种开关有时也叫电感式接近开关。它是利用导电物体在接近这个能产生电磁场的接近开关时，使物体内部产生涡流。这个涡流反作用到接近开关，使开关内部电路参数发生变化，由此识别出有无导电物体移近，进而控制开关的通或断。这种接近开关所能检测的物体必须是导电体。

5. 光电式接近开关

利用光电效应做成的开关叫光电开关。将发光器件与光电器件按一定方向装在同一个检测头内，当有反光面（被检测物体）接近时，光电器件便能接收到反射光，然后通过内部电路改变其输出开关状态。

6. 热释电式接近开关

用能感知温度变化的元件做成的开关叫热释电式接近开关。这种开关是将热释电器件安装在开关的检测面上，当有与环境温度不同的物体接近时，热释电器件的输出就发生变化，由此便可检测出有物体接近。

7. 其他型式

当观察者或系统对波源的距离发生改变时，接收到的波的频率会发生偏移，这种现象称为多普勒效应。声纳和雷达就是利用这个效应的原理制成的。利用多普勒效应可制成超声波接近开关、微波接近开关等。当有物体移近时，接近开关接收到的反射信号会产生多普勒频移，由此可以识别出有无物体接近。

（三）三线接近开关和两线接近开关

接近开关根据接线数量不同，一般分为三线接近开关和两线接近开关，三线接近开关又分为NPN 型和 PNP 型两种，它们的接线如图 2.11 所示。

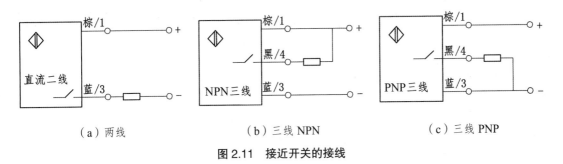

图 2.11　接近开关的接线

三线接近开关为二根线接 DC 24 V 电源，另一根为信号线。NPN 型的信号输出低电平，PNP型的信号输出高电平。

二线接近开关为一根线接 DC 24 V 电源正，另一根为信号线。两线的回路中必须带它允许的电流负载后，才接到电源中去，绝对不允许不带负载接电源。

两线接近开关比三线接近开关漏电流大，抗干扰性能不如三线接近开关。因此，在数控机床电气控制系统中一般采用三线接近开关。

（四）接近开关的选择

若被测物为导磁材料或者为了区别和它一同运动的物体而把磁钢埋在被测物体内时，应选用霍尔接近开关，它的价格最低。

若所测对象是非金属（或金属）、液位高度、粉状物高度、塑料、烟草等，则应选用电容式接近开关。这种开关的响应频率低，但稳定性好。安装时应考虑环境因素的影响。

当被测对象是导电物体或可以固定在一块金属物上的物体时，一般都选用涡流式接近开关，因为它的响应频率高、抗干扰性能好、应用范围广、价格较低。

在环境条件比较好、无粉尘污染的场合，可采用光电接近开关。光电接近开关工作时对被测对象几乎无任何影响。因此，在要求较高的传真机上以及在烟草机械上都被广泛使用。

在防盗系统中，自动门通常使用热释电接近开关、超声波接近开关、微波接近开关。有时为了提高识别的可靠性，上述几种接近开关往往被复合使用。

无论选用哪种接近开关，都应注意对工作电压、负载电流、响应频率、检测距离等各项指标的要求。

另外，选择接近开关还需要明确如下技术参数：

（1）接近开关使用电压。

（2）接近开关输出状态（为常闭或常开）。

（3）三线接近开关为 NPN 型或 PNP 型。

（4）接近开关外径。

（5）接近开关为埋入式或非埋入式的。

（6）接近开关感应距离的大小。

（7）现场被测物和环境条件决定是用涡流式接近开关、电容式接近开关或霍尔接近开关。

任务三　三相交流电动机正反转控制线路分析

正反转控制也称可逆控制，它在生产中可实现生产部件向正反两个方向运动。对于三相交流异步电动机来说，实现正反转控制只要改变其电源相序，即将主回路中的三相电源线任意两相对调。常有两种控制方式：一种是利用倒顺开关（或组合开关）改变相序，另一种是利用接触器的主触头改变相序。前者主要适用于不需要频繁正反转的电动机，而后者主要适用于需要频繁正反转的电动机。

一、倒顺开关控制的正反转线路

倒顺开关是组合开关的一种，由万能转换开关发展而来，HZ3-132 型倒顺开关原理示意图如图 2.12 所示。

倒顺开关有六个固定触头，其中 U1、V1、W1 为一组，与电源进线相连；而 U、V、W 为另一组，与电动机定子绕组相连。当开关手柄置于"顺转"位置时，动触片 S1、S2、S3 分别将 U-U1、V-V1、W-W1 相连接，使电动机正转；当开关手柄置于"逆转"位置时，动触片 S1′、S2′、S3′分别将 U-U1、V-W1、W-V1 接通，使电动机实现反转；当手柄置于中间位置时，两组动触片均不与固定触头连接，电动机停止运转。

用倒顺开关控制的电动机正反转线路如图 2.13 所示。其工作原理是：利用倒顺开关来改变电动机的相序，预选电动机的旋转方向后，再通过按钮 SB2、SB1 控制接触器 KM 来接通和切断电源，控制电动机的启动与停止。

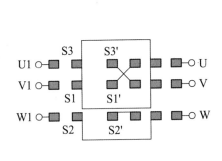

图2.12　倒顺开关原理示意图

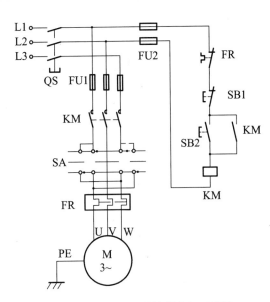

图2.13　用倒顺开关控制电机正反转

倒顺开关正反转控制电路所用电器少，线路简单，但这是一种手动控制线路，频繁换向时操作人员的劳动强度大、操作不安全，因此一般只用于控制额定电流小于10 A、功率在3 kW以下的小容量电动机的不频繁控制场合。生产实践中更常用的是使用接触器自动实现正反转控制。

二、接触器控制的正-停-反控制线路

接触器控制电动机实现正-停-反转控制的线路如图2.14所示。从其主电路看，两个接触器KM1与KM2触头接法不同，当KM2触头闭合时，引入电机的电源线左、右两相与KM1触头闭合时形成互换关系，改变了相序，可以使电机转向改变。

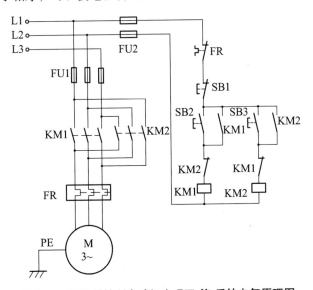

图2.14　接触器控制电动机实现正-停-反转电气原理图

分析：

在这个电路中，KM1 和 KM2 主触头不允许同时闭合，否则会引起电源两相短路。为防止接触器 KM1 与 KM2 线圈同时通电，在它们各自的控制电路中串接入对方的常闭触头，构成互锁关系，使 KM1 与 KM2 线圈不能同时通电，这种互锁关系称为电气互锁。

控制过程：当按下按钮 SB2 时，接触器 KM1 线圈通电并自锁，KM1 主触头闭合，电动机正转；按下按钮 SB1 时，接触顺线圈失电，触头复位；再按下按钮 SB3，接触器 KM2 线圈通电并自锁，KM2 主触头闭合，电动机反转。

将 KM1 与 KM2 的常闭触头串联在对方线圈电路中，保证了 KM1 和 KM2 线圈不会同时通电，防止发生短路危险。

三、接触器控制的正-反-停控制线路

前面的正-停-反控制线路当电动机在正转时，即使按下 SB3 也不能使接触器 KM2 得电，电动不能直接从正转换到反转，必须要先按下停止按钮 SB1，使 KM1 失电，然后再按下 SB3，KM3 才能得电。如果希望能实现电动机由正转到反转的直接转换，则可以使用如图 2.15 所示的正-反-停直接控制线路实现。

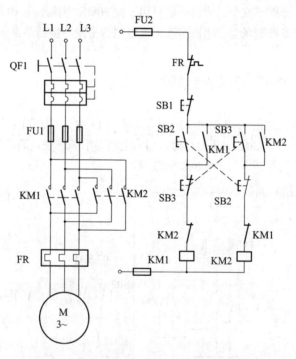

图 2.15 直接实现电动机正-反-停的控制线路

在直接实现电动机正-反-停的控制线路中，使用了按钮的复合触头，将正、反转控制按钮的常闭触头分别串联接入对方的控制线路中。在按下正转按钮的同时，使反转线路断开；在按下反转按钮的同时，使正转线路断开，这种结构称为机械互锁。本线路同时使用了电气互锁和机械互锁，被称为双重互锁。本电路的工作原理请读者自己分析。

任务四 自动往复循环控制线路设计与连接实训

一、工作目的

（1）熟悉低压断路器、行程开关、倒顺转换开关等低压电器的使用方法；

（2）掌握电动机正反转控制电路原理；

（3）熟悉正反控制电路的接线方法。

二、工作任务

完成自动往复循环工作台控制电路设计，并连接调试线路，使其工作正常，安全可靠。

三、工作准备

1. 工具、仪器及器材

（1）工具：测电笔、螺钉旋具、尖嘴钳、斜口钳、剥线钳、电工刀等。

（2）仪表：万用表、兆欧表、钳形电流表。

（3）器材、器件：交流接触器、按钮、转换开、断路器、行程开关、熔断器、电动机、各种规格的坚固体、UT型接头及管形接头、编码套管等。

阅读以上工具、仪器、器材的说明书，练习其使用方法。

2. 场地要求

数控机床电气控制实训室，配备相关电工工具和元器件，电源满足三相 AC 380 V 要求。

四、自动往复循环控制线路设计

自动往复循环控制常用在铣床工作台的左右运动、前后和上下运动，平面磨床矩形工作台的往返加工运动等场合。它们都是通过采用电气控制线路对电动机实现自动正反转换相控制来实现的。它与按钮控制直接正反转电路非常相似，只是增加了行程开关的复合触头 SQ1 及 SQ2。这种利用运动部件的行程来实现控制被称为按行程原则的自动控制或称为行程控制。

依据接触器控制的正-反-停控制线路的原理，同时考虑可以手动正向或反向启动电动机，最终设计的自动往复循环控制线路如图 2.16 所示。

当按下正向启动按钮 SB2 时，接触器 KM1 得电并自锁，电动机正转使工作台前进。当运行到 SQ2 位置时，撞块压下 SQ2，SQ2 常闭触点使 KM1 断电，SQ2 的常开触点使 KM2 得电动作并自保，电动机反转使工作台后退。当撞块又压下 SQ1 时，KM2 断电，KM1 得电，电动机又重复正转。

图中行程开关 SQ3、SQ4 是用作极限位置保护的。当 KM1 得电，电机正转，运动部件压下行程开关 SQ2 时，应该使 KM1 失电，而接通 KM2，使电机反转。但若 SQ2 失灵，运动部件继续

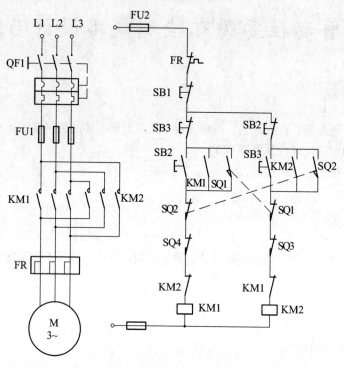

图 2.16　自动往复循环控制线路

前行会引起严重事故。若在行程极限位置设置 SQ4（SQ3 装在另一端极限位置），则当运动部件压下 SQ4 后，KM1 失电而使电机停止。这种限位保护的行程开关在行程控制电路中必须设置。

五、识图与分析

1. 电器元件的识别

本任务中涉及的低压电器元件主要有断路器、熔断器、按钮、行程开关、倒顺转换开关、交流接触器等。请学生按 3 人一组分成小组，通过讨论、现场收集资料、查阅说明书等方法选择所需电器元件型号，并将其填入表 2.1。

表 2.1　元器件明细表

序　号	代　号	名　称	型　号	规　格	数　量	作　用
1	KM1	接触器	CJ20-10	10 A，线圈电压 380 V	2	
2						
3						
4						
5						
6						
7						
8						

注：该表由每个小组根据自己确定的方案及选定的电器型号填写，供检查和评估参考。

2. 电路分析

（1）分析电路的工作原理和特点，确定导线颜色及直径，并对原电气原理图中未编号的线端进行编号。

（2）根据电气原理图设计电器布置图，画出接线图。

六、线路连接

1. 工作步骤

（1）按表配齐所用电器元件，检查各电器元件的质量情况，了解其使用方法。

（2）在控制板上安装走线槽，做到横平竖直，排列整齐匀称，安装牢固和便于走线等。

（3）按电气原理图及自己所编的线号制备线缆。

（4）正确连接线路，先接主回路，再接控制回路。

（5）先自检，检查无误后，请指导老师检查认可后再合闸通电试车。

（6）观察实验现象及结果，并做好相应记录。

（7）注意接线工艺。

（8）完成实验报告。

2. 实训记录单

每位学生根据自己的实施过程、故障现象及调试方法填写下面的记录单（见表 2.2）。该表的前两列由学生填写，后两列由指导老师检查后填写。

表 2.2　工作过程记录单

序　号	工作内容	用　时	得　分
1			
2			
3			
4			
5			
6			
7			
8			
9			
10			

项目小结与检查

本项目在机床电气控制系统中应用非常广泛,是三相交流异步电动机最常见的控制方法之一。本项目首先引出自动往复循环控制的实例,并介绍实现这种工作要求的电动机正反转控制方法;然后介绍在电动机正反转控制电路中需要使用到的电气控制元件:低压断路器、行程开关、接近开关等,介绍了这些电器的结构、工作原理、常用型号及图形符号;根据项目设计需求,还介绍了使用倒顺开关控制实现电机正反转的线路、接触器控制的正-停-反转控制线路。这些都是实际中经常会遇见的电路,熟练掌握这些电路,是阅读、分析、设计较复杂生产机械控制线路的基础。同时,在绘制电路图时,必须严格按照国家标准规定使用各种符号、单位、名词术语和绘制原则。

本项目在实施时要特别注意过程的检查,学生要做好每个操作步骤、使用的元器件情况、工具情况、所遇到的问题情况、解决办法等记录。

项目练习与思考

2.1 三相交流异步电动机是如何改变旋转方向的?

2.2 什么是互锁(联锁)?其作用是什么?

2.3 行程开关与接近开关有什么作用?

2.4 试举例说明用倒顺开关控制电动机实现正反转的应用场合。

2.5 试举例说明三相交流异步电动机正反转控制在数控机床中的应用。

2.6 试设计控制一台电动机工作的电气线路,要求:电动机可正反转连续运行,又能在正反转时点动,具有必要的保护。

2.7 某十字工作台前后(纵向)移动由电机 M1 拖动,工作台左右(横向)移动由电机 M2 拖动。其控制要求:① 任何时候都只能选定一个方向进行移动,其他方向禁止移动;② 两电机均能正、反方向旋转;③ 有相应的短路、过载、失压保护。试设计该系统电路控制线路。

项目三　顺序控制及多地控制

【教学导航】

建议学时	建议理论 4 学时，实践 8 学时，共 12 学时。
推荐教学方法	理论实践一体化教学，引导学生自主学习。
推荐学习方法	以小组为单位，边学边做，小组讨论；老师先介绍基本概念、基本理论、基本方法，然后引导学生通过实验、实训的方法主动学习。
学习要领	• 注意掌握机床电气控制的基本原理和方法，对最基本、最典型的控制线路和实例要熟悉； • 学习典型设备和系统时，着重研究、体会元器件和线路的应用特点，不必过分追求理论的系统与完整； • 机床电气自动控制的新技术、新产品日新月异，在学习时，应密切注意这方面的实际发展动态，以求把基本理论和最新技术联系起来。
知识要点	• 顺序控制及多地控制功能的意义及用途； • 中间继电器、时间继电器、热继电器等电器元件的结构、工作原理、型号、图形符号、规格、正确选择、使用方法及其在控制线路中的作用； • 多电机顺序控制实现方法及其工作原理； • 多地控制电路连线方法及其工作原理。

任务一　项目描述

在装有多台电动机的生产机械上，各电动机所起的作用是不同的，有时需按一定的顺序启动或停止，才能保证操作过程的合理和工作的安全可靠。例如，X62W 型万能铣床要求主轴电动机启动后，进给电动机才能启动；M7120 型平面磨床的冷却泵电动机要求当砂轮电动机启动后才能启动；机床的主轴电动机要求必须在滑润油泵电动机启动后才能启动。像这种要求几台电动机的启动或停止必须按一定的先后顺序来完成的控制方式，叫作电动机的顺序控制。

对于较大型的机床而言，因加工需要，为方便加工人员在机床多个位置均能进行操作，需要具有多地控制功能。例如，数控加工中心的面板急停开关和便携手轮急停开关两地都能对机床实施急停功能。

任务二 相关电器元件的认识

一、中间继电器

继电器是一种利用输入信号（电流、电压、时间、温度、速度、压力等）的变化来接通或断开所控制的电路，以实现自动控制或完成保护任务的自动电器。当输入量的变化达到规定要求时，在电气输出电路中使被控量发生预定的阶跃变化。它具有控制系统（又称输入回路）和被控制系统（又称输出回路）之间的互动关系。实际上它还是用小电流去控制大电流运作的一种"自动开关"。故继电器在电路中起着中间传递、自动调节、安全保护、转换电路等作用。

利用电磁原理制成的继电器称为电磁继电器。它一般由铁芯、线圈、衔铁、触点簧片等组成。其输入量是电信号，只要在线圈两端加上一定的电压，线圈中就会流过一定的电流，从而产生电磁效应，衔铁就会在电磁力吸引的作用下克服返回弹簧的拉力吸向铁芯，从而带动衔铁的动触点与静触点（常开触点）吸合。当线圈断电后，电磁的吸力也随之消失，衔铁就会在弹簧的反作用力下返回原来的位置，使动触点与原来的静触点（常闭触点）释放。

中间继电器是电磁继电器的一种，在电路中主要起到信号的传递与转换作用。中间继电器可以实现多路控制，并可将小功率的控制信号转换为大容量的触点动作，以驱动电气执行元件工作，有时也可使用中间继电器控制小容量电动机的启、停。常见中间继电器的外形如图 3.1 所示。

图 3.1 常见中间继电器的外形

中间继电器根据通过线圈的电流性质不同而分为直流和交流两种，其结构一般由电磁机构和触头系统组成。电磁机构与接触器相似，其触点因为通过控制电路的电流容量较小，所以不需加装灭弧装置。中间继电器用于继电保护与自动控制系统中，以增加触点的数量及容量。它用于在控制电路中传递中间信号。

中间继电器的原理与交流接触器基本相同，当继电器线圈施加激励电压等于或大于其动作值时，衔铁被吸向导磁体，同时衔铁压动触点弹片，使触点接通、断开或切换被控制的电路。当继电器的线圈被断电或激励量降低到小于其返回值时，衔铁和接触片返回到原来位置。

中间继电器与接触器的主要区别在于：接触器的主触头可以通过大电流，而中间继电器是没有主触头的，它用的全部是辅助触头，数量比较多，过载能力比较小。它的触头只用于控制小电流（一般小于 5 A）电路。

国标对中间继电器的电气文字符号定义是 K，中间继电器的电气原理图形符号如图 3.2 所示。

（a）中间继电器线圈　　　　（b）常闭触头　　　　　（c）常开触头

图 3.2　中间继电器电气原理图形符号

中间继电器的一般技术参数如下：

（1）电压额定值：额定电压 DC：12 V、24 V、48 V、110 V、220 V；AC：110 V、220 V、380 V。

（2）动作值：动作电压直流应不大于额定电压 70%，交流应不大于额定电压 75%；

（3）返回值：返回电压应不小于 10% 额定电压。

（4）动作时间和返回时间不大于 15 ms。

（5）功率消耗：在额定电压下直流不大于 4 W，交流不大于 5 V·A。

（6）触点最大切换功率，交流：1 800 V·A；直流：360 W。

（7）触点长期允许闭合电流：装置输出触点长期允许闭合电流为 5 A。

（8）触点电气寿命：输出触点在上述规定的负荷条件下，产品能可靠动作及返回 50 000 次。

继电器具有工作可靠、结构简单、制造方便、寿命长等一系列优点，故在机床电气控制系统中应用很广。在选择继电器时，应注意电流性质、电压大小、安装方法等多种要求。

在数控机床中，中间继电器一般选用直流 24 V 电源供电，少数使用交流供电。安装方法是采用 35 mm 轨道安装在电气柜中。在继电器的底座上设计有轨道快速卡紧机构，安装时无需使用螺钉即可直接卡紧在轨道上。

二、时间继电器

1. 简　介

时间继电器也称为延时继电器，是一种用来实现触点延时接通或断开的控制电器。时间继电器种类繁多，但目前常用的时间继电器主要有空气阻尼式、电动式、电子式及直流电磁式等几大类。

早期在交流电路中常采用空气阻尼式时间继电器，它是利用空气通过小孔节流的原理来获得延时动作的。它由电磁系统、延时机构和触点三部分组成。凡是继电器感测元件得到动作信号后，其执行元件（触头）要延迟一定时间之后才动作的继电器都称为时间继电器。

目前最常用的是大规模集成电路型的时间继电器，它是利用半导体元件做成的电子式时间继电器，利用阻容原理来实现延时动作，其输出采用小型电磁继电器。使得产品的性能及可靠性比早期的空气阻尼式时间继电器要好很多。它具有适用范围广、延时精度高、调节方便、寿命长等一系列优点，被广泛应用于自动控制系统中。

随着单片机的普及，目前各厂家相继采用单片机为时间继电器的核心器件，而且产品的可控性及定时精度完全可以由软件来调整，具有很大优势，所以未来的时间继电器可能会由单片机控制来取代。常见时间继电器的外形如图 3.3 所示。

图 3.3　常见时间继电器的外形

2. 结构及动作原理

空气阻尼式时间继电器的结构如图 3.4 所示。

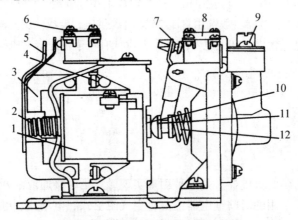

图 3.4　空气阻尼时间继电器的结构

1—线圈；2—反力弹簧；3—衔铁；4—静铁芯；5—弹簧片；6，8—微动开关；
7—杠杆；9—调节螺钉；10—推杆；11—活塞杆；12—宝塔弹簧

时间继电器按延时方式可分为通电延时型和断电延时型两种。通电延时型时间继电器在其感测部分接收信号后开始延时，一旦延时完毕，就通过执行部分输出信号以操纵控制电路，当输入信号消失时，继电器就立即恢复到动作前的状态（复位）。断电延时型与通电延时型相反，它是在其感测部分接收输入信号后，执行部分立即动作，但当输入信号消失后，继电器必须经过一定的延时，才能恢复到原来（即动作前）的状态（复位），并且有信号输出。

如图 3.5 所示为 JS7-A 系列时间继电器（空气阻尼式）的示意图。

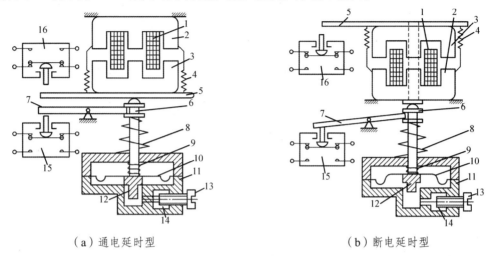

（a）通电延时型　　　　　　　　　（b）断电延时型

图 3.5　空气阻尼式时间继电器动作原理示意图

通电延时时间继电器：通电时，电磁线圈 1 产生电磁，电磁力大于弹簧拉力，动铁芯 3 被静铁芯 2 吸引，推板 5 迅速顶到微动开关，触点进行动作，由于橡皮膜 10 内有空气，形成负压，弱弹簧 9 的移动受到空气阻尼作用，活塞杆 6 缓慢向上移动，到达设定的时间，杆杠 7 顶到触点微动开关 15，触点进行动作，微动开关 15 的动作相对于通电时间而言有一个延时，断电时，微动开关 15 及 16 迅速复位。

断电延时时间继电器的动作原理请自行分析。

3. 符　号

时间继电器的符号分通电延时型和断电延时型两种，如图 3.6 所示，其文字符号为 KT。

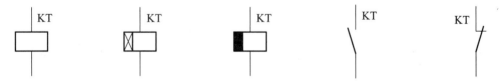

（a）线圈一般符号　（b）通电延时线圈　（c）断电延时线圈　（d）瞬动常开触头　（e）瞬动常闭触头

（f）延时闭合常开触头　（g）延时断开常闭触头　（h）延时断开常开触头　（i）延时闭合常闭触头

图 3.6　时间继电器的图形符号

4. 型号含义

时间继电器型号及其含义如图 3.7 所示。

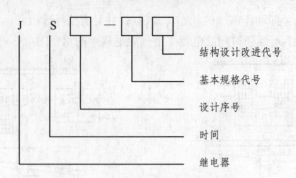

图 3.7　时间继电器的型号及其含义

5. 通电延时型时间继电器控制线路

通电延时型时间继电器控制线路如图 3.8 所示。线路动作原理如下：

按下启动按钮 SB2，中间继电器 KA 与时间继电器 KT 同时通电，经过一定的延时后，时间继电器 KT 动作，接触器 KM 通电。即：

启动：SB2±——KA+自——KT+——$\overset{\Delta t}{}$——KM+

停止：SB1±——KA−——KT−——KM−

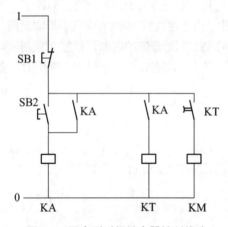

图 3.8　通电型时间继电器控制线路

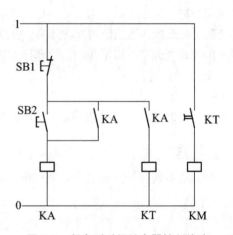

图 3.9　断电型时间继电器控制线路

6. 断电型时间继电器控制线路

断电型时间继电器控制线路如图 3.9 所示。图中，时间继电器 KT 为断电型时间继电器，其动合延时断开触点在 KT 线圈得电时闭合，KT 线圈断电时，经延时后该触点断开。

线路动作原理如下：

启动：SB2±——KA+自——KT+——KM+

停止：SB1±——KA−——KT−——$\overset{\Delta t}{}$——KM−

三、热继电器

热继电器是由流入热元件的电流产生热量，使具有不同膨胀系数的双金属片发生变形，当变形量达到一定程度时，就推动连杆动作，使控制电路断开，从而使接触器失电，主电路断开，实现电动机的过载保护。

在电动机主电路中串入热继电器可作为过载保护，电动机过载时，过载电流将使热继电器中双金属片弯曲动作，使串联在控制电路的动断触点断开，从而切断接触器 KM 线圈电路，使其主触点断开，电动机脱离电源停转。

电动机若遇到频繁启、停操作或运转过程中负载过重或缺相，都可能会引起电动机定子绕组中的负载电流长时间超过额定工作电流，这时都可以采用热继电器对电动机进行过载保护。

1. 外形结构及符号

常见热继电器的外形如图 3.10 所示。

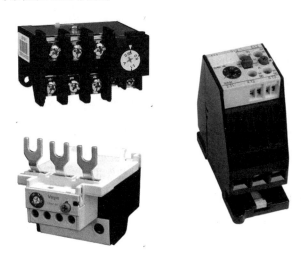

图 3.10　常见热继电器的外形

热继电器的电气文字符号为 FR，图形符号如图 3.11 所示。

　　（a）热继电器元件　　　　　　　　　（b）常闭触点

图 3.11　热继电器的电气原理图形

2. 动作原理

热继电器的热元件由两极（或三极）双金属片及缠绕在外面的电阻丝组成，其动作原理如图 3.12 所示。双金属片是由热膨胀系数不同的金属片压合而成，使用时将主触头（热元件触头）串联接于要控制的主电路中，电阻丝直接反映异步电动机的定子回路电流，当电动机过载时，流过电阻丝（热元件）的电流增大，电阻丝产生的热量使金属片弯曲，经过一定时间后，弯曲位移增大，使其动断触点断开，动合触点闭合。动断触点接于接触器控制电路中，从而切断接触器线圈回路电流，断开电动机电源。

　　热继电器触点动作切断电路后，电流为零，则电阻丝不再发热，双金属片冷却到一定值时恢复原状，于是动合和动断触点可以复位。另外也可通过调节螺钉 8，使触点在动作后不自动复位，而必须按动复位按钮才能使触点复位。这很适用于某些要求故障未排除而防止电动机再启动的场合。不能自动复位对检修时确定故障范围也是十分有利的。

　　复位按钮是热继电器动作后进行手动复位的按钮，可以防止热继电器动作后，因故障未被排除而电动机又启动而造成更大的事故。

　　除一般热继电器外，还有带断相保护的热继电器。三相感应电动机若发生一相断路，流过电动机各相绕组的电流将发生变化，其变化情况与电动机三相绕组的接法有关。如果热继电器保护的三相电动机是星形接法，当发生一相断路时，另外两相电流将增加很多，由于此时线电流等于相电流，而使流过电动机绕组的电流就是流过热继电器元件的电流，因此，采用普通的两相或三相热继电器就可以对此做出保护。如果电动机是三角形联结，在正常情况下，线电流是相电流的 1.732 倍，串接在电动机电源进线中的热元件按电动机额定电流即线电流来确定。当发生一相断路时，若电动机以 0.58 倍额定负载运转，流过跨接于全电压下的一相绕组的相电流为 1.15 倍的额定相电流，而流过两相绕组串联的电流仅为 0.58 倍额定相电流。此时未断相的那两相线电流正好为额定线电流，接在电动机进线中的热元件因流过额定线电流，热继电器不动作，但流过全压下的一相绕组已流过 1.15 倍额定相电流，时间长了便有过热烧毁的危险。所以三角形接法的电动机必须采用带断相保护的热继电器来对电动机进行长期过载保护。

　　带断相保护的热继电器是将普通热继电器的导板改成差动机构，使继电器在断相故障时加速动作，从而保护电动机的工作。

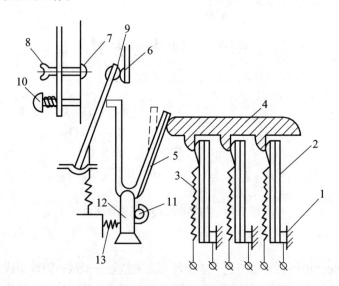

图 3.12　热继电器动作原理示意图

1—推杆；2—主双金属片；3—热元件；4—导板；5—补偿双金属片；6—静触点（动断）；
7—静触点（动合）；8—复位调节螺钉；9—动触点；10—复位按钮；
11—调节旋钮；12—支撑件；13—弹簧

3. 型号及含义

热继电器型号及其含义如图 3.13 所示。

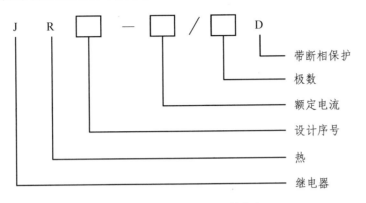

图 3.13　热继电器型号及其含义

任务三　顺序控制、多地控制线路分析

顺序控制是指生产机械中多台电动机按预先设计好的先后顺序进行启动或停止的控制。

多地控制是指为了操作方便，在多个地点对同一台电动机或同一个任务发出控制命令，多个地点的控制命令意义是相同的。

一、顺序控制线路

顺序控制线路包括顺序启动同时停车、同时启动顺序停车、顺序启动顺序停车等几种控制线路。从操作方法看，顺序控制一般有按钮实现联锁控制和时间继电器自动控制两种方法。

1. 顺序启动、同时或顺序停车控制

使用按钮实现顺序启动、同时或顺序停车的控制电路如图 3.14 所示，图（a）为两台电动机顺序控制的主电路，图（b）为控制电路，合上主电路的控制电源开关 QF，按下启动按钮 SB2，KM1 线圈通电并自锁，电动机 M1 启动旋转，同时串在 KM2 线圈电路中的 KM1 常开辅助触头也闭合，此时再按下按钮 SB4，KM2 线圈通电并自锁，电动机 M2 启动旋转，如果先按下 SB4 按钮，因 KM1 常开触头断开，电动机 M2 不可能先启动，达到顺序启动 M1、M2 的目的。

停车时，如果先按下按钮 SB3，接触器 KM2 线圈断电，电动机 M2 失电停止，再按下 SB1，接触器 KM1 线圈断电，电动机 M1 失电停止，这样就实现了顺序停车的控制；如果在还没有按下 SB3 时就先按下了 SB1 按钮，则可以实现同时停车。

2. 顺序启动、顺序停车控制

前面介绍的顺序控制线路在电动机启动时能够保证顺序动作，而在电动机停车时既可以顺序动作也可以同时动作，这可能不能满足某些机械动作要求。如果要求电动机 M2 未停止时电动机

M1 不能停止，则其主电路不变，控制电路如图 3.15 所示，图中将 KM2 的常开辅助触头并联在按钮 SB1 两端，这样保证了在 KM2 线圈未断电时按下 SB1 按钮停车无效。

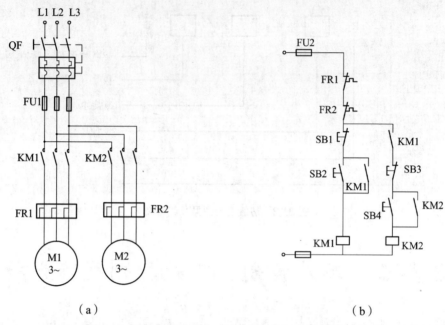

（a）　　　　　　　　　　　　　　　　　（b）

图 3.14　按钮实现顺序启动、同时或顺序停车控制电路

3. 时间继电器实现自动顺序启动

在生产机械上有时还要求顺序动作有一定的时间间隔，并且能自动实现顺序控制，此时往往使用时间继电器来实现自动顺序启动控制，如图 3.16 所示，当按下启动按钮 SB2 后，KM1、KT 线圈同时通电，电动机 M1 启动运转，当通电延时型时间继电器 KT 延时时间到达之后，其延时闭合常开触头闭合，接通 KM2 线圈电路并自锁，电动机 M2 启动旋转，同时 KM2 常闭辅助触头断开，将时间继电器 KT 线圈电路切断，KT 不再工作，使 KT 仅在启动时起作用，这样可以节约能源，延长时间继电器使用寿命。

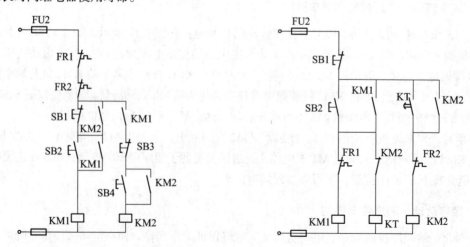

图 3.15　按钮实现顺序启动、顺序停车控制电路　　　图 3.16　时间继电器实现自动顺序启动控制电路

二、多地控制线路

在大型设备上为了操作方便，常常需要在两个或者多个地点根据实际情况对某些相同的功能设置多个控制按钮，这就是多地控制。

多地控制的特点是所有启动按钮（常开按钮）全部并联在自锁触点两端，按下其中任何一个都可以启动电动机；所有停止按钮（常闭按钮）全部串联在接触器线圈回路中，按下其中任何一个都可以停止电动机的工作。

多地控制线路图如图 3.17 所示。SB3、SB4 为两地启动按钮；SB1、SB2 为两地停止按钮。

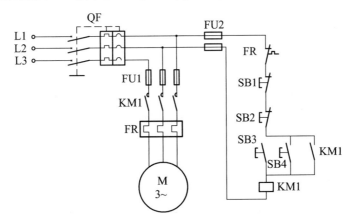

图 3.17　多地联锁控制电路

任务四　顺序控制线路连接调试实训

一、实训目的

（1）熟悉各种常用低压电器结构，掌握其接线方法；

（2）熟悉多台电动机顺序控制的实现方法；

（3）掌握按钮控制两台电动机顺序启动的接线和故障检查方法；

（4）掌握时间继电器实现两台电动机顺序启动的接线和故障检查方法。

二、实训任务

连接并调试电路，使其工作过程正常，安全可靠。电路图：按钮实现顺序启动、同时或顺序停车控制电路（见图 3.14）；时间继电器实现自动顺序启动控制电路（见图 3.16）。

三、工作准备

1. 工具、仪器及器材

（1）工具：测电笔、螺钉旋具、尖嘴钳、斜口钳、剥线钳、电工刀等。

（2）仪表：万用表、兆欧表、钳形电流表。

（3）器材、器件：交流接触器、按钮、断路器、时间继电器、电动机、各种规格的坚固体、UT 型接头及管形接头、编码套管等。

阅读以上工具、仪器、器材的说明书，练习其使用方法。

2. 场地要求

数控机床电气控制实训室，配备相关电工工具和元器件，电源满足三相 AC 380 V 要求。

3. 电器元件的识别

本任务中涉及的低压电器元件主要有断路器、熔断器、按钮、交流接触器、时间继电器等。请学生按 3 人一组分成小组，通过讨论、现场收集资料、查阅说明书等方法选择所需电器元件型号，并将其填入表 3.1。

表 3.1　元器件明细表

序　号	代　号	名　称	型　号	规　格	数　量	作　用
1						
2						
3						
4						
5						
6						
7						
8						
9						

注：该表由每个小组根据自己确定的方案及选定的电器型号填写，供检查和评估参考。

4. 电路分析

（1）分析电路的工作原理和特点，确定导线颜色及直径，并对原电气原理图中未编号的线端进行编号。

（2）根据电气原理图设计电器布置图，画出接线图。

四、工作步骤及要求

1. 工作步骤

（1）按表配齐所用电器元件，检查各电器元件的质量情况，了解其使用方法。

（2）在控制板上安装走线槽，做到横平竖直，排列整齐匀称，安装牢固和便于走线等。

（3）按电气原理图及自己所编的线号制备线缆。

（4）正确连接线路，先接主回路，再接控制回路。

（5）先自检，检查无误后，请指导老师检查认可后再合闸通电试车。

（6）观察实验现象及结果，并做相应记录。

（7）注意接线工艺。

（8）检查排除线路故障。

（9）完成实验报告。

2. 实训记录单

每位学生根据自己的实施过程、故障现象及调试方法填写下面的记录单（见表 3.2）。该表的前两列由学生填写，后两列由指导老师检查后填写。

表 3.2　工作过程记录单

序　号	工作内容	用　时	得　分
1			
2			
3			
4			
5			
6			
7			
8			
9			
10			

【知识拓展】

常见电磁继电器的种类

继电器的种类繁多，在电气自动控制系统中使用广泛。事实上除了前面介绍的中间继电器、时间继电器、热继电器之外，还有很多类型的继电器，下面介绍一些较常用的电磁继电器。

1. 过电流继电器

过电流继电器，是当电流超过其设定值时产生动作的继电器，可用于系统短路及过载的保护。最常用的是感应型过电流继电器，它是利用电磁铁与铝或铜制的旋转盘相互作用，依靠电磁感应原理使旋转圆盘转动，以达到保护作用。

动作原理：感应型过电流继电器是利用电流互感器二次侧电流，在继电器内产生磁场，以促使触头动作，但流过的电流必须大于电流标置板的电流值才能动作。

2. 过电压继电器

过电压继电器的电磁线圈与被保护或检测电路并联，当系统的异常电压上升至 120% 额定值以上时，过电压继电器动作，从而使电路电源分断以保护电力设备免遭损坏。感应式过电压继电器的构造及动作原理与过电流继电器相同，都是依靠电磁感应原理使旋转圆盘转动以达到保护作用。

3. 欠电压继电器

欠电压继电器，其构造与过电压继电器相近。欠电压继电器的电磁线圈与被保护或检测电路并联，它的触头（比如常开触头）接在控制电路中，电路正常时其触头系统已经动作（常开闭合），而当电压低至其设定值时，它的电磁系统产生的电磁力会减小，在复位弹簧的作用下，触头系统会复位（常开由闭合变为断开），从而使控制电路断电，进而控制主电路断电，保护用电设备在低压下不被损坏。

4. 接地过电压继电器

接地过电压继电器，或称接地报警继电器，其构造与过电压继电器相同，用于三相三线制非接地系统，接于开口三角形绕组的接地互感器上，用以检测零相电压。

5. 接地过电流继电器

接地过电流继电器是一种高压线路接地保护继电器。主要用途如下：

（1）高电阻接地系统的接地过电流保护；

（2）发电机定子绕组的接地保护；

（3）分相发电机的层间短路保护；

（4）接地变压器的过热保护。

6. 选择性接地继电器

选择性接地继电器，又称方向性接地继电器，使用于非接地系统，作配电线路的保护用，架空线及电缆系统也能使用。

选择性接地继电器，由接地电压互感器检出零相序电流，如遇线路接地时，选择性接地继电器能确实地表示故障线路而发生警报，并按照其需要选择故障线路将其断开，而继续向正常线路送电。

7. 缺相继电器

缺相继电器，或缺相保护继电器，在三相线路中，当电源端有一相断路而造成单相时，若未立即将线路切断，将使电动机单相运转而烧毁。所以，这样的电路可以使用缺相继电器进行保护。

8. 比率差动继电器

比率差动继电器，被用做变压器、交流电动机、交流发电机的差动保护。当外部故障所产生的异常电流流过保护设备时，若变压器的一、二次侧电流发生不平衡或对电流互感器特性发生不一致，在这些情况下，继电器可能产生误动作。所以需要采用比率差动继电器对电路进行保护。

项目小结与检查

本项目所介绍的多台电动机的顺序控制在机床电气控制系统中应用比较广泛。通过本项目的训练，使学生掌握两台电动机顺序启动控制电路，体会顺序控制的思想，理解时间控制原理，掌握时间继电器的使用方法。本项目还介绍了多地控制电路。多地控制是指对相同的控制任务可在多个地点实现的一种控制电路，在较大型的机床上解决了单点操作时，各个操作地点相距较远、操作观察不便的问题。

本项目介绍了实际工业中应用非常广泛的一类控制元件：继电器。根据其驱动原理不同，继电器种类也很多，有中间继电器、电流继电器、电压继电器、时间继电器、热继电器、速度继电器、频率继电器、阻抗继电器等。在项目详细介绍了中间继电器、时间继电器、热继电器的工作原理、电气图形符号、型号等。分析了常见顺序控制线路的原理，介绍了多地控制的实现方法。项目最后通过学生亲手实践训练的方式，使他们能深刻体会顺序控制和时间控制的思想，也能极大地提高学生的动手能力和学习兴趣。

本项目训练过程中，在绘制电路图时，必须严格按照国家标准规定使用各种符号、单位、名词术语和绘制原则。

本项目在实施时要特别注意过程的检查，学生要做好每个操作步骤、使用的元器件情况、工具情况、所遇到的问题情况、解决办法等记录。

项目练习与思考

3.1 什么是顺序控制？举几个你所知道的顺序控制的例子。

3.2 什么时多地控制？举几个你所知道的多地控制的例子。

3.3 电路中的 KA、KT、FR 分别是什么电器元件的文字符号？在电气原理图中怎样表示？

3.4 请思考在三轴数控加工中心上有哪些顺序控制思想。

3.5 用时间继电器设计一台电动机顺序正/反转工作的电路，工作过程是：按下启动按钮时电动机正向旋转启动，5 s 之后电动机自动反转，再过 3 s 之后电动机自动停止，电路要有必要的保护，工作过程安全可靠。

3.6 控制电路工作的准确性和可靠性是电路设计的核心和难点，在设计时必须特别重视。题3.6 图的设计本意是：按下 SB2，KM1 得电，延时一段时间后，KM2 得电运行，KM1 失电。按下SB1，整个电路失电。试分析该电路是否合理，如不合理，请改之。

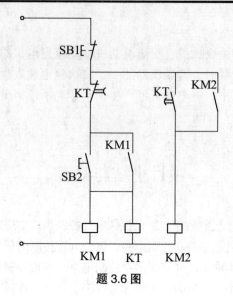

题 3.6 图

3.7   设计一个控制电路,三台笼型电动机启动时,M1 先启动,经过 10 s 后,M2 自行启动;运行 30 s 后,M1 停止并同时使 M3 自行启动,再运行 30 s 后电动机全部停车。

3.8   一运料小车的行程控制示意图如题 3.8 图所示。试设计一控制电路同时满足以下要求:

(1)小车启动后,先行进到 A 地,停 5 min 等待装料,然后自动返回 B;

(2)到 B 地后停 5 min 等待卸料,然后自动返回 A;

(3)有失压、过载、短路等必要的保护环节;

(4)小车可以停在 A、B 间任意位置。

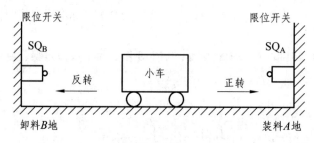

题 3.8 图

3.9   有三台电动机 M1、M2、M3,要求 M1 启动 5 s 后,M2 和 M3 同时启动,当 M2 或 M3 停车经过 10 s 后 M1 停止。三台电动都有必要的保护环节,试设计其控制电路。

3.10   设计一条自动运输线的电气控制线路,共有三台电机 M1、M2、M3,按下列顺序启动:M1 启动后,M2 才能启动;M2 启动后,M3 才能启动;每台启动间隔 5 s。停止时按逆序停止,间隔同样为 5 s。电路有必要的短路、过载、失压保护。

3.11   某机床主轴和润滑油泵分别由一台三相交流异步电动机拖动,其工作要求:① 主轴电动机 M1 必须在油泵电动机 M2 启动后才能启动,但可同时停车;② 油泵电动机 M2 可单独启动;③ 主轴电动机能正转、反转、点动;④ 分别具有过载、短路、失压保护。试设计电动机 M1 和电动机的 M2 工作的主电路及控制电路。

项目四　异步电动机降压启动控制

【教学导航】

建议学时	建议理论 4 学时，实践 8 学时，共 12 学时。
推荐教学方法	理论实践一体化教学，引导学生自主学习。
推荐学习方法	以小组为单位，边学边做，小组讨论；老师先介绍基本概念、基本理论、基本方法，然后引导学生通过实验、实训的方法主动学习。
学习要领	● 注意掌握机床电气控制的基本原理和方法，对最基本、最典型的控制线路和实例要熟悉； ● 学习典型设备和系统时，着重研究、体会元器件和线路的应用特点，不必过分追求理论的系统与完整； ● 机床电气自动控制的新技术、新产品日新月异，在学习时，应密切注意这方面的实际发展动态，以求把基本理论和最新技术联系起来。
知识要点	● 三相交流电动机降压启动控制的意义及作用； ● 鼠笼式电动机的 Y-△ 降压启动、自耦变压器降压启动、定子线圈串电阻降压启动的工作原理和连线方法； ● 绕线式电动机的转子线圈串电阻降压启动的工作原理。

任务一　项目描述

任何复杂的控制线路或系统，都是由一些简单的控制环节、基本控制线路及保护环节等组合而成，因此，进一步熟悉交流电动机的基本控制线路的结构、动作原理，是实用控制线路分析和设计的基础。

三相交流异步电动机直接启动虽然控制线路结构简单、使用维护方便，但启动电流很大（为正常工作电流的 4~7 倍），因此，如果电源容量不比电动机容量大许多倍，则启动电流可能会明显地影响同一电网中其他电气设备的正常运行。

一般容量在 10 kW 以下或其参数满足式（4.1）的三相笼型异步电动机可采用直接启动，否则应采用降压启动。

$$\frac{I_{st}}{I_N} \leqslant \frac{3}{4} + \frac{S}{4 \times P} \tag{4.1}$$

式中　I_{st}——电动机的直接启动电流，A；

　　　I_N——电动机的额定电流，A；

　　　S——变压器容量，kV·A；

　　　P——电动机额定功率，kW。

　　降压启动是指：利用启动设备或线路，降低加在电动机定子绕组上的电压来启动电动机。降压启动可达到降低启动电流的目的，但由于启动力矩与各相定子绕组上所加电压的平方成正比，因此，一般降压启动的方法只适合必须减小启动电流又对启动转矩要求不高的场合。

　　对于鼠笼式异步电动机可采用：星形-三角形降压启动、定子串自耦变压器降压启动、定子串电阻降压启动等方法；而对于绕线式异步电动机，还可采用转子串电阻启动、转子串频敏变阻器启动等方法以限制启动电流。

任务二　常见降压启动控制线路分析

一、星形-三角形降压启动控制线路

　　对于正常运行时电动机额定电压等于电源线电压，定子绕组为三角形连接方式的三相交流异步电动机，可以采用星形-三角形降压启动。它是指启动时，将电动机定子绕组接成星形，待电动机的转速上升到一定值后，再换成三角形连接。这样，电动机启动时每相绕组的工作电压为正常时绕组电压的$1/\sqrt{3}$。电动机的启动电流为三角形直接启动时的 1/3。

　　采用星形-三角形降压启动自动控制的线路如图 4.1 所示。图中使用了三个接触器 KM1、KM2、KM3 和一个通电延时型的时间继电器 KT，当接触器 KM1、KM3 主触点闭合时，电动机 M 星形连接；当接触器 KM1、KM2 主触点闭合时，电动机 M 三角形连接。

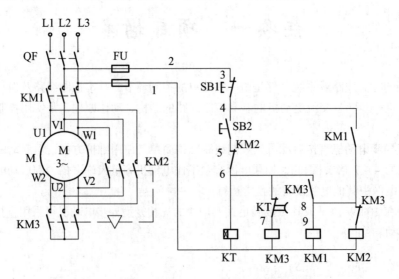

图 4.1　星形-三角形降压启动线路（三接触器）

线路动作原理为：

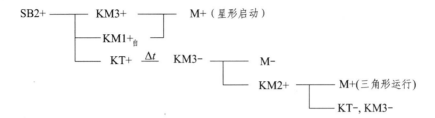

另一种星形-三角形降压启动自动控制线路如图 4.2 所示，它只采用了两个接触器 KM1、KM2 实现控制，而且电动机由星形接法转换为三角形接法是在切断电源的同一时间内完成。即按下按钮 SB2，接触器 KM1 通电，电动机 M 联结成星形启动，经过一段时间后，KM1 瞬时断电，KM2 通电，电动机 M 联结成三角形，然后 KM1 再通电，电动机 M 三角形全压运行。此控制线路的原理请读者自行分析。

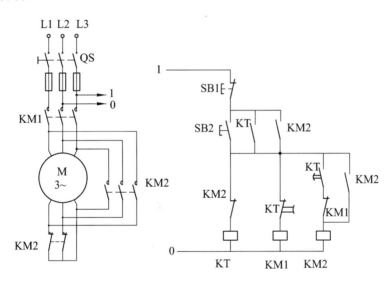

图 4.2　星形-三角形降压启动线路（两接触器）

二、自耦变压器降压启动控制线路

对于容量较大且正常运行时定子绕组接成星形的笼型异步电动机，无法使用星形-三角形电路实现降压启动，此时可以采用自耦变压器降压启动。它是指启动时，将自耦变压器接入电动机的定子回路，自耦变压器可以对接入电动机的电源进行降压。当电动机的转速上升到一定值后，再切除自耦变压器，将电动机定子绕组接入正常工作电压。这样，启动时电动机每相绕组电压为正常工作电压的 $1/K$ 倍（K 为自耦变压器的变压比或匝数比，$K = N_1 / N_2$），启动电流也为全压启动电流的 $1/K^2$ 倍。

自耦变压器一般备有 65% 和 85% 两挡电压抽头，出厂时接在 65% 抽头上，可根据电动机的负载情况选择不同的启动电压。使用时间继电器控制能可靠地实现电动机由启动到正常工作的自动切换，不会造成启动时间长短不一的情况，也不会因为启动时间过长而造成烧毁自耦变压器的事故。自耦变压器只在启动过程中短时工作，在启动完毕后应从电源中切断。

自耦变压器降压启动控制线路如图 4.3 所示。

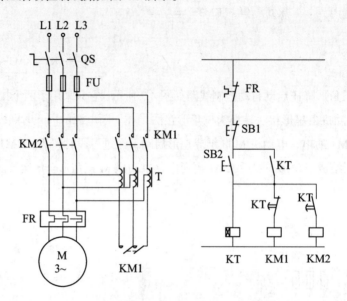

图 4.3　自耦变压器降压启动控制线路

线路动作原理如下：

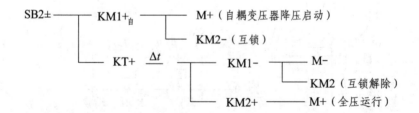

三、定子串电阻降压启动控制线路

定子串电阻降压启动是指启动时，在电动机定子绕组中串联电阻，启动电流在电阻上产生电压降，使实际加到电动机定子绕组上的电压低于额定电压，待电动机转速上升到一定值后，再将串联的电阻短接，使电动机在额定电压下运行。正常运行时定子绕组接成 Y 形的笼型异步电动机，可采用这种方法启动。

用时间继电器控制电动机定子串电阻降压启动控制线路的电气原理图如图 4.4 所示，其接线图如图 4.5 所示。

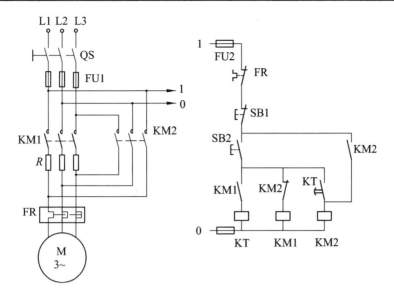

图 4.4 定子串电阻降压启动控制线路电气原理图

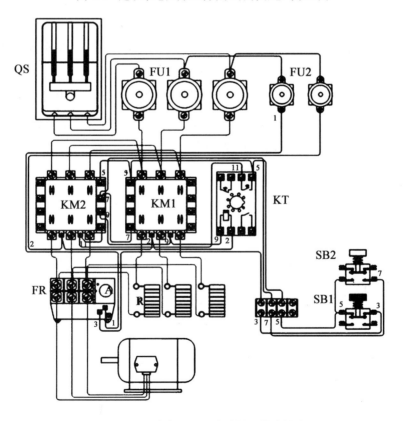

图 4.5 定子串电阻降压启动控制线路接线图

线路动作原理如下：

$$SB2\pm \longrightarrow KM1+_{自} \longrightarrow M+(串R降压启动)$$

$$\longrightarrow KT+ \xrightarrow{\Delta t} KM2+ \longrightarrow M+(全压运行)$$

$$\longrightarrow KM1-（互锁）\longrightarrow KT-$$

由以上分析可见，按下启动按钮 SB2 后，电动机 M 先串电阻 R 降压启动，经一定延时（由时间继电器 KT 确定）之后，电动机自动转为全压运行。且在全压运行期间，时间继电器 KT 和接触器 KM1 线圈均断电，不仅节省电能，而且增加了电器的使用寿命。

四、绕线式电动机的转子串电阻启动

绕线式电动机的转子由三相绕组组成，在电动机启动时，将转子线圈通过滑环引出可以串入外加电阻，待转速接近额定转速时，再切断启动电阻。这种启动方式减小了启动电流，同时也可以增加转子功率因数和启动转矩，常用于要求负载启动或启动转矩较大的场合。

绕线型异步电动机转子串电阻启动电路如图 4.6 所示，将转子线圈串入外加电阻 R_1、R_2、R_3，再逐级并联接上接触器 KM1、KM2、KM3，随着启动过程的进行，按时间原则依次使接触器线圈通电，从而顺序切除转子外加电阻。图中，KM1、KM2、KM3 为短接电阻接触器。KM4 为电源接触器，KT1、KT2、KT3 为通电延时型时间继电器，其延时时间的长短决定了接触器 KM1、KM2、KM3 的动作顺序，以达到按时间原则逐级切除电阻的目的。

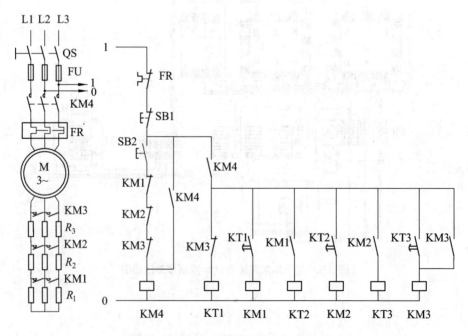

图 4.6 绕线式电动机的转子串电阻启动线路

线路动作原理如下：

$$SB2\pm \longrightarrow KM4+_自 \longrightarrow M+(串全部电阻启动)$$

$$KT1+ \xrightarrow{\Delta t_1} KM1+(切除电阻R_1)$$

$$KT2+ \xrightarrow{\Delta t_2} KM2+(切除电阻R_2)$$

$$KT3+ \xrightarrow{\Delta t_3} KM3+(切除电阻R_3)$$

$$M(全压运行)$$

与按钮 SB2 串联的三个动断触点 KM1、KM2、KM3 的作用是保证电动机只有在全部转子外加电阻都串入时才可以启动，如果没有此要求则可以将这三个触点取掉。

以上绕线转子串电阻降压启动线路结构简单，但有一个缺点就是，在电动机正常工作时每一个电器的线圈都有电流通过，既不环保，也影响电器使用寿命。为改变以上不足之处，可以将电路改进成如图 4.7 所示。改进后的电路当电动机正常运行时，只有 KM1、KM4 两个接触器处于长期通电状态，而 KT1、KT2、KT3 与 KM2、KM3 线圈通电时间均压缩到最低限度，不但节能，延长电器使用寿命，更为重要地是减少电路故障，保证了电路安全可靠地工作。此电路的工作原理请读者自行分析。

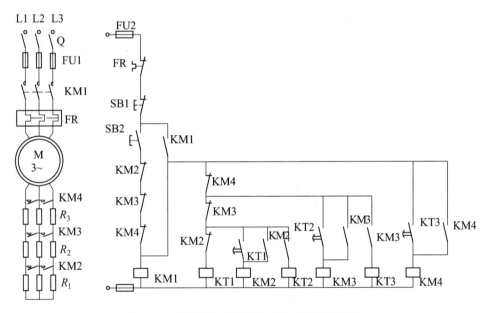

图 4.7 改进的绕线转子串电阻启动控制线路

五、绕线式电动机的转子串频敏变阻器启动

绕线式异步电动机转子回路串接电阻启动，不仅使用的电器多、控制电路复杂、启动电阻发热消耗能量，而且启动过程中逐级切除电阻，电流和转矩变化较大，对生产机械造成较大的冲击。

频敏变阻器是一种静止的、无触点的电磁元件，它是由几块 30～50 mm 厚的铸铁板或钢板叠成的三柱式铁芯和装在铁芯上并接成星形的三个线圈组成。若将其接入电动机转子回路内，则随着启动过程（转速升高或转子频率下降）的进行，其阻抗值自动下降。这样不仅不要逐级切除电阻，而且启动过程也能平滑进行。

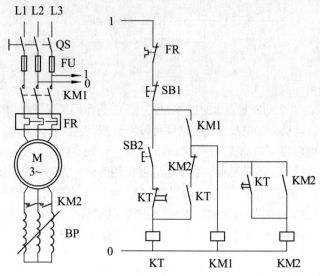

图 4.8　转子串频敏变阻器启动控制线路

绕线型异步电动机转子串频敏变阻器启动控制线路如图 4.8 所示。图中，KM1 为电源接触器，KM2 为短接频敏变阻器接触器，KT 为通电延时时间继电器，BP 为频敏变阻器。

线路动作原理如下：

$$SB2\pm \begin{array}{l} \text{—— } KM1+_{\text{自锁}} \text{ —— } M+\text{（串频敏变阻器降压启动）} \\ \text{—— } KT+ \xrightarrow{\Delta t_1} KM2+ \text{——} M+\text{（短接频敏变阻器全压运行）} \end{array}$$

任务三　电动机降压启动线路连接调试实训

一、实训目的

（1）熟悉各种常用低压电器结构，掌握其接线方法；

（2）熟悉三相交流电动机降压启动控制的意义及作用；

（3）熟悉常见的降压启动方法，各种降压启动的适用范围；

（4）重点掌握鼠笼式电动机的星形-三角形降压启动、自耦变压器降压启动、定子线圈串电阻降压启动线路的工作原理和连接方法；

（5）掌握电路故障排除和电路调试技能，培养综合分析问题的能力。

二、实训任务

连接并调试电路，使其工作过程正常，安全可靠。电路图：星形-三角形降压启动线路（见图

4.1）；定子线圈串电阻降压启动线路（见图 4.4）。

三、工作准备

1. 工具、仪器及器材

（1）工具：测电笔、螺钉旋具、尖嘴钳、斜口钳、剥线钳、电工刀等。

（2）仪表：万用表、兆欧表、钳形电流表。

（3）器材、器件：交流接触器、按钮、断路器、时间继电器、电动机、各种规格的坚固体、UT 型接头及管形接头、编码套管等。

阅读以上工具、仪器、器材的说明书，练习其使用方法。

2. 场地要求

数控机床电气控制实训室，配备相关电工工具和元器件，电源满足三相 AC 380 V 要求。

3. 电器元件的识别

本任务中涉及的低压电器元件主要有断路器、熔断器、按钮、交流接触器、时间继电器、电阻等。请学生按 3 人一组分成小组，通过讨论、现场收集资料、查阅说明书等方法选择所需电器元件型号，并将其填入表 4.1。

表 4.1　元器件明细表

序　号	代　号	名　称	型　号	规　格	数　量	作　用
1						
2						
3						
4						
5						
6						
7						
8						
9						

注：该表由每个小组根据自己确定的方案及选定的电器型号填写，供检查和评估参考。

4. 电路分析

（1）分析电路的工作原理和特点，确定导线颜色及直径，并对原电气原理图中未编号的线端进行编号。

（2）根据电气原理图设计电器布置图，画出接线图。

四、工作步骤及要求

1. 工作步骤

（1）按表配齐所用电器元件，检查各电器元件的质量情况，了解其使用方法。

（2）在控制板上安装走线槽，做到横平竖直，排列整齐匀称，安装牢固和便于走线等。

（3）按电气原理图及自己所编的线号制备线缆。

（4）正确连接线路，先接主回路，再接控制回路。

（5）先自检，检查无误后，请指导老师检查认可后再合闸通电试车。

（6）观察实验现象及结果，并做相应记录。

（7）注意接线工艺。

（8）检查排除线路故障。

（9）完成实验报告。

2. 实训记录单

每位学生根据自己的实施过程、故障现象及调试方法填写下面的记录单（见表 4.2）。该表的前两列由学生填写，后两列由指导老师检查后填写。

表 4.2　工作过程记录单

序　号	工作内容	用　时	得　分
1			
2			
3			
4			
5			
6			
7			
8			
9			
10			

项目小结与检查

电动机的启动方法有直接启动和降压启动两类。直接启动控制简单方便，但对于容量过大的电动机可能无法适应；降压启动可以减少启动电流，但电动机的电磁转矩与定子端电压的平方成正比，所以降压启动转矩相应减小，适用于空载或轻载下启动。

　　三相交流异步电动机降压启动是限制启动电流过大的有效方法之一。其中，对于正常运行时电动机额定电压等于电源线电压，定子绕组为三角形连接方式的三相交流异步电动机，可以采用星形-三角形降压启动，这种控制线路从星形启动到三角形运行都可以利用通电延时型时间继电器。对于容量较大的正常运行的定子绕组接成星形的笼形异步电动机，可采用自耦变压器降压启动。定子绕组串电阻降压启动是在启动过程中串入电阻，启动完毕后短接电阻实现全压运行。

　　绕线式异步电动机转子串电阻降压启动可以采用转子线圈串联电阻的方法，这种控制线路比较繁杂。若使用转子串频敏变阻器启动控制，可以使控制线路简单，减少电阻能量损耗，并且可以自动平滑地减小电阻。

　　本项目在实施时要特别注意过程的检查，学生要做好每个操作步骤、使用的元器件情况、工具情况、所遇到的问题情况、解决办法等记录。

项目练习与思考

　　4.1　什么是降压启动？三相鼠笼式电动机有哪些降压启动方法？

　　4.2　双速电动机运行时通常先低速启动，而后转入高速运行，这是为什么？

　　4.3　一台电动机星形-三角形降压起动接法，允许轻载启动，设计满足下列要求的控制电路。要求：① 采用自降压启动；② 实现连续运转和点动工作，且当点动工作时要求处于降压状态工作；③ 具有必要的保护环节。

　　4.4　有一输送带采用 50 kW 电动机进行拖动，试设计其控制电路。要求：① 电动机采用星形-三角形降压启动控制；② 采用两地控制方式；③ 加装启动和运行指示装置；④ 至少有一个现场紧急停止开关。

　　4.5　某水泵由笼型异步电动机拖动，采用降压启动，要求在三处都能控制启、停，试设计主电路和控制电路。

　　4.6　现有一磨床工作台，磨头由电机 M1 带动，工作台由电机 M2 拖动，按下列要求设计控制电路：① M1 为单方向旋转，启动采用星-△方式降压启动；② M2 可正反转；③ M1 启动 5 s 后，M2 才能启动；④ M2 能单独启、停；⑤ 当 M2 反转时，M1 会自动停止；⑥ 有相应的短路、过载保护。

项目五　异步电动机制动控制

【教学导航】

建议学时	建议理论 4 学时，实践 6 学时，共 10 学时。
推荐教学方法	理论实践一体化教学，引导学生自主学习。
推荐学习方法	以小组为单位，边学边做，小组讨论；老师先介绍基本概念、基本理论、基本方法，然后引导学生通过实验、实训的方法主动学习。
学习要领	• 注意掌握基本概念、基本方法；着重研究、体会元器件和线路的应用特点； • 掌握机床电气控制的基本原理和方法，对最基本、最典型的控制线路和实例要熟悉； • 学习典型设备和系统时，着重研究、体会元器件和线路的应用特点，不必过分追求理论的系统与完整； • 机床电气自动控制的新技术、新产品日新月异，在学习时，应密切注意这方面的实际发展动态，以求把基本理论和最新技术联系起来。
知识要点	• 电动机制动控制的意义及用途； • 速度继电器、电磁抱闸制动器等电器元件的结构、工作原理、电气图形符号、选型、安装及接线方法； • 机械抱闸制动的控制原理与应用条件； • 掌握电动机单向运行的反接制动控制、能耗制动控制的工作原理和接线方法； • 了解电动机可逆运行的反接制动线路。

任务一　项目描述

在实际运用中，有些生产机械往往要求电动机快速、准确地停车，如起重机的吊勾需要准确定位、数控机床的重力轴要求能够在断电后抱死等。而电动机在脱离电源后由于机械惯性的存在，完全停止需要一段时间，这就要求对电动机采取有效的措施进行制动。电动机断电后，能使电动机在很短的时间内就停转的方法，称为制动控制。制动控制方法常有两大类：机械制动和电气制动。

机械制动是在电动机断电后利用机械装置对其转轴施加相反的机械力矩（制动力矩）来进行制动，这种制动在起重机械、数控机床的重力轴制动控制中都被广泛采用。机械制动所采用的元件常有电磁离合器和电磁抱闸制动器。

电气制动是使电动机停车时产生一个与转子原来的实际旋转方向相反的电磁力矩（制动力矩）来进行制动。常用的电气制动方法有反接制动和能耗制动。

任务二　相关电器元件的认识

一、电磁抱闸制动器

机械制动经常采用的机械制动设备是电磁抱闸制动器。使用联轴器将电磁抱闸制动器与需要制动的电动机同轴安装在一起，电动机旋转时带动抱闸制动器转子跟着旋转。

1. 外形结构

电磁抱闸制动器的外形结构如图 5.1 所示。

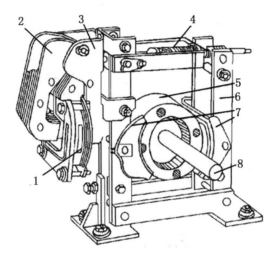

图 5.1　电磁抱闸制动器的外形结构

1—线圈；2—衔铁；3—铁芯；4—弹簧；5—闸轮；6—杠杆；7—闸瓦；8—轴

电磁抱闸制动器的结构主要由两部分组成：制动电磁铁和闸瓦制动器。制动电磁铁由铁芯、衔铁和线圈三部分组成。线圈一般采用单相电源，也有采用三相电源的。闸瓦制动器包括闸轮、闸瓦和弹簧等。闸轮与电动机装在同一根转轴上，制动强度可通过调整弹簧力来改变。

2. 原　理

断电制动型电磁抱闸的工作原理：电动机接通电源，同时电磁抱闸线圈也得电，衔铁吸合，克服弹簧的拉力使制动器的闸瓦与闸轮分开，电动机正常运转。断开开关或接触器，电动机失电，同时电磁抱闸线圈也失电，衔铁在弹簧拉力作用下与铁芯分开，并使制动器的闸瓦紧紧抱住闸轮，电动机被制动而停转。

3. 特　点

电磁抱闸制动的特点：机械制动主要采用电磁抱闸、电磁离合器制动，两者都是利用电磁线圈通电后产生磁场，使静铁芯产生足够大的吸力吸合衔铁或动铁芯（电磁离合器的动铁芯被吸合，动、静摩擦片分开），克服弹簧的拉力而满足工作现场的要求。电磁抱闸是靠闸瓦的摩擦片制动闸轮。电磁离合器是利用动、静摩擦片之间足够大的摩擦力使电动机断电后立即制动。优点：电磁抱闸制动，制动力强，广泛应用在起重设备上。它安全可靠，不会因突然断电而发生事故。缺点：电磁抱闸体积较大，制动器磨损严重，快速制动时会产生振动。

二、速度继电器

速度继电器主要用作笼型异步电动机的反接制动控制，亦称反接制动继电器。

1. 动作原理

速度继电器的结构示意图如图 5.2 所示。它主要由转子、定子和触点三部分组成。转子是一个圆柱形永久磁铁，定子是一个笼型空心圆环，由硅钢片叠成，并装有笼型绕组。其转轴与电动机的转子轴固定连接，而定子空套在转子上。当电动机转动时，速度继电器的转子（永久磁铁）随之转动，在空间产生旋转磁场，切割定子绕组，而在其中感应出电流。此电流又在旋转的转子磁场作用下产生转矩，使定子随转子转动方向而旋转，和定子装在一起的摆锤推动动触头动作，使常闭触点断开，常开触点闭合。当电动机转速低于某一值时，定子产生的转矩减小，动触头复位。

一般速度继电器的动作转速为 120 r/min，复位转速在 100 r/min 以下，转速在 3 000 ~ 3 600 r/min 以下能可靠的工作。

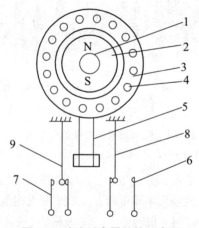

图 5.2　速度继电器结构示意图

1—转轴；2—转子；3—定子；4—绕子；5—摆锤；6，7—静触点；8，9—动触点

2. 电气原理图形及文字符号

速度继电器的电气原理图形如图 5.3 所示，其文字符号为 KS。

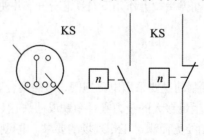

图 5.3　速度继电器的电气原理图形及文字符号

3. 型号含义

常用的速度继电器有 JY1 型和 JFZ0 型,其型号及含义如图 5.4 所示。

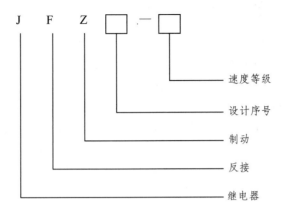

图 5.4　速度继电器型号及含义

任务三　常见制动控制线路分析

一、电磁抱闸制动控制线路

电磁抱闸制动控制线路如图 5.5 所示。其工作原理为:接通电源开关 QF1 后,按启动按钮 SB2,接触器 KM1 线圈得电工作并自锁,同时接触器 KM2 线圈得电;接触器 KM1 与 KM2 的触头同时闭合,电磁抱闸 YB 线圈得电,使其动、静铁芯吸合,动铁芯克服弹簧拉力,迫使制动杠

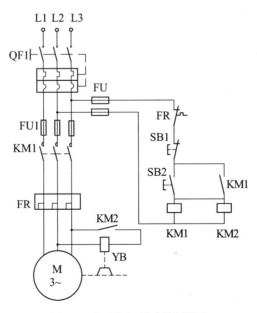

图 5.5　电磁抱闸制动控制线路

杆向上移动，从而使制动器的闸瓦与闸轮分开，取消对电动机的制动；与此同时，电动机得电启动至正常运转。当需要停车时，按停止按钮 SB1，接触器 KM1 与 KM2 同时断电释放，电动机的电源被切断的同时，电磁抱闸的线圈也失电，衔铁被释放，在弹簧拉力的作用下，使闸瓦紧紧抱住闸轮，电动机被制动将快速停止转动。

此电路中如果接触器 KM1 的触头数量足够，也可以省略接触器 KM2，而使用 KM1 的一个触头来控制电磁抱闸 YB。在立式数控铣床的 Z 轴抱闸中可以使用继电器输出到抱闸制动器线圈。

在可靠性要求高的场合中控制电磁抱闸 YB 通/断电的触头 KM2 不要省略，因为如果不经过 KM2 触头而直接将制动电磁铁线圈并接在电动机线路上，按下 SB1 后，电动机不会立即停止转动，它要因惯性而继续转动。由于转子剩磁的存在，使电动机处于发电运行状态，定子绕组的感应电势加在电磁抱闸 YB 线圈上。所以当电动机主回路电源被切断后，YB 线圈不会立即断电释放，而是在 YB 线圈的供电电流小到不能使动、静铁芯维持吸合时，才开始释放，这样就可能造成制动失灵。

电磁抱闸制动，在起重机械上被广泛应用。当重物吊到一定高度，如果线路突然发生故障或停电时，电动机断电，电磁抱闸线圈也断电，闸瓦立即抱住闸轮使电动机迅速制动停转，从而防止了重物突然落下而发生事故。

二、电动机反接制动控制线路

反接制动是在电动机三相电源被切断后，立即通入与原相序相反的三相电源，以形成与原转向相反的电磁力矩，利用这个力矩使电动机的转速迅速降低到零。这种制动方式必须在电动机转速降到接近零时切除电源，否则电动机仍有反向力矩可能会反向旋转，造成事故。

1. 单向运行电动机的反接制动

三相异步电动机单向运行的反接制动控制线路如图 5.6 所示。

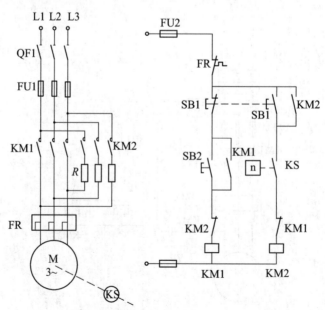

图 5.6　三相异步电动机单向运行反接制动控制线路

图中主电路中所串联的电阻 R 为制动限流电阻，防止反接制动瞬间过大的电流可能会损坏电动机。速度继电器 KS 与电动机同轴，当电动机转速上升到一定数值时，速度继电器的动合触点闭合，为制动做好准备。制动时转速迅速下降，当其转速下降到接近零时，速度继电器动合触点恢复断开，使接触器 KM2 线圈断电，防止电动机反转。

线路动作原理如下：

启动时：

SB2± —— KM1+$_自$ —┬— M+（正转）$\xrightarrow{n_2 \uparrow}$ KS+

　　　　　　　　　 └— KM2-（互锁）

反接制动时：

SB1± —┬— KM1- —┬— M-

　　　　│　　　　 └— KM2（解除互锁）$\xrightarrow{n_2 \downarrow}$ KS- —— KM2- —— M-（制动完毕）

　　　　└— KM1+$_自$ —┬— M+（串 R 制动）

　　　　　　　　　　　└— KM1（互锁）

2. 可逆运行电动机的反接制动

可逆运行反接制动控制线路如图 5.7 所示。

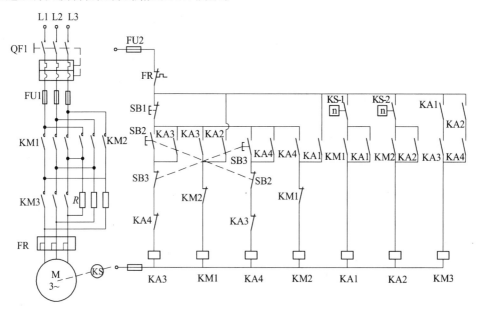

图 5.7　可逆运行反接制动控制线路

图中 KM1、KM2 为正、反转接触器；KM3 为短接电阻接触器；KA1、KA2、KA3、KA4 为中间继电器；KS 为速度继电器，其中，KS-1 为正转闭合触点，KS-2 为反转闭合触点；R 为启动与制动的限流电阻。

电路工作原理：合上电源开关，按下正转启动按钮 SB2，正转中间继电器 KA3 线圈通电并自锁，其常闭触头断开，与反转中间继电器 KA4 形成互锁关系。KA3 常开触头闭合，使接触器 KM1 线圈通电，KM1 主触头闭合使电动机定子绕组经电阻 R 接通正相序三相交流电源，电动机 M 开始正转减压启动。当电动机转速上升到一定值时，速度继电器正向常开触头 KS-1 闭合，中间继电器 KA1 通电并自锁。这时由于 KA1、KA3 的常开触头闭合，接触器 KM3 线圈通电，于是电阻 R 被短接，电动定子绕组直接加入额定电压，电动机转速上升到稳定工作转速。所以，电动机转速从零上升到速度继电器中 KS 常开触头闭合这一区间是定子串电阻减压启动。

在电动机正转运行状态须停车时，可以按下停止按钮 SB1，则 KA3、KM1、KM3 线圈相继断电释放，但此时电动机转子仍以惯性高速旋转，使 KS-1 仍维持闭合状态，中间继电器 KA1 仍处于吸合状态，所以在接触器 KM1 常闭触头复位后，接触器 KM2 线圈便通电吸合，其常开主触头闭合，使电动机定子绕组经电阻 R 获得反相序三相交流电源，对电动机进行反接制动，电动机转速迅速下降，当电动机转速低于速度继电器释放值时，速度继电器常开触头 KS-1 复位，KA1 线圈断电，接触器 KM2 线圈断电释放，反接制动过程结束。

电动机反向启动和反接制动停车控制电路工作情况与上述相似，不同的是速度继电器起作用的是反向触头 KS-2，中间继电器 KA2 替代了 KA1，其余情况相同，详细过程请读者自己分析。

反接制动的优点是制动迅速，但制动冲击大，能量消耗也大。故常用于不经常启动和制动的大容量电动机。

三、电动机能耗制动控制线路

能耗制动是使运转的电动机在脱离三相交流电源的同时，给定子绕组加一直流电源，以产生一个静止磁场，利用转子感应电流与静止磁场的作用，产生反向电磁力矩而制动的。能耗制动时制动力矩大小与转速有关，转速越高，制动力矩越大，随转速的降低制动力矩也下降，当转速为零时，制动力矩消失。由于能耗制动力矩不可能使用电动机反转，所以能耗制动既可采用时间原则控制，也可采用速度原则控制。

1. 时间原则的能耗制动控制线路

时间原则控制的能耗制动控制线路如图 5.8 所示。图中主电路在进行能耗制动时所需的直流电源由四个二极管组成单相桥式整流电路，通过接触器 KM2 引入，交流电源与直流电源的切换由 KM1、KM2 来完成，制动时间由时间继电器 KT 决定。

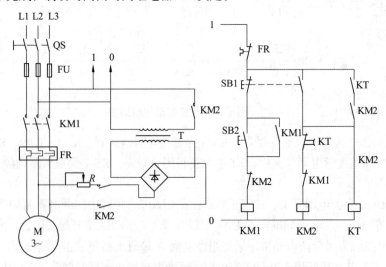

图 5.8　时间原则的有变压器全波整流能耗制动控制线路

线路动作原理如下：

启动

$$SB2\pm \text{——} KM1+_自 \begin{cases} M+(启动) \\ KM2-（互锁） \end{cases}$$

能耗制动

$$SB1\pm \begin{cases} KM1- \text{——} M-(自由停车) \\ KM2+_自 \text{——} M+（能耗制动） \\ KT+ \xrightarrow{\Delta t} KM2- \text{——} M-(制动结束) \end{cases}$$

2. 速度原则的能耗制动控制线路

速度原则的能耗制动控制线路如图 5.9 所示。图中 KM1 为交流电源接触器，KM2 为直流电源接触器，KS 为速度继电器，T 为变压器。

线路动作原理如下：

启动

$$SB2\pm \text{——} KM1+_自 \begin{cases} M+(起动) \xrightarrow{n\uparrow} KS+ \\ KM2（互锁） \end{cases}$$

能耗制动

$$SB1\pm \begin{cases} KM1- \begin{cases} M- \\ KM2（解除互锁） \end{cases} \\ KM1+ \text{——} M+(串R制动) \xrightarrow{n\downarrow} KS- \text{——} KM2- \text{——} M-(制动完毕) \end{cases}$$

能耗制动的优点是制动准确、平稳，能量消耗小，但需要整流设备，故常用于要求制动平稳、准确和启动频繁的容量较大的电动机。

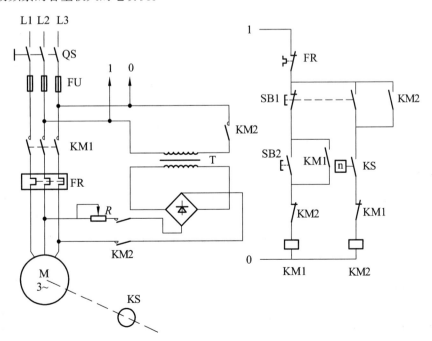

图 5.9　速度原则的有变压器全波整流能耗制动控制线路

　　能耗制动除上述方法外，还可采用无变压器的单管半波整流能耗制动，如图 5.10 所示。这种制动一般可用于容量较小（10 kW 以下），制动要求不高的场合中使用。VD 为整流二极管。请读者自行查阅资料分析该电路的工作原理。

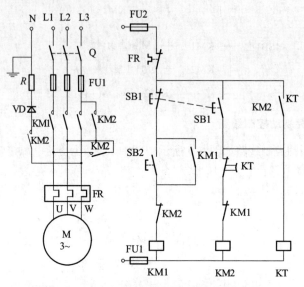

图 5.10　无变压器的单管半波整流能耗制动

任务四　电动机制动控制线路连接调试实训

一、实训目的

（1）熟悉各种常用低压电器结构，掌握其接线方法；

（2）掌握三相交流电动机单向运行的反接制动方法，掌握其接线和故障检查方法；

（3）掌握三相交流电动机能耗制动实现方法，掌握其接线和故障检查方法；

（4）掌握电路故障排除和电路调试技能，培养综合分析问题的能力。

二、实训任务

　　连接并调试电路，使其工作过程正常，安全可靠。电路图：电动机单向运行反接制动控制线路（见图 5.6）；时间原则控制的有变压器全波整流能耗制动控制线路（见图 5.8）。

三、工作准备

1. 工具、仪器及器材

（1）工具：测电笔、螺钉旋具、尖嘴钳、斜口钳、剥线钳、电工刀等。

（2）仪表：万用表、兆欧表、钳形电流表。

（3）器材、器件：交流接触器、按钮、断路器、速度继电器、时间继电器、电动机、各种规格的坚固体、UT 型接头及管形接头、编码套管等。

阅读以上工具、仪器、器材的说明书，练习其使用方法。

2. 场地要求

数控机床电气控制实训室，配备相关电工工具和元器件，电源满足三相 AC 380 V 要求。

3. 电器元件的识别

本任务中涉及的低压电器元件主要有断路器、熔断器、按钮、交流接触器、速度继电器、时间继电器等。请学生按 3 人一组分成小组，通过讨论、现场收集资料、查阅说明书等方法选择所需电器元件型号，并将其填入表 5.1。

表 5.1 元器件明细表

序 号	代 号	名 称	型 号	规 格	数 量	作 用
1						
2						
3						
4						
5						
6						
7						
8						
9						

注：该表由每个小组根据自己确定的方案及选定的电器型号填写，供检查和评估参考。

4. 电路分析

（1）分析电路的工作原理和特点，确定导线颜色及直径，并对原电气原理图中未编号的线端进行编号。

（2）根据电气原理图设计电器布置图，画出接线图。

四、工作步骤

1. 工作步骤

（1）按表配齐所用电器元件，检查各电器元件的质量情况，了解其使用方法。

（2）在控制板上安装走线槽，做到横平竖直，排列整齐匀称，安装牢固和便于走线等。

（3）按电气原理图及自己所编的线号制备线缆。

（4）正确连接线路，先接主回路，再接控制回路。

（5）先自己检查，检查无误后，经指导老师检查认可再合闸通电试车。

（6）观察实验现象及结果，并做好相应记录。

（7）注意接线工艺。

（8）检查排除线路故障。

（9）完成实验报告。

2. 实训记录单

每位学生根据自己的实施过程、故障现象及调试方法填写下面的记录单（见表 5.2）。该表的前两列由学生填写，后两列由指导老师检查后填写。

表 5.2　工作过程记录单

序　号	工作内容	用　时	得　分
1			
2			
3			
4			
5			
6			
7			
8			
9			
10			

项目小结与检查

本项目介绍了电动机制动控制的概念、作用和方法。电动机断电后，能使电动机在很短的时间内就停转的方法，称作制动控制。制动控制方法常有两大类：机械制动和电气制动。

机械制动是在电动机断电后利用机械装置对其转轴施加相反的机械力矩（制动力矩）来进行制动。电磁抱闸制动就是常用机械制动方法之一，这种制动在起重机械、数控机床的重力轴的制动控制上都被广泛采用。

电气制动常用的方法有反接制动和能耗制动。

反接制动是在电动断开电源之后，再在其定子线圈中加入反相序电源，使转子受到反向电磁力矩的作用而快速减速。反接制动必须使用速度继电器，当电动机转速接近零时切断电源，防止电动机反向旋转。构成反接制动控制的线路与正/反转控制有类似之处。

能耗制动可以按时间原则和速度原则组成控制电路。这种制动控制方法需要整流设备（提供直流电源），常用于要求制动平稳、准确和启动频繁容量较大的电动机。

在分析控制线路原理时，关键是要理解，学会举一反三，全面分析电路中各元件的作用及电路的整体可靠性。在绘制电路图时，必须严格按照国家标准规定使用各种符号、单位、名词术语和绘制原则。

本项目在实施时要特别注意过程的检查，学生要做好每个操作步骤、使用的元器件情况、工具情况、所遇到的问题情况、解决办法等记录。

项目练习与思考

5.1　什么是电动机的制动控制？举几个你所知道的制动控制的例子。

5.2　电动机单向反接制动电路中，若速度继电器触头接错，将发生什么结果？为什么？

5.3　电动机反接制动电路能使用时间原则来控制吗？为什么？

5.4　分析可逆运行电动机反接制动控制电路（图5.7）中各触头的作用，并分析电路工作原理。

5.5　分析能按时间原则耗制动控制电路（图5.8）中各触头的作用，并分析电路工作原理。

5.6　现有一台三相笼型异步电动机，按下列要求设计控制电路：① 电机能正反转；② 采用能耗制动（要求采用时间继电器）；③ 电机启动时采用星-△方式降压启动；④ 有相应的短路、过载保护。

5.7　试设计某车床主轴电机控制电路，控制要求如下：① 主轴电机可正反转，且可反接制动；② 正转可点动，可在两处控制启、停；③ 有相应的短路、过载保护。

第二部分

数控机床控制系统连接

项目六　数控机床主运动控制系统

【教学导航】

建议学时	建议理论 4 学时，实践 8 学时，共 12 学时。
推荐教学方法	理论实践一体化教学，引导学生自主学习。
推荐学习方法	以小组为单位，边学边做，小组讨论；老师先介绍基本概念、基本理论、基本方法，然后引导学生通过实验、实训的方法主动学习。
学习要领	• 注意掌握数控机床主轴驱动方法、控制原理、连线方法，对典型的控制线路和实例要熟悉； • 学习典型设备和系统时，着重研究、体会元器件和线路的应用特点，不必过分追求理论的完整性； • 数控系统在不断发展，新产品日新月异，产品种类较多，连接要求也不完全相同，但基本原理都相近，所以在学习时，应从这些连接功能中理解数控机床控制原理和要求，并从中总结出规律。
知识要点	• 典型数控机床控制原理； • 数控机床电气控制结构； • 交流电动机的变频调速原理； • 典型串行数字主轴的连接与应用，FANUC 主轴种类及其功能模块； • 数控机床模拟主轴控制方法，三菱变频器的接线方法。

任务一　项目描述

　　数控机床经过几十年的不断完善和发展，现在其基本控制结构已经趋于标准化和开放化，这一方面使得数控机床电气控制系统结构更简洁、可靠，另一方面也使得数控机床性价比更高。

　　从传动角度看，数控机床最明显的特征就是用电气驱动替代了普通机床的机械传动，其主运动和进给运动分别由主轴电动机和进给伺服电动机独立拖动实现。从功能结构看，数控机床控制系统主要包括主轴功能控制系统、进给伺服控制系统和辅助功能控制系统。那么，数控系统是怎样实现实现这些功能的控制的？数控机床控制系统又是怎样连接的？通过本项目中各工作任务的学习和训练，学生将认识数控机床电气控制系统结构、典型模拟主轴控制系统连接、串行数字主轴连接等知识，并掌握数控机床主轴控制系统的常见故障诊断与调试方法。

任务二　数控机床电气控制系统结构认识

现代数控系统中，数控装置的工作都是由计算机系统来完成的，我们把这种数控装置构成的数控系统称为计算机数控系统（Computerized Numerical Control，CNC）。CNC 系统的数字信息处理功能主要由软件实现，因而可以十分灵活地处理数字逻辑电路难以处理的复杂信息，使数控系统的功能大大提高。目前我们看到的数控系统，几乎都是计算机数控系统。它一般还集成了可编程控制器（PLC）处理功能，其指令丰富，功能非常强大，极大地简化了机床外部控制电路结构，增强了控制功能。

一、数控机床电气控制系统的结构

数控机床一般由输入/输出设备、数控装置、主轴和进给伺服系统、PLC 及其接口电路、位置检测装置和机床本体等几部分组成。

数控机床控制系统结构组成框图如图 6.1 所示。

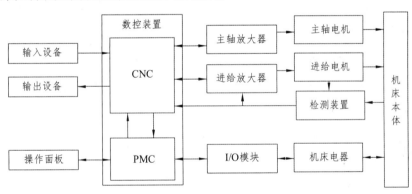

图 6.1　数控机床控制系统结构框图

从图 6.1 可以看出，数控机床中电气部分占有很大的比重，它涉及机床电气、自动控制、电力电子、计算机、网络通信、精密检测等多学科知识。机床本体部分涉及滚珠丝杠、导轨结构、齿轮、机械传动、液压、气动等多方面的机械基础知识。

二、数控机床控制元件的功能

1. 输入/输出设备

输入设备可将不同信息传递给数控系统，是一种重要的人机交互工具。在数控机床产生的初期，输入装置为穿孔纸带，现已经淘汰。目前，输入装置一般使用键盘、存储卡及其通信接口，极大地方便了信息输入工作。

输出设备既指输出内部工作参数（含机床正常、理想工作状态下的原始参数，故障诊断参数等）的设备，也指显示系统状态的设备，是一种重要的人机交互工具。一般常见的输出设备有显示器、存储卡等。

2. 操作面板

操作面板是改变数控系统工作方式、进给倍率、主轴倍率，执行手动轴移动功能，发出程序自动循环启动等命令的重要工具，是人对机床侧动作操作的必需接口。它一般使用开关量向数控机床 PLC（或 PMC）输入信号，同时接收 PLC（或 PMC）发送来的指示灯开关量信号。

3. 数控装置

数控装置是数控机床的核心与主导，完成所有输入信息的存储、数据的变换，加工数据的处理、计算工作，最终实现对数控机床各种功能的指挥工作。它包含微计算机的电路、各种接口电路、CRT 显示器等硬件及相应的软件。

4. 可编程控制器

可编程控制器即 PLC，数控系统内置 PLC 又称为可编程机床控制器（在 FANUC 数控系统中称 PMC）。它在数控机床中具有重要作用，是数控机床正常工作必不可少的重要元件。PLC 在数控机床中的作用主要体现在以下几个方面：负责对机床外部开关（行程开关、压力开关、温控开关等）进行控制；对输出信号（刀库、机械手、回转工作台等）进行控制；管理刀库，进行自动刀具交换、选刀方式、刀具累计使用次数；控制主轴正反转和停止、准停、切削液开关、卡盘夹紧松开、机械手取送刀等动作。

5. 主轴放大器-主轴电动机

它是实现数控机床主运动的功能部件，主轴放大器又叫作主轴伺服放大器，它的作用是接收来自数控系统的主轴旋转信号，并对其放大以控制主轴电动机的旋转。

6. 进给放大器-进给电动机

进给运动是机床最重要的一种运动，其位移和速度精度对零件加工精度影响非常大。数控机床的进给伺服放大器接收来自数控系统的进给位移和速度信号，对其进行放大，实现对进给电动机动作的可靠控制。

7. I/O 模块

I/O 模块在数控机床中主要起到信号转换和传递的作用，数控系统内置 PMC 可以对梯形图程序进行运算，但运算结果必须通过 I/O 模块输出到外部机床电气部分，同时机床电气的传感器信号、按钮信号等也必须通过 I/O 模块输入 PMC，也就是说 I/O 模块本身不进行 PMC 梯图程序的运算处理，但它是内置 PMC 实现对机床控制的重要接口模块。

三、FANUC 数控系统综合连接

FANUC 是全球最大、最著名的 CNC 生产厂家之一，其产品以稳定、可靠著称，在技术水平上居世界领先地位，产品占全球 CNC 市场的 30% 以上。FANUC 0i Mate C/D 产品的生产与销售量最大，在国内市场使用最广泛，它可以满足绝大多数 5 轴以内数控机床的控制要求，产品可靠性高，界面友好，集成度高，性价比优势明显。CNC 生产厂家众多，由于国际上没有统一的相关标准，所以各大厂家生产销售的 CNC 产品在硬件连接、软件设计、编程方法、PLC 控制等方面也有一定区别。本书中凡涉及与数控系统有关的内容时都主要以 FANUC 0i Mate C/D 产品为例进行介绍。FANUC 数控系统的综合接线如图 6.2 所示。

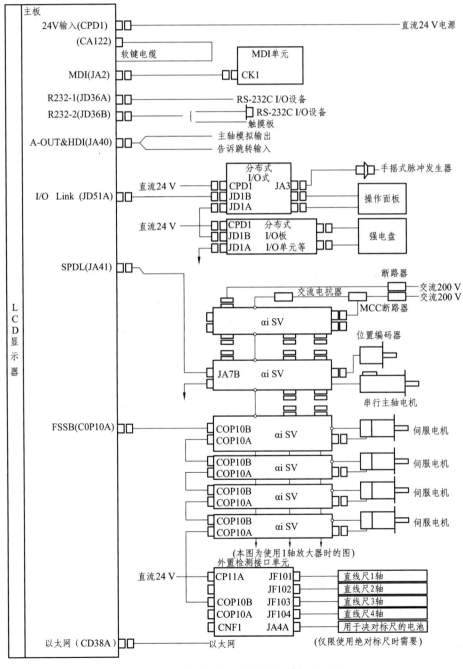

图 6.2　FANUC 0i D 数控系统综合连接图

任务三　数控机床主运动控制系统的连接

一、主传动控制系统特点及类型

（一）数控机床主传动系统特点

数控机床的主传动系统包括主轴电动机、传动系统、主轴组件、检测装置，与普通机床的主传动系统相比，其结构比较简单，这是因为变速功能全部或大部分由主轴电动机的无级变速来承担，省去了繁杂的齿轮变速结构，有些只有简单的二级或三级齿轮变速系统用以扩大电动机无级调速的范围。

机床主轴驱动与进给驱动有很大的差别。机床主传动主要是旋转运动，无需丝杠或其他直线运动装置。主运动系统中，要求电动机能提供大的转矩（低速段）和足够的功率（高速段），所以主电动机调速要保证是恒功率负载，而且在低速段具有恒转矩特性。就电气控制而言，机床主轴的控制系统主要为速度控制系统，而机床进给伺服轴的控制系统主要为位置控制系统。换句话说，主轴电机编码器一般情况下不是用于位置反馈的，而仅作为速度测量元件使用。从主轴编码器上所获取的数据，一般有两个用途，其一是用于主轴转速显示；其二是用于主轴与伺服进给轴配合运行的场合（如螺纹切削加工、恒线速加工、G95 转进给等）。

理解一台数控机床主传动控制系统一般要熟悉的相关知识或查阅的相关资料包括：① 数控系统连接说明书；② 变频器使用说明书；③ 主轴伺服驱动器连接说明；④ 数控机床电气原理图；⑤ 熟悉数控机床关于主轴控制的 PLC 编程方法。

（二）数控机床主传动系统类型

现代全功能数控机床的主传动系统一般采用交流无刷电动机的无级变速或分段无级变速拖动。目前，数控机床主轴控制系统主要有采用异步电动机的变频调速主轴系统（又称模拟主轴）、交流伺服主轴系统（又称串行数字主轴）和电主轴等类型。

1. 模拟量控制的主轴

模拟量控制的主轴驱动装置采用变频器实现主轴电动机控制，有通用变频器控制通用电机和专用变频器控制专用电机两种形式。

目前一些高端的变频器性能比较优良，除了具有 V/f（电压频率比）曲线调节外，有的甚至采用有反馈矢量控制，低速甚至零速时都可以有较大的力矩输出，有些还具有定向甚至分度进给的功能，是非常有竞争力的产品。例如，森力马 YPNC 系列变频电动机，电压有三相 200 V、220 V、380 V、400 V 可选；输出功率 1.5 ~ 18.5 kW；变频范围达 2 ~ 200 Hz；30 min 150% 过载能力；支持 V/f 控制、V/f + PG（编码器）控制、无 PG 矢量控制、有 PG 矢量控制。

目前许多经济型机床或中档数控机床的主轴控制系统多采用数控系统模拟量输出+变频器+交流异步电机的形式，其性价比很高。

交流异步电动机配变频器实现数控机床主轴传动示意图（FANUC 0i C 系统）如图 6.3 所示，

采用这种方案,主轴传动采用 2～4 挡分段无级变速可实现较好的车削重力切削。若应用在加工中心上,还不很理想,必须采用其他辅助机构完成定向换刀的功能,而且也不能达到刚性攻丝的要求。

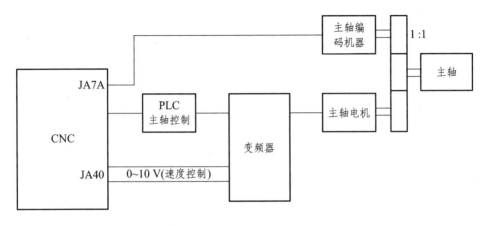

图 6.3 交流异步电动机配变频器实现主轴传动示意图(FANUC 0i C 系统)

2. 串行数字主轴

串行数字主轴动态性能优秀,刚性好,可实现速度与位置控制,能达到加工中心刚性攻丝的要求,高档数控机床一般采用这种主轴控制方式。

串行数字主轴驱动装置一般由各数控公司自行研制、生产,并且一般与其数控系统配套,如西门子公司的 611 系列、日本发那科公司的 α 系列等。一般串行数字主轴控制系统示意图如图 6.4 所示。

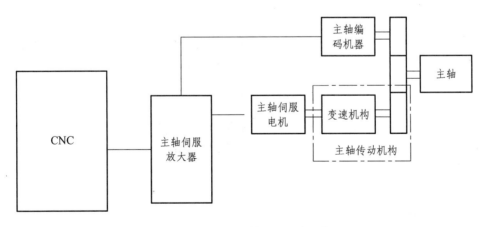

图 6.4 串行数字主轴控制系统示意图

3. 电主轴

为了满足现代数控机床高速、高效、高精度加工的需要,电主轴单元把电机和高精度主轴直接结合在一起。减少机械传动机构,提高传动效率,同时消除由机械传动产生的振动噪声,电主轴的结构十分紧凑、简洁,由于一般使用的电主轴速度都比较高,高速旋转容易产生热量,因此,电主轴主要问题是解决高速加工时产生的热量。一般电主轴的轴承采用陶瓷轴承,在电机铁芯中增加油冷却通道，外部增加冷却装置把电机本身产生的热量带走。若电主轴安装传感器，还能实现速度和位置的控制等各种功能。电主轴在高速精密加工中心、高速雕刻机和有色金属及非金属材料加工机床上应用较多。

电主轴驱动系统可以选用中高频变频器或主轴伺服放大器，满足数控机床高速、高精加工的需要。

二、模拟量控制主轴

随着数字控制的 SPWM 变频调速系统的发展，特别是在通用经济型数控车床中，主轴驱动采用第三方变频器的比较多。目前，作为主轴驱动装置比较著名的变频器生产厂家以国外公司为主，如西门子、安川、富士、三菱、日立等。

模拟量控制主轴多采用笼型异步电动机，这种电动机具有结构简单、价格便宜、运行可靠、维护方便等优点。

（一）交流异步电动机变频调速

异步电动机的转子转速为

$$n = \frac{60 f_1}{p}(1-s) = n_0(1-s)$$

式中　　f_1——定子供电频率，Hz；

　　　　p——电动机定子绕组极对数；

　　　　s——转差率。

由上式可见，改变电动机的转速的方法有：① 改变磁极对数 p，则电动机的转速可作有级变速，称为变极调速电动机，它不能实现平滑的无级调速；② 改变转差率 s；③ 改变频率 f_1。在数控机床中，交流电动机的调速通常采用变频调速的方式实现。

单从上式看，可以通过调节三相交流电动机的输入频率就可以达到无级调速的目的，但事实上如果定子电压恒定，频率减小时将导致铁芯磁通饱和，铁芯过热。所以，交流电动机变频调速实际上是在低频段采用电压和频率成比例的调节，称为恒转矩调速；在高频段保持电压不变只调节频率的方式调速，称为恒功率调速。

（二）模拟量控制主轴的应用

下面以 CKA6132 数控车床（FANUC 0i Mate TC 数控系统）为例，具体说明 CNC 系统与变频器信号流程及其功能。

1. 变频器的输入/输出端子功能

三菱 FR-E540 变频器为高性能的通用变频器，可用于数控车床模拟主轴控制。三菱 FR-E540 变频器输入输出端子功能如图 6.5 所示。

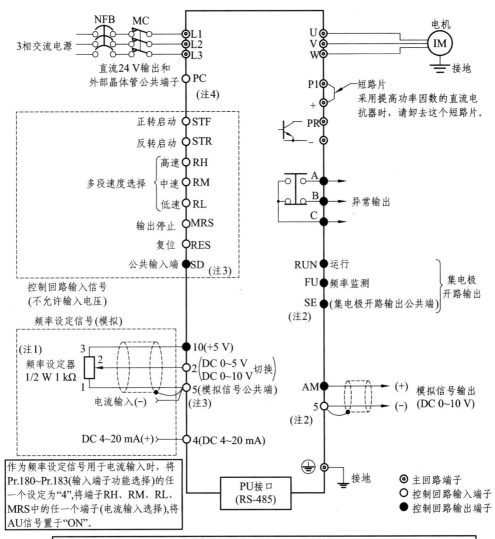

图 6.5　三菱 FR-E540 变频器功能

（1）主回路端子。

L1，L2，L3：电源输入，连接工频电源。

U，V，W：变频器输出，接三相异步电机。

+，P1：折除端子"＋"与"P1"间的短路片，直接连接电抗器，可用于改善功率因数。

（2）控制回路端子。

STF：正转信号输入，STF 信号处于 ON 便正转，处于 OFF 便停止。

STR：反转信号输入，STR 信号处于 ON 便反转，处于 OFF 便停止。当 STF、STR 同时处于 ON 时，相当于停止指令。

RH、RM、RL：多段速度选择输入。

RES：复位输入，用于解除保护回路动作的保持状态。使端子 RES 信号处于 ON 在 0.1 s 以上，然后断开。出厂时，能保持经常处于复位的状态。通过参数 Pr.75 的设定，可以仅限在变频器发出警报时才进行复位。复位解除后需要 1 s 左右进行复原。

SD：公共端输入，漏型。

10：频率设定用电源，DC 5 V，容许负荷电流 10 mA。

2：频率设定（电压），输入 0 ~ 5 V（或 0 ~ 10V）时，5 V（或 10 V）对应最大输出频率。输入输出成比例。输入直流 0 ~ 5 V（出厂设定）和 0 ~ 10 V 的切换，用参数 Pr.73 设定。输入阻抗 10 kΩ，容许最大电压为 20 V。

5：频率设定公共端，频率设定信号（端子 2，1 或 4）和模拟输出端子 AM 的公共端子。请不要接地。

A，B，C：异常输出，指示变频器因保护功能动作而输出停止的转换接点。异常时：B-C 间不导通（A-C 间导通），正常时：B-C 间导通（A-C 间不导通）。

AM：模拟信号输出，从输出频率、电机电流或输出电压中选择一种作为输出。输出信号与各监示项目的大小成比例。

2. CNC 与变频器之间的连接

FANUC 0i Mate C 数控系统提供一个模拟主轴输出接口 JA40，其 7 ~ 5 脚输出 0 ~ 10 V 模拟电压，与变频器的连接非常简单，FANUC 0i Mate C 数控系统与变频器之间的连接示意如图 6.6 所示。变频器一般需要连接的功能线缆如下：

（1）变频器 2，5——接 CNC 主板的 JA40（5，7 脚）。

（2）变频器 10——接频率设定用电源。

（3）STF，STR——接主轴正、反转 PMC 输出继电器。

（4）A，B，C——到 I/O 模块，可用于 PMC 主轴报警响应。

（5）L1，L2，L3——连接工频电源。

（6）U，V，W——接三相异步电机。

（7）外壳良好接地。

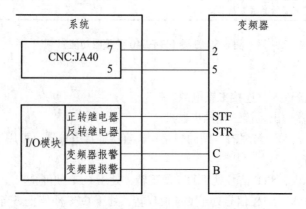

图 6.6　CNC 与变频器的连线

除前面介绍的 CNC 与变频器之间的连接外，模拟主轴还需要配备速度检测装置，主轴速度检测装置与主轴之间一般使用同步带 1∶1 传动，检测装置的反馈信号连接到 CNC 的 JA7A 口可用于主轴速度显示。

3. 数控系统连接模拟主轴的有关参数设置

以 FANUC 0i Mate C 数控系统为例，采用模拟主轴时需要设置的参数一般有：

（1）3701#1：设为"1"不使用第 1 串行主轴（使用模拟主轴）

（2）3706#1，#0：主轴与位置编码器的齿轮比。

（3）3730：主轴速度模拟输出的增益调整，根据实际测试设定。标准值为 1 000。

（4）3731：主轴速度模拟输出偏置电压补偿，根据实际测试设定。标准值为 0。

（5）3735：主轴电机最低箝制速度，设定值为：4 095×（主轴电机最低箝制转速/主轴电机最高转速）。

（6）3736：主轴电机最高箝制速度，设定值为：4 095×（主轴电机最高箝制转速/主轴电机最高转速）。

（7）3741，3742，3743：模拟电压为 10 V 时主轴各挡位转速。

三、串行数字控制主轴

串行数字主轴驱动装置一般由各数控系统生产厂家自行研制、生产，并且一般与其数控系统配套，它相比模拟主轴具有良好的动态性能和刚性，而且能满足加工中心的主轴速度控制、主轴定向、同步、刚性攻丝、CS 轮廓、主轴定位控制 6 种要求。除速度控制外，其他 5 种控制一般都需要主轴配有位置检测反馈单元。

不同的数控系统的串行数字控制的主轴驱动单元是不同的，下面以 FANUC 产品系统为例来说明主轴驱动单元的组成、连接、功能调整等。

（一）串行主轴连接

主轴放大器与 CNC 的连接有独立的串行总线，总线接口在主轴放大器的 JA7B 和 CNC 侧的 JA41，在多主轴控制的场合，主轴放大器的串行总线输出接口 JA7A 可以连接到下一个串行主轴放大器的 JA7B。主轴放大器的参数和控制信号可以在 CNC 上设定和处理，并通过串行总线传送到主轴放大器；同样，主轴放大器的状态信息也可以通过串行总线传送到 CNC 中。

FANUC 0i 数控系统主轴电机常用两种系列，分别为αi 系列和βi 系列。αi 主轴电机是具有高速输出、高加速度控制的电机，具有主轴高响应矢量（High Response Vector，HRV）控制；βi 主轴电机通过高速的速度环运算周期和高分辨率检测回路实现高响应、高精度主轴控制。αi 和βi 主轴电机与相应的主轴放大器虽然具体连接方法不同，但都有着相似的连接规律。

1. αi 主轴放大器模块与外围设备的连接

αi 主轴放大器模块实物和接口位置如图 6.7 所示，各标注接口功能见表 6.1。

（a）αi 主轴放大器模块实物

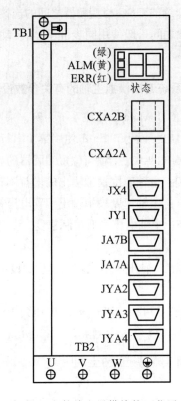

（b）αi 主轴放大器模块接口位置

图 6.7　αi 主轴放大器模块实物和接口位置

表 6.1　αi 主轴放大器各接口功能

标注名称	标注含义
TB1	直流母线
STATUS	七段 LED 数码管状态显示
CXA2B	直流 24 V 电源输入接口
CXA2A	直流 24 V 电源输出接口
JX4	主轴检测板输出接口
JY1	负载表和速度仪输出接口
JA7B	串行主轴总线输入接口，连接系统 JA7A 口
JA7A	串行主轴总线输出接口
JYA2	主轴电机内置传感器反馈接口
JYA3	外置主轴位置—转信号或主轴独立编码器连接器接口
JYA4	外置主轴位置信号接口（仅适用于 B 型）
TB2	电机动力连接线

要理解 αi 串行主轴的连接功能，必须结合 FANUC 系统伺服整体连接来看。FANUC 伺服总体连接如图 6.8 所示。图中断路器 1 保护主电源输入，接触器控制 αi 伺服单元主电源通电，电抗器用于平滑电源输入，浪涌保护器用于抑制线路中的浪涌电压。由于浪涌保护器本身为保护器件，在保护过程中较易损坏，因此，断路器 2 用于浪涌保护器短路保护，同时该断路器也可作为伺服单元控制电源、主轴电机风扇以及其他需要的辅助部件保护使用。

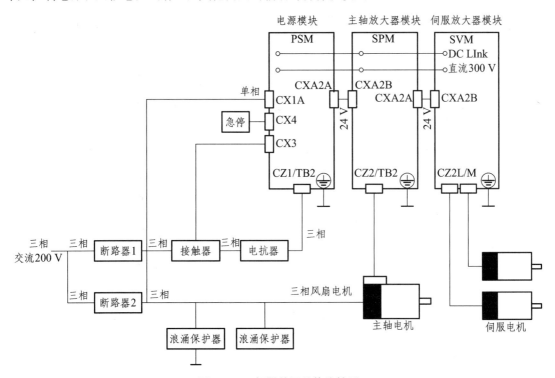

图 6.8 αi 伺服单元总体连接图

αi 主轴放大器模块与外围设备连接图如图 6.9 所示。其功能说明：

（1）图中 PSM 代表电源模块，SVM 代表进给伺服模块，CNC 代表系统控制器模块，一般情况下各模块的相同信号从 B 口接入、A 口接出。

（2）主轴放大器模块动力电源直流 300 V 来自电源模块的直流电源，主轴放大器模块处理后输出到主轴电机，没有动力直流电源，主轴电机不能工作。

（3）主轴放大器模块中 CXA2B 接口所需直流 24 V 电源和 *ESP（急停）信号的功能与伺服模块一样，都由电源 CXA2A 输出，若此接口的直流 24 V 未接通，主轴伺服放大器模块将不能显示状态，也不能工作。

（4）主轴放大器模块控制信号（JA7B）来自 CNC，与 CNC 之间是串行通信。交换主轴控制信号和主轴电机反馈信息。

（5）主轴电机内置传感器将速度反馈信号送到 JYA2。

2. βi 主轴放大器模块与外围设置连接

βi 主轴放大器与βi 进给伺服放大器是一体化设计的，称为一体型放大器（SVSP），它的详细连接将在项目七中介绍，此处不再详述。

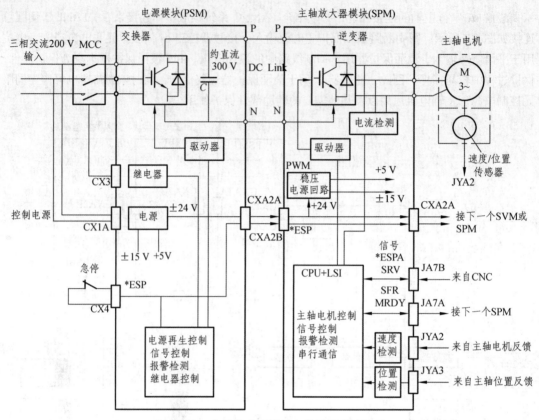

图 6.9　αi 主轴放大器模块与外围设备连接图

（二）FANUC 主轴电机介绍

　　FANUC 主轴电机必须与 FANUC 主轴放大器配套使用。它们有 α 系列和 β 系列多种规格，FANUC 主轴电机不仅在加速性能、调速范围、调整精度等方面大大优于模拟主轴，而且其主轴放大器可以在极低的转速下输出大转矩，同时可以像进给伺服放大器一样实现闭环位置控制功能。

　　αi 系列主轴电机规格见表 6.2。标准αiI 系列主轴电机是常规机床使用的主轴电机；αiIP 系列是恒功率、宽调速范围主轴电机，可以通过绕组切换实现高低速控制，不需要减速单元；αiIT 和αiIL 系列主轴电机与主轴直接相连，其中αiIT 是风扇外部冷却的，通过联轴器与中心内冷主轴直

表 6.2　αi 系列主轴电机

系　列	额定功率/kW	性　　能	应用场合
αiI	0.55～45	常规机床使用	适合车床和加工中心
αiIP	5.5～22	可通过切换线圈绕组实现很宽的调速范围，不需要减速单元	
αiIHV	0.55～100	高压 400 V 系列的αi 系列主轴电机	
αiIT	1.5～22	主轴电机转子轴是中空结构，主轴电机与主轴直接连接，维修方便，传动结构简化具有更高的转速	适合加工中心
αiIL	7.5～22	具有液态冷却机构，主轴电机与主轴直接连接适合高精度的加工中心	

接连接，而αiIL 与αiIT 结构类似，但αiIL 还具有液态冷却机构，适合高速、高精度的加工中心。此外 FANUC 主轴电机还有 400 V 高压型系列可供用户选择。

βi 系列主轴电机规格如表 6.3 所示，βi 系列主轴电机用于普及型、经济型加工中心、数控车床，与同规格的αi 系列电机相比，其输出转矩较低，额定转速较高。

表 6.3　βi 系列主轴电机

系　列	额定功率/kW	性　能	应用场合
βiI	3.7～15	可选择 Mi 和 MZi 传感器，最高转速 10 000 r/min	普及型、经济型加工中心、数控车床
βiIC	3.7～15	无传感器，最高转速 6 000 r/min	
βiIP	3.7～11	可通过切换线圈绕组实现很宽的调速范围，不需要减速单元	

（三）FANUC 主轴电机内置传感器

FANUC 主轴电机速度和位置传感器检测分为无传感器检测、Mi 传感器检测、MZi/BZi/CZi 传感器检测等。

1. 无传感器检测

FANUC 主轴电机中只有βiI 系列的一部分规格属于无传感器检测类型，αi 属于全部有传感器类型，至少是 Mi 传感器类型。

2. Mi 传感器检测

该类型是不带零位脉冲信号，输出为 64～256 线/转正弦波的标准内置式磁性编码器，主轴放大器把内置 Mi 传感器作为速度反馈检测装置来使用。Mi 传感器速度反馈电缆接到主轴放大器 JYA2。

3. MZi 传感器检测

该类型是带零位脉冲信号，输出为 64～256 线/转正弦波的标准内置式磁性编码器，主轴放大器把内置 MZi 传感器作为速度和位置反馈检测装置来使用。内置 MZi 传感器反馈电缆接到主轴放大器 JYA2。

4. BZi 传感器检测

该类型是带零位脉冲信号，输出为 128～512 线/转正弦波，只用到αi 系列中。

5. CZi 传感器检测

该类型是带零位脉冲信号，输出为 512～1 024 线/转正弦波，只用到αi 系列中。

（四）数控机床使用串行数字主轴的有关参数设置

在 FANUC 0i 数控系统中，其主轴放大器的 FLASH ROM 存储器中装有各种电机的标准参数，串行主轴放大器适合多种主轴电机，串行主轴放大器与 CNC 连接进行第一次运转时，必须把具体使用的主轴电机的标准参数从串行主轴放大器传送到数控系统的 SRAM 存储器中，这就是串行主轴参数的初始化。

串行主轴初始化仅仅是把主轴电机配置的标准参数自动设置在 CNC 当中,而主轴电机与主轴传动关系、主轴电机最高转速和主轴最高转速等要求是不同的,主轴电机速度传感器和位置传感器检测类型也不同,这些都要通过串行主轴参数来设置。

采用串行数字主轴的机床在主轴初始化后,还需手动设置的参数一般有:

(1)3701#1:设为"0",第 1 串行主轴有效。(FANUC 0i C 系统)

(2)3716#0(A/S):设为"1"。(FANUC 0i D 系统)

(3)3717:主轴序号设为"1"。(FANUC 0i D 系统)

(4)3732:主轴定向速度。

(5)4133:主轴电动机代码,根据电机上的标签型号和伺服放大器标签,查找相对应的电动机代码。

(6)主轴上限转速。

(7)主轴编码器种类。

(8)电机编码器种类。

(9)电机旋转方向。

(10)3735:主轴电机最低箝制速度,设定值为:4 095 ×(主轴电机最低箝制转速/主轴电机最高转速)。

(11)3736:主轴电机最高箝制速度,设定值为:4 095 ×(主轴电机最高箝制转速/主轴电机最高转速)。

(12)4019#7:在前面全部参数设置完后将此参数设为"1"使其生效,并断电重启系统。

注:数控机床主轴要正常运行实现其各种功能,除了保证前面介绍的正确连接、参数设置外,还要经过 PMC 和系统编码器参数调试后才可执行。

任务四　主轴控制线路调试实训

一、实训目的

(1)了解常见数控机床主轴控制结构;

(2)熟悉变频器工作原理;

(3)掌握三菱变频器的接口定义;

(4)掌握数控车床模拟主轴调试方法;

(5)认识 FANUC 数控串行主轴控制系统;

(6)熟悉数控系统串行数字主轴特点;

(7)熟悉串行主轴放大器的电气连接。

二、实训任务

(1)认识数控机床主轴控制系统;

(2)数控机床模拟主轴调试。

三、工作准备

1. 工具、仪器及器材

（1）工具：测电笔、螺钉旋具、尖嘴钳、斜口钳、剥线钳、电工刀等。

（2）仪表：万用表。

（3）器材/设备：数控机床维修实验台（模拟主轴）、数控加工中心 VDL800（FANUC αi 串行主轴）、全功能数控车床（FANUC αi 串行主轴）。

（4）资料：机床电气原理图、FANUC 简明联机调试手册、FANUC 参数说明书、FANUC 梯形图编程说明书、变频器使用说明书。

2. 场地要求

数控机床电气控制与维修实训室、机械制造中心，配有 FANUC αi 伺服放大器的数控机床数台、配有模拟主轴的数控机床数台。

四、工作步骤及要求

1. 认识数控机床主轴控制系统

学生按 3 人一组分成小组，打开数控机床电气柜，观察电气连接情况，现场收集资料、查阅说明书，记录主轴控制系统的连接方法。

（1）画出主轴控制系统的详细连接图，并说明各接口的含义。

（2）将收集的设备资料情况进行整理，并填写下面的设备配置情况表（见表6.4）。

表 6.4 设备配置情况

序　号	调查项目	内　容
1	设备型号	
2	系统型号	
3	主轴放大器（变频器）型号	
4	主轴电机型号	
5	变频器上数码指示	
6	主轴工作情况	

2. 数控机床模拟主轴控制连接与调试

查阅变频器的使用说明书，在数控维修实验台上，正确连接变频器控制主轴的线路，并对故障进行诊断。

变频器的主要接口说明：

（1）STF：连接正转继电器输出；

（2）STR：连接反转继电器输出；

（3）2-5：连接系统模拟电压输出 JA40；

（4）L1、L2、L3：输入电源强电；

（5）U、V、W：连接交流异步主轴电动机；

（6）主轴编码器：连接系统上的 JA41。

3. 工作过程记录单

各小组根据自己的实施过程，将连接步骤及调试过程、故障处理方法填写在下面的记录表中（见表6.5）。该表前两列由每个小组根据自己的实施过程填写，后两列由老师检查后填写。

表 6.5　工作过程记录表

序　号	工作内容	用　　时	得　分
1			
2			
3			
4			
5			
6			
7			
8			
10			

4. 功能验证

实验设备连接完成并检查无误后，打开电源，检查各状态指示灯是否正常。在 MDI 方式下输入程序 S300 M03 并执行，查看主轴是否正转，并查看屏幕上主轴反馈的转数。完成后再输入程序 S300 M04 并执行，查看主轴是否反转，并查看屏幕上主轴反馈的转数；然后把转速改为 S800，重复做前面的事情。

在 JOG 方式下分别按主轴正转、主轴停止、主轴反转，查看主轴实际工作情况。

将前面的验证情况填入表 6.7 中。

表 6.7　功能检验记录表

序　号	内　容	现　象
1		
2		
3		
4		
5		
6		
7		
8		
9		

注：该表由每个小组根据自己的实施过程填写。

5. 分析总结

完成实验报告，通过前面对数控机床串行数字主轴和模拟主轴连接和工作状况的观察，分析串行数字主轴与模拟主轴的区别和特点。每小组选派一名同学报告其新收获或发现的新问题。

项目小结与检查

本项目主要介绍了数控机床主轴控制系统工作特点，并以最常见的数控车床和数控加工中心为例，分别采用交流异步电动机配变频器和主轴伺服电动机配主轴伺服放大器的两种主轴形式。介绍了变频器的一般控制特点及其连线方法，并以 FANUC 数控系统为例介绍了串行数字主轴特点及其连接方法。

串行数字主轴必须使用系统配套的主轴驱动单元和电动机，其工作速度稳定、响应快、刚性好、综合性能优良，但成本较高。模拟主轴采用模拟量控制的主轴驱动单元（如变频器）和交流异步电动机。在经济型数控机床中采用数控系统模拟量输出+变频器+感应（异步）电机的主轴控制形式，其性价比较高。

本项目在实施时要特别注意过程的检查，现在数控系统品牌和变频器品牌都很多，它们的接线方法不完全一样，但功能都有相似之处，所以要锻炼学生对主运动功能要求和变频器接线原理的理解，不能只是死记。要学会查阅各种资料和手册方法。学生要做好每一个操作步骤、使用元器件的情况、工具情况、所遇到的问题情况、解决办法等的记录。

项目练习与思考

6.1　典型数控机床控制系统结构框图是怎样的？

6.2　模拟主轴和串行数字主轴工作特性有何不同？其驱动装置控制原理有何不同？

6.3　采用变频器控制数控车床主轴驱动，CNC 系统与变频器信号有哪些？这些信号的具体作用是什么？

6.4　数控车床 CKA6132 采用 FANUC 0i Mate TC 数控系统，画出 CNC 系统与变频器的信号连接图，采用三菱变频器 E540。

6.5　在数控车床中为提高主轴重载能力，通常可以将采用主轴分段无级调速方式控制，试分析设计分段无级调速的手动换挡方式和自动换挡方式的电气控制系统。

6.6　试分析数控机床主轴不转的可能原因。

6.7　总结模拟主轴和串行数字主轴的控制规律。

项目七 数控机床进给控制系统

【教学导航】

建议学时	建议理论 4 学时，实践 4 学时，共 8 学时。
推荐教学方法	理论实践一体化教学，引导学生自主学习。
推荐学习方法	以小组为单位，边学边做，小组讨论；老师先介绍基本概念、基本理论、基本方法，然后引导学生通过实验、实训的方法主动学习。
学习要领	• 注意掌握数控机床进给伺服特点、连线方法，对典型的控制线路和实例要熟悉； • 学习典型设备和系统时，着重研究、体会元器件和线路的应用特点，不必过分追求理论的完整性； • 数控系统在不断发展，新产品日新月异，产品种类较多，连接要求也不完全相同，但基本原理都相近，所以在学习时，应从这些连接功能中理解数控机床控制原理和要求，并从中总结出规律。
知识要点	• 典型数控机床进给系统结构； • βi 及 αi 伺服放大器结构的接口定义和连接方法； • 全闭环系统与半闭环系统的连接区别； • FSSB 总线的含义及连接方法。

任务一 项目描述

数控系统发出的进给控制指令是通过进给伺服放大器控制进给伺服电动机，实现速度和角度的精确控制，利用伺服电动机拖动机械执行部件，最终实现机床各进给坐标轴运动的速度和位置的高精确控制。数控机床进给运动系统，尤其是轮廓控制的进给运动系统，必须对进给运动的位置和速度两个方面同时实现控制，与普通机床相比，要求其进给系统有较高的定位精度和良好的动态响应特性。

随着自动控制领域技术的飞速发展，特别是微电子和电力技术的不断更新，伺服系统目前已经发展到主流数控品牌普遍采用的全数字控制系统，而且随着伺服系统控制的软件化，使伺服系统的控制性能有了更多的提高。

数控机床进给系统一般由伺服放大器、伺服电动机、机械传动组件和检测装置等组成。本项目将通过训练、分析讨论、实践等方式使学生熟悉并掌握数控机床进给控制系统的控制原理、连接方法、调试步骤等知识。

任务二　数控机床进给控制系统的连接

一、进给控制系统结构组成的认识

数控机床进给控制系统一般由伺服放大器、伺服电动机、机械传动组件和检测装置组成。

（一）伺服放大器

伺服放大器的作用是接收数控系统的进给位移和速度信息，并对其进行放大处理，以实现对电动机的转速和角度的精确控制；伺服放大器还采集检测装置的反馈信号，实现伺服电动机闭环电流矢量控制及进给执行部件的速度和位置控制。

（二）伺服电动机

伺服电动机是数控机床进给系统的执行元件，它的控制速度、位置精度非常准确。伺服电机转子转速受输入信号控制，并能快速反应。它使用在自动控制系统中，具有机电时间常数小、线性度高等特点，可把所收到的电信号转换成电动机轴上的角位移或角速度输出。

伺服电动机一般有直流伺服和交流伺服两大类。现代数控机床进给伺服电动机一般采用交流同步伺服电动机，其结构如图 7.1 所示。它由定子部分、转子部分和内装编码器组成。内部转子是永磁铁，驱动器控制的 U/V/W 三相电形成电磁场，转子在此磁场的作用下转动，同时电机自带的编码器反馈信号给驱动器，驱动器根据反馈值与目标值进行比较，调整转子转动的角度。伺服电机的精度取决于编码器的精度（线数）。

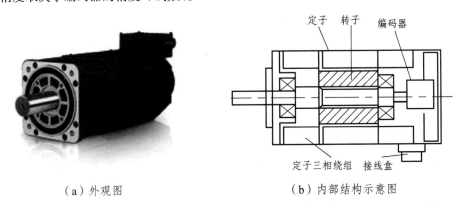

（a）外观图　　　　　　　　　　（b）内部结构示意图

图 7.1　数控机床进给伺服电动机外观及结构示意图

（三）机械传动组件

数控机床进给伺服系统的机械传动组件是将伺服电动机的旋转运动转变为工作台或刀架的直线运动以实现进给的机械传动部件。主要包括伺服电动机与丝杠的连接装置、滚珠丝杠螺母副及其支承部件、导向元件和润滑辅助装置等。它的传动质量直接关系到机床的加工性能。

（四）位置检测装置

数控机床的进给伺服系统根据有无检测元件可分为开环控制系统和闭环控制系统。开环控制系统使用步进电动机，没有反馈检测元件，其控制精度很低。闭环控制系统有检测元件，其控制精度高，根据检测元件安装的位置不同又分为全闭环控制系统和半闭环控制系统。

数控机床的位置检测装置一般有伺服电动机内装编码器和分离型检测装置两种形式。半闭环控制系统无分离型检测装置，全闭环控制系统有分离型检测装置。

1. 半闭环控制

半闭环控制系统的位置反馈为间接反馈，即用丝杠的转角作为位置反馈信号，而不是机床位置的直接反馈。由于半闭环控制的环路中非线性因素少，容易整定，可以比较方便地通过补偿来提高位置控制精度，而且电气控制部分与执行机械相对独立，系统通用性强，调整方便。所以它是当前数控机床控制结构中应用最为广泛的一种，其控制结构框图如图 7.2 所示。

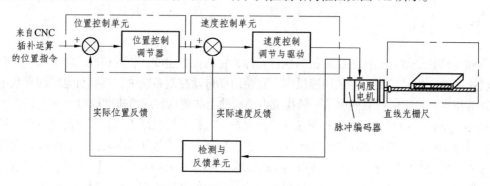

图 7.2　半闭环控制系统结构框图

2. 全闭环控制

全闭环控制系统的速度反馈与位置反馈来源不同，它采用分离型位置检测装置。所以全闭环控制系统的速度反馈信号来自伺服电动机的内装编码器信号，而位置反馈信号来自分离型位置检测装置的信号。分离型位置检测装置安装在机床工作台或刀架等移动部件上，也就是说全闭环控制数控机床的位置检测直接来源于机床的移动部件，其定位精度高，不受滚珠丝杠误差影响。但由于全闭环控制系统包含了更多的机械传递环节，因此其调整较复杂，成本较高。

全闭环控制系统的结构框图如图 7.3 所示。

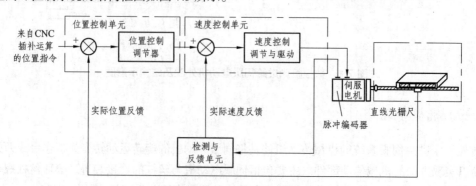

图 7.3　全闭环控制系统结构框图

（五）数控机床进给系统机械传动部件

为确保数控机床进给系统的传动精度、灵敏度和工作的稳定性，对机械部分设计总的要求是消除间隙，减少摩擦，减少运动惯量，提高传动精度和刚度。另外，进给系统的负载变化较大，响应特性要求很高，故对刚度、惯量匹配都有很高的要求。

为了满足上述要求，数控机床一般采用低摩擦的传动副，如低摩擦滑动导轨、滚动导轨及静压导轨、滚珠丝杠等；保证传动元件的加工精度，采用合理的预紧、合理的支承形式以提高传动系统的刚度；选用最佳降速比，以提高机床的分辨率，并使系统折算到驱动轴上的惯量减少；尽量消除传动间隙，减少反向死区误差，提高位移精度等。

1. 电机与丝杠之间的连接

数控机床进给驱动对位置精度、快速响应特性、调速范围等有较高的要求。实现进给驱动的电机主要有三种：步进电机、直流伺服电机和交流伺服电机。目前，交流伺服电机作为比较理想的驱动元件已成为发展趋势。

数控机床的进给系统采用不同的驱动元件时，其进给传动机构也可能不同。数控机床常见的进给传动主要有三种形式，如图 7.4 所示。

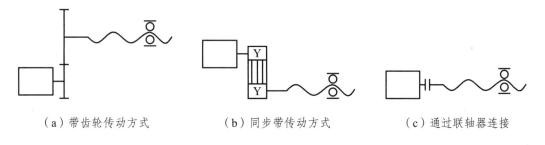

（a）带齿轮传动方式　　　　（b）同步带传动方式　　　　（c）通过联轴器连接

图 7.4　数控机床电机与丝杠间的连接

（1）带有齿轮传动的进给系统。

数控机床在机械进给装置中采用了齿轮传动副来达到一定的降速比要求，如图 7.4（a）所示。由于齿轮在制造中不可能达到理想齿面要求，总存在着一定的齿侧间隙才能正常工作，但齿侧间隙会造成进给系统的反向失动量，对闭环系统来说，齿侧间隙会影响系统的稳定性。因此，齿轮传动副常采用消除间隙措施来尽量减小齿轮侧隙，但这种连接形式的机械结构比较复杂。

（2）经同步带轮传动的进给系统。

经同步带轮传动的进给系统如图 7.4（b）所示，这种连接形式的机械结构比较简单。同步带传动综合了带传动和链传动的优点，可以避免齿轮传动时引起的振动和噪声，但只能适合于低扭矩特性要求的场所。安装时中心距要求严格，且同步带与带轮的制造工艺复杂。

（3）电动机通过联轴器直接与丝杠连接。

如图 7.4（c）所示，此结构通常是电机轴与丝杠之间采用锥环无键连接或高精度十字联轴器连接，从而使进给传动系统具有较高的传动精度和传动刚度，并大大简化了机械结构。目前在精度较高的数控机床或加工中心中，普遍采用这种连接形式。

2. 滚珠丝杠螺母副

滚珠丝杠螺母副是数控机床中实现回转运动与直线运动相互转换的一种非常重要的传动装置，它将进给伺服电动机的旋转运动转换成工作台（或刀架）的直线运动。

滚珠丝杠螺母副的结构特点是在具有螺旋槽的丝杠与螺母间装有滚珠作为中间传动元件，以减少摩擦。如图 7.5 所示，图中丝杠和螺母上都加工有圆弧形的螺旋槽，当它们对合起来就形成了螺旋滚道。在滚道内装有滚珠，当丝杠与螺母相对运动时，滚珠沿螺旋槽向前滚动，在丝杠上滚过数圈以后通过回程引导装置，逐个地又滚回到丝杠与螺母之间，构成一个闭合的回路。数控机床上，滚珠丝杠传动时需要进行机械预紧以消除传动间隙，使得数控机床加工时可以保证反向精度。

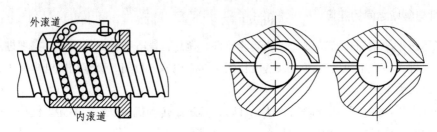

图 7.5　滚珠丝杠螺母副

（六）数控机床进给伺服系统要求

1. 位移精度高

伺服系统的精度是指输出量跟随输入量的精确程度。伺服系统的位移精度是指指令脉冲要求机床工作台进给的位移量和该指令脉冲经伺服系统转化为工作台实际位移量之间的符合程度。两者误差愈小，位移精度愈高。

2. 稳定性好

稳定性是指系统在给定外界干扰作用下，能在短暂的调节过程后，达到新的或者恢复到原来平衡状态的能力。要求伺服系统具有较强的抗干扰能力，保证进给速度均匀、平稳。稳定性直接影响数控加工精度和表面粗糙度。

3. 快速响应快

快速响应是伺服系统动态品质的重要指标，它反映了系统跟踪精度。机床进给伺服系统实际上就是一种高精度的位置随动系统，为保证轮廓切削形状精度和低的表面粗糙度，要求伺服系统跟踪指令信号的响应要快，跟随误差小。

4. 调速范围宽

调速范围是指生产机械要求电机能提供的最高转速和最低转速之比。在数控机床中，由于所用刀具、加工材料及零件加工要求的不同，为保证在各种情况下都能得到最佳切削条件，就要求伺服系统具有足够宽的调速范围。

5. 低速大扭矩

要求伺服系统有足够的输出扭矩或驱动功率。机床加工的特点是，在低速时进行重切削。因此，伺服系统在低速时要求有大的转矩输出。

二、FANUC 进给伺服系统识别

FANUC 0i 数控系统的进给伺服分为αi 系列伺服系统和βi 系列伺服系统。

1. FANUC 系统的半闭环与全闭环控制

FANUC 0i MC 是通用开放型数控系统，它的进给伺服系统可以采用半闭环和全闭环两种控制方式。半闭环控制机床的结构如图 7.6 所示，位置反馈和速度反馈均由安装在伺服电机上的（内置）编码器提供，经伺服放大器比较运算并通过 FSSB 总线传送到系统轴控制卡进行处理。

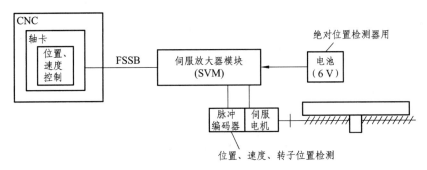

图 7.6 FANUC 数控系统半闭环控制结构

FANUC 数控系统全闭环控制的结构如图 7.7 所示，速度反馈数据由伺服电机内置脉冲编码器传送到伺服放大器。工作台位置反馈数据由分离型位置检测器提供，此时需要配置分离型检测器接口单元，分离型检测器接口单元通过 FSSB 总线与最后一个伺服放大器的 COB10A 相连。

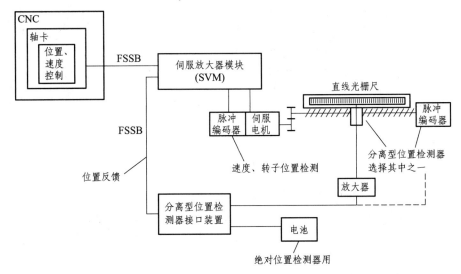

图 7.7 FANUC 数控系统全闭环控制结构

2. FANUC αi 系列伺服放大器和伺服电机

αi 系列伺服放大器和伺服电机为高性能、高可靠性的伺服系统，其外形结构如图 7.8 所示，其特点如下：

（1）具有极其平滑的转速和快速的加减控制。

（2）具有高达 16 000 000 线/转的高分辨率脉冲编码器。

（3）可以实现纳米 CNC 系统高速和高精度的伺服控制。

（4）具有学习控制功能，能针对重复指令以非常高的水平实现高速和高精度加工。

（5）具有串行控制功能，能在 2 轴同步驱动中同时具有高增益和高稳定性。

图 7.8　αi 系列伺服电机和伺服放大器外形

（6）具有伺服调整工具，能在短时间内实现高速和高精度的伺服调整。

（7）产品规格多，备有 200 V 和 400 V 输入电源规格。

（8）具有 ID 信息和伺服电机温度信息，从而使维修性提高。

3. βi 系列伺服放大器和伺服电机

βi 系列伺服放大器和伺服电机为高可靠性、高性价比的伺服系统。βi 系列伺服放大器有两种规格结构，一种是伺服放大器单独模块结构，称为βiSV 系列；另一种是伺服放大器与主轴放大器一体化结构，称为βiSVSP 系列。它们的外形结构如图 7.9 所示。

（a）βiSVSP 伺服电机和主轴伺服一体型放大器外形　　　　（b）βiSV 伺服放大器外形

图 7.9　βi 系列伺服放大器和伺服电机外形

βi 系列伺服放大器和伺服电机主要特点如下：

（1）很高的性价比：βiSVSP 系列伺服放大器与主轴放大器一体化设计，性价比高，节省配线，同时具有充足的功能和性能。βiSV 系列电源一体型伺服放大器组合灵活。

（2）维护性提高：具有 ID 信息和伺服电机温度信息，从而使维修性提高。

（3）平滑的转速和紧凑的机身设计。

（4）快速加速性能：采用独特的圆子形状，机身小，重量轻，可以待到大转矩并实现快速加速。

（5）小巧的高分辨率检测器：安装有小巧的高分辨率βi 系列脉冲编码器，实现高精度进给控制。

（6）具有伺服调整工具，能在短时间内实现高速和高精度的伺服调整。

（7）产品规格多：也具有 200 V 和 400 V 输入主电路规格。

三、FANUC 进给伺服系统硬件连接

（一）αi 系列伺服单元连接

1. αi 伺服单元

αi 伺服单元由电源模块、主轴单元模块、伺服放大器模块等组成。αi 伺服单元各部件接口示意如图 7.10 所示。它的各单元接口功能如表 7.1 所示。

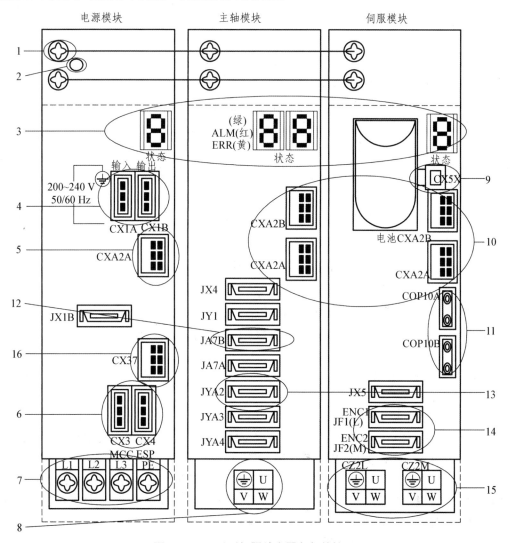

图 7.10　αi 系列伺服放大器各部件接口

表 7.1　αi 系列伺服放大器接口功能

序　号	标注名称	功　能
1	TB1	DC Link。输入主电源电压为 AC 200 V 时直流母线 DC Link 电压为直流 300 V；输入主电源为 AC400V 时，直流母线 DC Link 电压为直流 600 V
2		DC Link 的充电指示灯
3		电源模块、主轴放大器、伺服放大器模块状态指示
4	CX1A/CX1B	CX1A 接口是电源模块交流 200 V 的控制电压输入接口，CX1B 接口是电源模块交流 200 V 的输出接口
5	CXA2A	电源模块的 CXA2A 输出控制电源直流 24 V，给主轴放大器和伺服放大器模块提供 DC 24 V 电源，同时电源模块上的*ESP（急停）等信号由 CXA2A 串联接到主轴放大器模块和伺服放大器模块
6	CX3/CX4	CX3 接口用于伺服放大器输出信号控制机床主电源接触器 MCC 吸合，CX4 接口用于外部急停信号输入
7	L1/L2/L3/PE	电源模块三相主电源输入
8	U/V/W/PE	主轴放大器到主轴电机的动力电源接口
9	CX5X	伺服放大器电池的接口（绝对式编码器供电）
10	CXA2A/CXA2B	用于放大器间直流 24 V 电源、*ESP、绝对式编码器电池的连接
11	COP10A/COP10B	伺服放大器的光缆接口，连接顺序是从上一个模块的 COP10A 到下一个模块的 COP10B
12	JA7B	数控系统连接主轴放大器模块的主轴控制指令接口
13	JYA2	主轴电机内置传感器的反馈接口
14	JF1/JF2	伺服位置和速度反馈接口
15	CZ2L/CZ2M	伺服放大器与对应伺服电机的动力电缆接口
16	CX37	断电检测输出接口

2. 电源模块与伺服放大器模块的连接

电源模块（PSM）与伺服放大器模块（SVM）的连接如图 7.11 所示。

连接说明如下：

（1）从图 7.11 可以看出，三相交流 200 V 主电源通过电源模块产生直流电压，提供伺服放大器模块作为公共动力直流电源，公共动力直流电源约为 300 V。

（2）控制电源为单相 200 V，由 CXA1A 接口输入，除提供电源模块内部的电源部分本体使用电源外，还产生直流 24 V 电压。直流 24 V 电压以及*ESP 信号由 CXA2A 输出到伺服放大器模块。若 CXA1A 没有引入 200 V 电压，则电源模块、伺服模块和主轴放大器模块都没有指示灯显示。

（3）当有意外情况时，可以按下急停开关，从 CX4 接口输入急停信号。主电源接触器 MCC 由电源模块的内部继电器触点控制，当伺服系统没有故障，CNC 没有故障，且没有按下急停开关时，该内部继电器吸合。MCC 触点由 CX3 接口输出。

（4）伺服放大器模块主电源来自电源模块直流 300 V 电压。控制用直流 24 V 电压和急停信号来自电源模块，输入接口为 CXA2B，它们也可以为下一个伺服放大器模块同步提供电压和急停信号。若没有控制用电流 24 V 电压，伺服放大器模块没有任何显示。

（5）伺服放大器模块与 CNC 的信息交换（信息控制和信息反馈）物理连接由 FSSB 实现，连接接口为 COP10B，COP10A 用于连接下一个伺服放大器模块。

（6）伺服放大器模块最终输出到控制伺服电机，伺服电机尾部的编码器电缆接到伺服放大器模块的 JF1 用于速度和位置反馈。

（7）FANUC 的电机内装式编码器为绝对值与增量式两用编码器，当 CX5X 未接电池盒时，只作为增量式编码器使用；当 CX5X 接上 6 V 电池盒时，可作为绝对值编码器使用。

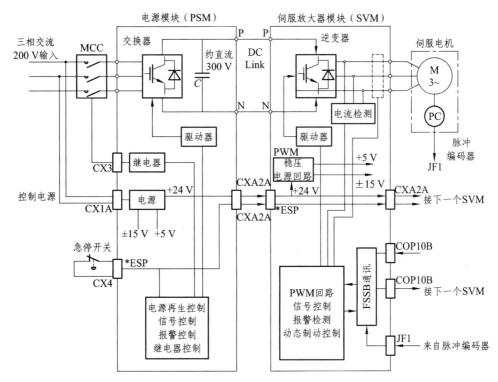

图 7.11　αi 电源模块与伺服放大器的连接

要掌握数控系统进给伺服连接图的原理，除理解图 7.10、图 7.11 外，还需要结合前一项目中介绍的 αi 伺服单元总体连接图（见图 6.8）进行分析。

（二）βi 系列伺服单元连接

βi 伺服放大器在结构上有两种常见形式，一种是单轴模块 βiSV，常用于模拟主轴的数控机床；另一种是多轴＋主轴一体型模块 βiSVSP，常用于串行主轴的数控机床。βi 系列伺服单元没有像 αi 伺服单元那样的单独的电源模块，它的电源模块和功率放大器做成一体了。

1. βiSV 伺服放大器

以 βiSV20 伺服放大器为例，其各部件接口示意图如图 7.12 所示。各接口部件的功能说明见表 7.2。

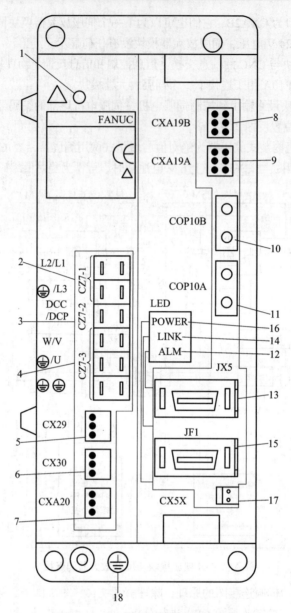

图 7.12 βiSV20 伺服放大器接口图

表 7.2 βiSV 系列伺服放大器各接口功能

序　号	标注名称	功　能
1		DC Link 充电指示灯
2	CZ7-1（L1/L2/L3）	主电源输入接口（AC 200 V 交流输入）
3	CZ7-2（DCC/DCP）	外置放电电阻接口
4	CZ7-3（U/V/W）	伺服电机的动力线接口
5	CX29（MCC）	主电源 MCC 接触器控制信号接口
6	CX30（*ESP）	外部急停信号接口

续表 7.2

序　号	标注名称	功　能
7	CXA20（DCOH）	外置放电电阻过热检测接口
8	CXA19B	DC 24 V 电源的输入接口，连接外部 24 V 稳压电源
9	CXA19A	DC 24 V 电源的输出接口，连接下一个伺服单元的 CXA19B
10	COP10B	伺服串行总线 FSSB 接入接口
11	COP10A	伺服串行总线 FSSB 接出接口
12	ALM	伺服报警状态指示灯
13	JX5	伺服信号检测接口
14	LINK	FSSB 连接状态显示指示灯
15	JF1	伺服电机内装编码器反馈信号接口
16	POWER	控制电源状态显示指示灯
17	CX5X	绝对位置编码器用电池接口 DC 6 V
18	⏚	接地端子

多个 βiSV 伺服放大器的系统连接图如图 7.13 所示。

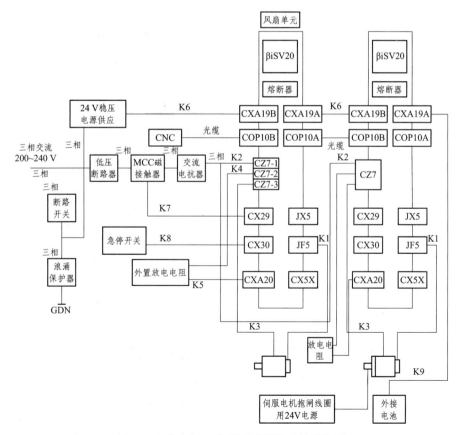

图 7.13　多个 βiSV 伺服放大器的系统连接图

说明：

（1）从前面的总体连接图可以看出：CZ7-1 是三相交流 200 V 主电源输入接口；CZ7-2 是外置放电电阻接口；CXA20 为外置放电电阻过热报警接口。

（2）CX29 为主电源 MCC 控制信号的接口，当伺服系统和 CNC 都没有故障时，并且急停未被按下时，CNC 向伺服放大器发出使能信号，伺服放大器内部继电器吸合，该继电器触点 MCC 吸合。CX30 为外部急停信号接口。这里的 CX29 和 CX30 接口的功能分别与 αi 伺服单元的 CX3 和 CX4 功能一样。

（3）CXA19B 和 CXZ19A 为伺服放大器控制电源输入和输出接口，电压为直流 24 V。没有直流 24 V 电源，伺服放大器不会有显示。

（4）COP10B 和 COP10A 是伺服放大器伺服信号接口，即伺服串行总线 FSSB 的接口，CZ7-3 为伺服电动机动力电缆接口，JF1 是伺服电机的反馈信号接口，即伺服电机编码器接口，与 αi 伺服单元的该接口功能一样。

（5）若伺服电机有抱闸线圈，抱闸线圈应接直流 24 V，抱闸要编写 PLC 程序控制。若脉冲编码器是绝对值编码器，需要电池盒 DC 6 V，就接到 CX5X 接口。

2. βiSVSP 一体型伺服放大器

βiSVSP 伺服放大器各部件接口示意图如图 7.14 所示。它的各部件接口功能说明如表 7.3 所示。

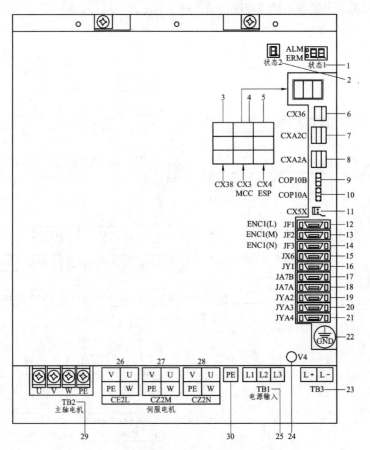

图 7.14　βiSVSP 伺服放大器部件接口图

表 7.3　βiSVSP 系列伺服放大器接口功能

序　号	标注名称	功　能	序　号	标注名称	功　能
1	状态 1	伺服状态指示灯	16	JY1	负载表等接口
2	状态 2	主轴状态指示灯	17	JA7B	主轴控制信号串行输入
3	CX38	交流输入电源检测	18	JA7A	主轴控制信号串行输出
4	CX3	主电源 MCC 控制信号	19	JYA2	主轴传感器反馈信号接口
5	CX4	急停信号接口	20	JYA3	主轴位置编码器或外部一转信号接口
6	CX36	输出信号	21	JYA4	独立的主轴位置编码器接口
7	CXA2C	24 V 直流电源输入接口	22	GND	信号地端子
8	CXA2A	24 V 直流电源输出接口	23	TB3	直流动力电源测量点
9	COP10B	伺服 FSSB 光缆接口	24	V4	直流动力电源指示灯
10	COP10A	伺服 FSSB 光缆接口	25	TB1	主电源连接端子
11	CX5X	绝对式编码器内置电池用	26	CZ2L	接第 1 个伺服轴电机动力线
12	JF1	第 1 轴编码器反馈	27	CZ2M	接第 2 个伺服轴电机动力线
13	JF2	第 2 轴编码器反馈	28	CZ2N	接第 3 个伺服轴电机动力线
14	JF3	第 3 轴编码器反馈	29	TB2	主轴电动机动力电缆
15	JX6	断电后备模块	30	PE	接地端子

从前面的介绍中可以看出 FANUC 数控系统中伺服放大器有 αi 系列和 βi 系列,但 CNC 与伺服放大器、伺服放大器与伺服电机、伺服放大器与主电源、伺服放大器与工作电源的连接功能要求是很相近的。

任务三　进给伺服控制系统调试实训

一、实训目的

（1）了解典型数控机床进给控制结构;
（2）学会收集、查阅、整理 FANUC 系统的相关资料;
（3）读懂数控机床电气控制原理图;
（4）掌握典型半闭环控制系统连接方法;
（5）掌握 FANUC 进给伺服模块的接口定义和电气连接方法。

二、实训任务

（1）认识数控机床进给伺服控制系统，掌握 FANUC 进给伺服模块的连接方法；

（2）根据学校实训车间或实验教室现有的数控机床，阅读分析其线路图，补全其进给伺服系统中不足的连线，使设备进给伺服系统能正常工作。

三、工作准备

1. 工具、仪器及器材

（1）工具：测电笔、螺钉旋具、尖嘴钳、斜口钳、剥线钳、电工刀等。

（2）仪表：万用表。

（3）器材/设备：数控机床维修实验台、数控加工中心 VDL800、数控车床 CKA6132。

（4）资料：机床电气原理图、FANUC 简明联机调试手册、FANUC 参数手册、FANUC 梯形图编程说明书、伺服放大器说明书、FANUC 产品选型手册。

2. 场地要求

数控机床电气控制与维修实训室，机械制造中心，配有 FANUC αi 或βi 系列伺服放大器的数控机床数台。

四、工作步骤和要求

1. 实施前调查

学生按 3 人一组分成小组，通过讨论、现场收集资料、查阅说明书等方法确定实施方案，并将所使用的设备相关信息填入表 7.4 中。

表 7.4　项目调查表

序　　号	调查项目	内　　容
1	设备型号	
2	系统型号	
3	主轴控制方式（模拟/串行数字）	
4	进给伺服放大器型号及数量	
5	伺服电机型号及数量	
6	编码器安装位置	
7	重力轴情况	
8	伺服轴工作情况	

2. 数控进给伺服控制系统连接与调试

对比前面介绍的内容和实物实验设备，查阅电气原理，补全设备中进给伺服系统不足的连线，并检查相关连线是否有故障，请排除故障，使设备进给伺服系统能正常工作。

进给伺服控制系统连接中涉及的线路有：

（1）CNC 与伺服放大器之间的控制总线。

（2）伺服放大器与伺服电机之间的动力电缆。

（3）编码器与伺服放大器之间的连接。

（4）伺服放大器与主电源的连接。

（5）伺服放大器与工作电源的连接。

（6）其他安全保护功能的连接。

3. 工作过程记录单

各小组根据自己的实施过程，将连接步骤及调试过程、故障处理方法填写在下面的记录表中（见表 7.5）。该表前两列由每个小组根据自己的实施过程填写，后两列由老师检查后填写。

表 7.5　工作过程记录表

序　号	工作内容	用　时	得　分
1			
2			
3			
4			
5			
6			
7			
8			
9			
10			
11			
12			

4. 功能验证

实验设备上连接完成并检查无误后，打开电源，检查伺服放大器上各状态指示灯是否正常；查看数控系统上有无与伺服有关的报警；用手转动电动机，检查各轴伺服使能情况；按下系统上的急停，再用手转动电动机查看动作情况；在手动工作方式下，进给倍率 100%，按 X+、X−、Y+、Y−、Z+、Z−键，查看各轴的动作情况。

将前面的验证情况填入表 7.6。

表 7.6　功能检验记录表

序　号	内　容	现　象
1		
2		
3		
4		
5		
6		
7		
8		
9		
10		

注：该表由每个小组根据自己的实施过程填写。

5. 总结报告

完成实验报告，收集其他数控机床进给控制系统的资料，分析总结它们的特点和规律。每小组选派一名同学报告其新收获或发现的新问题。

项目小结与检查

本项目主要介绍了典型数控系统进给伺服控制特点。以 FANUC 系统 αi 系列和 βi 系列为实例，它采用目前数控机床进给伺服中最主要的伺服驱动方式——交流同步伺服电机驱动，分别认识了它们的特点、伺服单元结构、接口连线及典型半闭环控制系统结构（系统-伺服-进给电动机-编码器-伺服）等。

本项目重点是要掌握进给伺服控制系统的连线方法和作用，由于现在数控系统品牌很多，它们的接线方法不完全一样，但作用都相似，所以一定要对进给伺服功能要求和连线原理进行理解，不能只是死记硬背。

本项目在实施时要特别注意过程的检查，要学会查阅各种资料和手册。学生要做好每个操作步骤、使用的元器件情况、工具情况、所遇到的问题情况、解决办法等的记录。

项目练习与思考

7.1 FANUC 系统伺服单元有哪些结构?

7.2 半闭环控制伺服系统和全闭环控制伺服系统有什么区别?

7.3 半闭环控制系统的进给伺服检测反馈元件和串行主轴检测反馈元件有什么不同?

7.4 αi 伺服电源模块的三相交流 200 V 与 CX1A 的单相 200 V 的作用有什么区别?放大器上的直流 24 V 有什么作用?

7.5 两轴数控车床中 βiSV 伺服模块的主电源和控制电源分别如何连接?

7.6 数控机床进给轴抱闸的作用是什么?

7.7 画出数控车床进给伺服系统详细的连接图。

项目八　数控机床辅助功能控制系统

【教学导航】

建议学时	建议理论 4 学时，实践 6 学时，共 10 学时。
推荐教学方法	理论实践一体化教学，引导学生自主学习。
推荐学习方法	以小组为单位，边学边做，小组讨论；老师先介绍基本概念、基本理论、基本方法，然后引导学生通过实验、实训的方法主动学习。
学习要领	• 注意掌握数控机床外部控制电路的特点、连线方法，对典型的控制线路和实例要熟悉； • 结合交流电动机电气控制电路特点分析、理解数控机床外部电气控制元件的连接方法； • 学习典型设备和系统时，着重研究、体会元器件和线路的应用特点，不必过分追求理论的完整性； • 不同厂家、不同型号的数控机床外部电路设计方法都不相同，所以在学习外部电路时重点是理解一些典型元件、典型电路的连接和设计方法； • 数控系统在不断发展，新产品日新月异，产品种类较多，连接要求也不完全相同，但基本原理都相近，所以在学习时，应从这些连接功能中理解数控机床控制原理和要求，并从中总结出规律。
知识要点	• 数控系统 I/O 模块的作用； • 典型数控系统 I/O 模块连接方法； • 数控系统 I/O 模块与 PMC 的关系； • 典型数控机床辅助动作控制电路； • 数控机床电气控制系统设计。

任务一　项目描述

　　数控机床电气控制系统总体可以看作三大部分：一是进给伺服；二是主轴伺服；三是除进给伺服和主轴伺服以外的其他辅助动作，这些辅助动作主要包括所有辅助电动机运行、电磁铁工作、制动器工作、抱闸器工作、各种开关信号、指示灯信号等动作，它们一些是数控机床正常工作的必要条件，一些是使数控机床安全运行的重要保障，一些是完善数控机床功能、改善操作性能的重要手段。

　　数控机床的辅助动作都是由数控系统可编程控制器（PLC）控制实现的。目前的数控系统一般采用内装式可编程控制器（PLC）进行运算和控制，并通过外置的 I/O 模块实现接口信号的处理。

I/O 模块在数控机床中主要起到信号转换和传递的作用，数控系统内置 PLC 可以对梯形图程序进行运算，但运算结果必须通过 I/O 模块输出到外部的机床电气部分，同时机床电气的开关信号、按钮信号等也必须通过 I/O 模块输入到内置 PLC。

数控机床辅助动作控制系统是由各种低压电气控制元件（继电器、接触器等）组成的逻辑控制电路。它仍然是以继电接触器控制系统为基础，数控系统内置的可编程控制器（PLC）负责对机床外部逻辑控制信号进行运算、处理，并通过 I/O 模块与机床外部继电器、电磁铁、传感器、制动器、按钮、开关等电器元件连接，实现刀库、冷却、润滑、排屑、互锁等辅助控制。

从控制功能看，数控系统有两大部分，一是 CNC，二是 PLC，这两者在数控机床中所起的作用范围是不相同的。可以这样来划分 CNC 和 PLC 的作用范围：实现刀具相对于工件各坐标轴几何运动规律的数字控制，是由 CNC 来完成的；机床辅助设备的控制是由 PLC 来完成的，它是在数控机床运动过程中，根据 CNC 内部标志以及机床的各控制开关、检测元件、运行部件的状态，按照程序设定的控制逻辑对如刀库运动、换刀机构、冷却液等的运行进行控制。

数控机床所有外部辅助动作电气控制都是以内置可编程控制器（PLC）为中心，以 CNC（系统）和 MT（机床）为两侧的控制信息交换。数控机床辅助功能控制及 I/O 模块连接示意图如图8.1 所示。

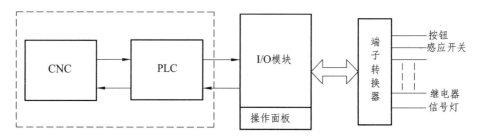

图 8.1　数控机床辅助功能控制及 I/O 模块连接示意图

I/O 模块在这个过程中起到非常重要的信号转换和电气连接作用。本项目中，主要介绍系统外部 I/O 模块的连接、机床辅助电气电路等，关于可编程控制器（PLC）的原理及其控制设计等知识将在后续项目中详细介绍。

本项目所指的辅助动作不仅仅是数控装置对机床的输出辅助动作，也包括从机床到数控装置的输入动作（如参考点、极限位置、刀位等传感器信号）。

任务二　数控系统 I/O 模块的认识及连接

I/O 模块是数控机床各种辅助动作功能得以实现的桥梁，其输入、输出点的个数及种类决定了它的性能。

一、数控 I/O 模块种类及连接方法

现在一些典型的数控系统都采用了数控装置内嵌 PLC 的结构方式（如图 8.1 中的虚线框内

部），这样的结构使外部电路更简单可靠，系统工作更可靠，CNC 与 PLC 的信息交换速度更快，更容易实现一些高级功能。但是这样的设计必须在系统外部配置 I/O 模块来实现 PLC 与机床电器元件的连接。

不同的数控系统所配置的 I/O 模块也不相同，如 FANUC 的 I/O UNIT、SIEMENS 的 PP72/48 等，但是它们的连接功能作用都基本相近。下面主要介绍 FANUC 的 I/O 单元模块的连接。

（一）FANUC I/O 单元模块种类

FANUC 系统常用的 I/O 模块有以下几种：

1. 机床操作面板

带有矩阵开关和 LED 的 I/O 单元模块，共 96 点输入和 64 点输出，带有手摇脉冲发生器连接。

2. I/O UNIT FOR 0i

机床外置的 I/O 单元模块，共 96 点输入和 64 点输出，带有手摇脉冲发生器连接。在 FANUC 0i 系统上应用很广泛。

3. 操作盘 I/O 模块

共 48 点输入和 32 点输出，带有手摇脉冲发生器连接，因输入输出点数较少，所以在机床外部电气控制系统较简单的情况下使用。

4. 分线盘 I/O 单元

分散型 I/O 模块，在电路中组合较灵活，最多可扩展三块，且能适应强电电路的任意组合。带有手摇脉冲发生器连接。

（二）FANUC I/O 模块的连接方法

用户可以根据自己的需求选择不同的 I/O 模块，多个 I/O 模块在不超过系统最大限制的情况下也可以串行连接。多个 I/O 模块的连接如图 8.2 所示，多个 I/O 模块之间的连接关系可以用组、基座、插槽来表示。

1. 组　号

多个 I/O 模块根据需要进行分组，离 CNC 最近的组为 0 组，依次排序，组与组之间使用串行总线从 JD1A-JD1B 口连接。

2. 基座号

每组可以连接两个 I/O 单元，分别是基座 0 和基座 1。

3. 插槽号

有些 I/O 单元上还有多个插槽安装位置，则从前到后插槽号依次为 1，2，3，…一个 I/O 单元最多可以有 10 个插槽。

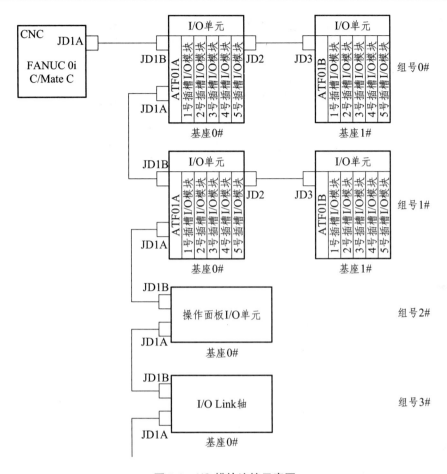

图 8.2　I/O 模块连接示意图

　　根据这种连接关系可以确定每一个 I/O 单元模块的地址名称表示为：组号.基座号.插槽号.名称。例如，距 CNC 最近的一个 I/O 单元模块，假设名称叫 OC02I，那么它在 I/O Link 连接中的完整地址名称表示为：0.0.1.OC02I。这样的定义在电气控制设计时体现在 PLC 的地址分配上，具体分配方法还将在后续项目中详细介绍。

（三）I/O 模块选择及 I/O Link 连接实例

　　以一台典型的 850 立式加工中心为例，本机床配 FANUC 0i MC 系统，16 把刀的斗笠式刀库。刀库是通过 PLC 控制的，其输入点有刀库原点、刀库计数、刀库后位、刀库前位、主轴紧刀、主轴松刀；输出点有刀库伸出、刀库缩回、刀库正转、刀库反转、刀具卡紧、刀具放松、主轴吹气等。另外还有冷却、润滑、排屑、各轴正极限位置和负极限位置、各轴回零减速开关、各辅助灯等，综合计算所需点数，并考虑到今后的扩展性能，选用了 FANUC 操作面板和 I/O UNIT FOR 0i（96/64）两种形式的 I/O 单元各一块。

　　FANUC I/O link 连接如图 8.3 所示。各 I/O 单元与系统之间通过专用的 I/O Link 串行总线连接，I/O 模块到机床电器元件端使用多条通用的 50 芯扁平线缆连接，一条 50 芯扁平线缆包含 3 字节输入地址（X）和 2 字节输出地址（Y）。

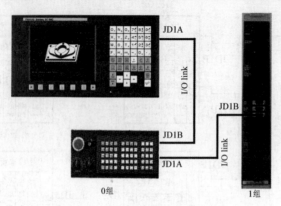

图 8.3　加工中心 I/O Link 连接图

二、操作盘式 I/O 模块（48/32）认识

1. 外形及接口

该 I/O 模块带手摇脉冲发生器，含有 48 点输入和 32 点输出，能满足小型数控机床使用要求，特别是在中、低档数控车床中使用广泛。其外形和接口如图 8.4 所示。各接口含义如下：

CE56、CE57：机床侧的开关量输入输出接口，通过两条 50 芯扁平线缆连接到标准端子转换器。每个插座包含 3 字节开关量输入和 2 字节开关量输出。

JD1B：I/O Link 串行总线的输入接口。

JD1A：I/O Link 串行总线的输出接口。

JA3：手摇脉冲发生器接口。

CP1：直流 24 V 工作电源接口。

（a）外　形　　　　　　　　　　　（b）接　口

图 8.4　操作盘 I/O 模块外形及接口示意图

2. CNC 与 I/O 模块的连接

操作盘 I/O 模块与系统的连接如图 8.5 所示。

3. 操作盘 I/O 模块物理输入/输出接口分配

操作盘式 I/O 模块的 CE56 和 CE57 都为标准的 50 芯线缆接口，其物理输入/输出分配如表 8.1 所示。表中的 DICOM 由用户根据输入传感器情况选择是漏极型输入（高电平有效）还是源型输

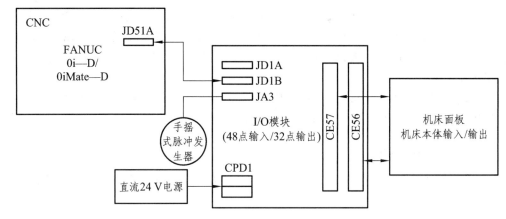

图 8.5　CNC 与 I/O 模块的连接示意图

表 8.1　CE56 和 CE57 接口物理地址表

序　号	CE56 接口		序　号	CE57 接口	
	A	B		A	B
1	0 V	+24 V	1	0 V	+24 V
2	Xm+0.0	Xm+0.1	2	Xm+3.0	Xm+3.1
3	Xm+0.2	Xm+0.3	3	Xm+3.2	Xm+3.3
4	Xm+0.4	Xm+0.5	4	Xm+3.4	Xm+3.5
5	Xm+0.6	Xm+0.7	5	Xm+3.6	Xm+3.7
6	Xm+1.0	Xm+1.1	6	Xm+4.0	Xm+4.1
7	Xm+1.2	Xm+1.3	7	Xm+4.2	Xm+4.3
8	Xm+1.4	Xm+1.5	8	Xm+4.4	Xm+4.5
9	Xm+1.6	Xm+1.7	9	Xm+4.6	Xm+4.7
10	Xm+2.0	Xm+2.1	10	Xm+5.0	Xm+5.1
11	Xm+2.2	Xm+2.3	11	Xm+5.2	Xm+5.3
12	Xm+2.4	Xm+2.5	12	Xm+5.4	Xm+5.5
13	Xm+2.6	Xm+2.7	13	Xm+5.6	Xm+5.7
14	DICOM		14		DICOM
15			15		
16	Yn+0.0	Yn+0.1	16	Yn+2.0	Yn+2.1
17	Yn+0.2	Yn+0.3	17	Yn+2.2	Yn+2.3
18	Yn+0.4	Yn+0.5	18	Yn+2.4	Yn+2.5
19	Yn+0.6	Yn+0.7	19	Yn+2.6	Yn+2.7
20	Yn+1.0	Yn+1.1	20	Yn+3.0	Yn+3.1
21	Yn+1.2	Yn+1.3	21	Yn+3.2	Yn+3.3
22	Yn+1.4	Yn+1.5	22	Yn+3.4	Yn+3.5
23	Yn+1.6	Yn+1.7	23	Yn+3.6	Yn+3.7
24	DOCOM	DOCOM	24	DOCOM	DOCOM
25	DOCOM	DOCOM	25	DOCOM	DOCOM

入（低电平有效），一般 DICOM 与 0 V 短接，即与 A01 脚连接（不要另接外部电源），确保输入都是高电平有效。DOCOM 为输出信号电源公共端，当其与 0 V 短接时，输出为漏型；与 24 V 短接时输出为源型。为安全可靠，DOCOM 一般接 24 V。m 和 n 是数控系统软件设置的地址起始值，详细情况将在后续项目十中介绍。

注意：输入部分的 0 V 和 24 V 是 I/O 模块为外部提供的电源，用于输入地址的供电，不要将外部电源接到 A01 和 B01 脚。输出部分是需要外部 24 V 电源供电的。

4. 输入/输出连接示意图

I/O 模块的输入接口提供直流 24 V 电源，所以不需要外接电源，以 CE56 为例，其输入部分的连接如图 8.6 所示。

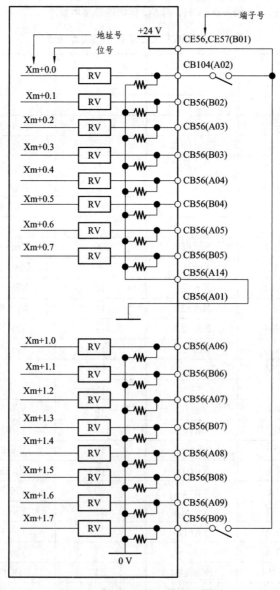

图 8.6　CE56 的输入地址连接图

　　I/O 模块的输出地址接口可以连接继电器、电磁铁、指示灯等负载，这些负载都必须外接电源供电，I/O 模块一般允许接入这些负载的电源是直流 24 V。以 CE56 为例，其输出部分的连接如图 8.7 所示。

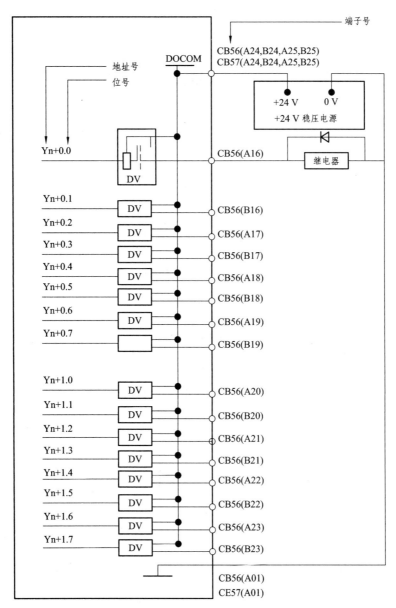

图 8.7　CE56 的输出地址连接图

三、I/O UNIT FOR 0i（96/64）认识

　　I/O UNIT FOR 0i 模块是 FANUC 0i 数控机床使用最广泛的 I/O 单元模块，含有 4 个 50 芯扁平线缆插座，分别为 CB104，CB105，CB106，CB107。输入点共 96 点，每个 50 芯插座占 24 点，这些点被分为 3 字节；输出点共 64 点，每个 50 芯插座占 16 点，这些点被分为 2 字节。

1. 外形及接口

I/O UNIT FOR 0i 模块外形及接口示意图如图 8.8 所示。

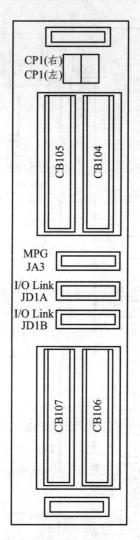

图 8.8　I/O UNIT FOR 0i 模块外形接口示意图

　　该模块带有手摇脉冲发生器，手摇脉冲发生器接到 JA3。96 点输入和 64 点输出能够满足一般车床、铣床、加工中心的使用要求。各接口含义如下：

　　CB104，CB105，CB106，CB107：机床侧的输入输出接口，通过 4 条 50 芯扁平电缆连接到标准端子转换器。

　　JD1B：I/O Link 串行总线的输入接口。

　　JD1A：I/O Link 串行总线的输出接口。

　　JA3：手摇脉冲发生器接口。

　　CP1：直流 24 V 工作电源接口。

　　这种 I/O 模块与 CNC 的连接较简单，同操作盘式 I/O 单元一样。

2. I/O UNIT FOR 0i 物理输入/输出接口分配

I/O UNIT FOR 0i 模块上的 CB104 ~ CB107 的物理地址分配如表 8.2 所示。

表 8.2 CB104 ~ CB107 接口物理地址表

序 号	CB104 接口		序 号	CB105 接口		序 号	CB106 接口		序 号	CB107 接口	
	A	B		A	B		A	B		A	B
1	0 V	+24 V	1	0 V	+24 V	1	0 V	+24 V	1	0 V	+24 V
2	Xm+0.0	Xm+0.1	2	Xm+3.0	Xm+3.1	2	Xm+4.0	Xm+4.1	2	Xm+7.0	Xm+7.1
3	Xm+0.2	Xm+0.3	3	Xm+3.2	Xm+3.3	3	Xm+4.2	Xm+4.3	3	Xm+7.2	Xm+7.3
4	Xm+0.4	Xm+0.5	4	Xm+3.4	Xm+3.5	4	Xm+4.4	Xm+4.5	4	Xm+7.4	Xm+7.5
5	Xm+0.6	Xm+0.7	5	Xm+3.6	Xm+3.7	5	Xm+4.6	Xm+4.7	5	Xm+7.6	Xm+7.7
6	Xm+1.0	Xm+1.1	6	Xm+8.0	Xm+8.1	6	Xm+5.0	Xm+5.1	6	Xm+10.0	Xm+10.1
7	Xm+1.2	Xm+1.3	7	Xm+8.2	Xm+8.3	7	Xm+5.2	Xm+5.3	7	Xm+10.2	Xm+10.3
8	Xm+1.4	Xm+1.5	8	Xm+8.4	Xm+8.5	8	Xm+5.4	Xm+5.5	8	Xm+10.4	Xm+10.5
9	Xm+1.6	Xm+1.7	9	Xm+8.6	Xm+8.7	9	Xm+5.6	Xm+5.7	9	Xm+10.6	Xm+10.7
10	Xm+2.0	Xm+2.1	10	Xm+9.0	Xm+9.1	10	Xm+6.0	Xm+6.1	10	Xm+11.0	Xm+11.1
11	Xm+2.2	Xm+2.3	11	Xm+9.2	Xm+9.3	11	Xm+6.2	Xm+6.3	11	Xm+11.2	Xm+11.3
12	Xm+2.4	Xm+2.5	12	Xm+9.4	Xm+9.5	12	Xm+6.4	Xm+6.5	12	Xm+11.4	Xm+11.5
13	Xm+2.6	Xm+2.7	13	Xm+9.6	Xm+9.7	13	Xm+6.6	Xm+6.7	13	Xm+11.6	Xm+11.7
14			14			14	COM4		14		
15			15			15			15		
16	Yn+0.0	Yn+0.1	16	Yn+2.0	Yn+2.1	16	Yn+4.0	Yn+4.1	16	Yn+6.0	Yn+6.1
17	Yn+0.2	Yn+0.3	17	Yn+2.2	Yn+2.3	17	Yn+4.2	Yn+4.3	17	Yn+6.2	Yn+6.3
18	Yn+0.4	Yn+0.5	18	Yn+2.4	Yn+2.5	18	Yn+4.4	Yn+4.5	18	Yn+6.4	Yn+6.5
19	Yn+0.6	Yn+0.7	19	Yn+2.6	Yn+2.7	19	Yn+4.6	Yn+4.7	19	Yn+6.6	Yn+6.7
20	Yn+1.0	Yn+1.1	20	Yn+3.0	Yn+3.1	20	Yn+5.0	Yn+5.1	20	Yn+7.0	Yn+7.1
21	Yn+1.2	Yn+1.3	21	Yn+3.2	Yn+3.3	21	Yn+5.2	Yn+5.3	21	Yn+7.2	Yn+7.3
22	Yn+1.4	Yn+1.5	22	Yn+3.4	Yn+3.5	22	Yn+5.4	Yn+5.5	22	Yn+7.4	Yn+7.5
23	Yn+1.6	Yn+1.7	23	Yn+3.6	Yn+3.7	23	Yn+5.6	Yn+5.7	23	Yn+7.6	Yn+7.7
24	DOCOM	DOCOM	24	DOCOM	DOCOM	24	DOCOM	DOCOM	24	DOCOM	DOCOM
25	DOCOM	DOCOM	25	DOCOM	DOCOM	25	DOCOM	DOCOM	25	DOCOM	DOCOM

CB104 ~ CB107 地址说明：COM4 由用户根据输入传感器情况选择是漏极型输入（高电平有效）还是源型输入（低电平有效），一般 COM4 与 0 V 短接，即与 A01 脚连接（不要另接外部电源），确保输入都是高电平有效。DOCOM 为输出信号电源公共端，当其与 0 V 短接时，输出为漏型；与 24 V 短接时输出为源型，为安全可靠，DOCOM 一般接 24 V。m 和 n 是数控系统软件设置

的地址起始值，将在后续项目中详细介绍。

3. 输入/输出连接示意图

以 CB106 为例，其输入部分的连接如图 8.9 所示。

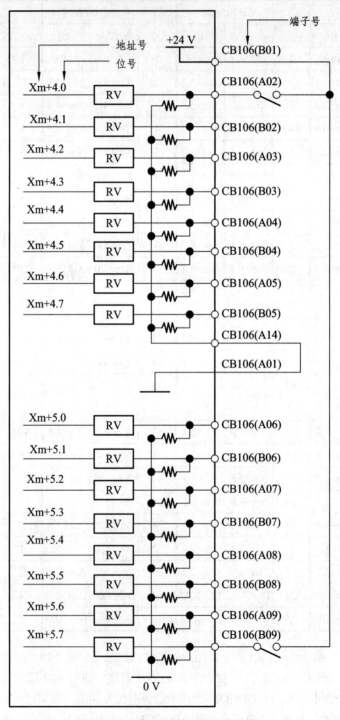

图 8.9　CB106 的输入地址连接图

CB106 的输出部分的连接如图 8.10 所示。

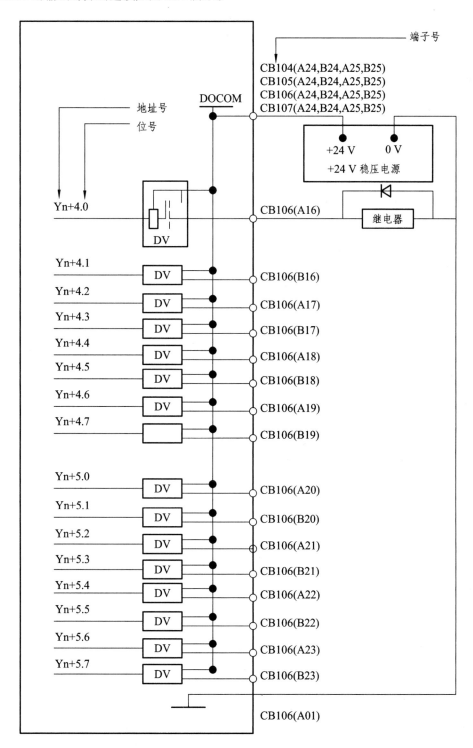

图 8.10 CB106 的输出地址连接图

四、操作面板式 I/O 模块认识

数控机床的操作面板有标准操作面板和非标准操作面板两种。标准操作面板是由数控系统厂家为自己的某些型号的数控系统设计开发的，它是作为一个独立的 I/O 单元而设计，不占用其他 I/O 模块的地址，外部接线也较简单。非标准操作面板一般是由机床制造厂为其自己特定的数控机床设计的或向第三方厂家订购的，它本身不作为一个独立的 I/O 模块使用，而是接入其他形式的 I/O 模块（如前面介绍的 I/O UNIT FOR 0i）的输入、输出接口。

1. 标准操作面板外形

下面以 FANUC 标准操作面板为例来介绍其连接。标准操作面板外形如图 8.11 所示，该标准操作面板反面自带 I/O 模块，包含 96 点输入、64 点输出；可连接手摇式脉冲发生器，手摇式脉冲发生器接至 JA3；JD1A、JD1B 接口的功能与其他 I/O 模块的一样。

此 I/O 模块大部输入、输出地址由面板（主面板 B 和子面板 B1）使用，多余的输入/输出地址可由 CM68 和 CM69 供外部使用。CA64 为直流 24 V 电源输入接口。

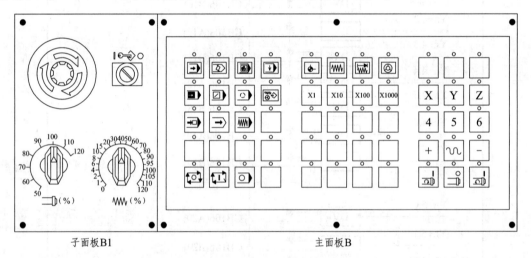

（a）标准操作面板正面外形

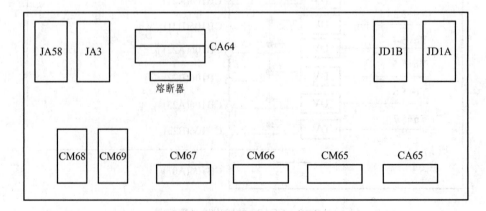

（b）标准操作面板背面外形

图 8.11　标准操作面板外形

2. 标准操作面板输入/输出地址的按键分配

标准操作面板上的每一个按键对应一个输入地址，每一个指示灯对应一个输出地址，要进行数控系统的 PLC 设计，必须弄清楚每一个按键和指示灯对应的输入/输出地址。在确定主面板按键和指示灯的输入输出地址时，可以先根据图 8.12 确定是哪一个键位，然后再对应表 8.3，便可查找出相应地址。

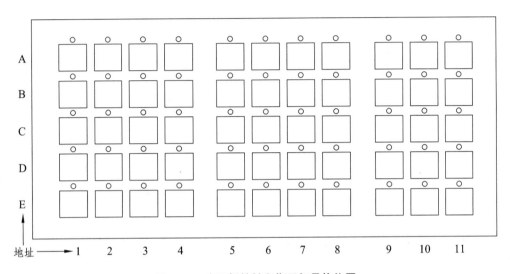

图 8.12 主面板按键和指示灯具体位置

表 8.3 主面板按键和指示灯分配地址

按键和指示灯	位							
	7	6	5	4	3	2	1	0
Xm+4/Yn+0	B4	B3	B2	B1	A4	A3	A2	A1
Xm+5/Yn+1	D4	D3	D2	D1	C4	C3	C2	C1
Xm+6/Yn+2	A8	A7	A6	A5	E4	E3	E2	E1
Xm+7/Yn+3	C8	C7	C6	C5	B8	B7	B6	B5
Xm+8/Yn+4	E8	E7	E6	E5	D8	D7	D6	D5
Xm+9/Yn+5		B11	B10	B9		A11	A10	A9
Xm+10/Yn+6		D11	D10	D9		C11	C10	C9
Xm+11/Yn+7						E11	E10	E9

3. CNC 与标准操作面板的硬件连接

标准操作面板与 CNC 的物理连接示意图如图 8.13 所示。CNC 的 I/O Link（JD1A）连接至标准操作面板的主面板 B 的 JD1B，由标准操作面板主面板 B 转换成普通的输入输出接口，一部分专门用于主面板按键和指示灯的输入和输出，物理上内部已做了固定连接。

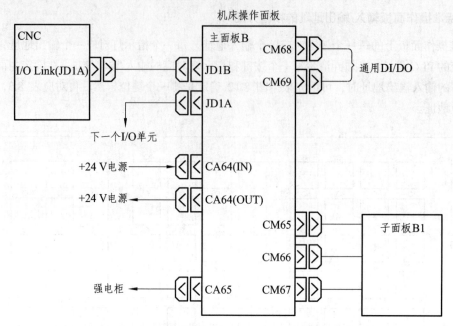

图 8.13　标准操作面板与 CNC 的物理连接示意图

CM68 和 CM69 提供给用户作为普通使用的接口。外围电路需提供给标准操作面板直流 24 V 电源，连接至 CA64（IN），若其他外设需要直流 24 V 电源，可以从标准操作面板的 CA64（OUT）输出。另外，在整个标准操作面板中若选择了子面板 B1 输入功能，则子面板 B1 必须连接到 CM65、CM66、CM67。

任务三　数控机床电气控制系统设计与实例分析

一、数控机床电气控制基本规范及常用电器元件

（一）数控机床电气柜设计规范

在设计数控机床电柜时，必须充分考虑电柜运输和使用的环境条件，以及减少对 CRT 屏幕的电磁干扰、防噪声、方便维修等。

1. 电柜的密封

数控机床电柜柜体要求达到 IP54 的防护等级。IP 防护等级使用 2 个标记数字。例如，IP54 中的 IP 是标记字母，5 是第 1 个标记数字，表示防护灰尘等级为：不可能完全阻止灰尘进入，但是灰尘的进入量不应对装置或者安全造成危害；4 是第 2 个标记数字，表示防护喷水，从每个方向对准箱体射水都不应该引起损害。

2. 电柜的温升控制

应保证电柜内的温度上升时柜内和柜外的温度差不超过 10 ℃；封闭的电柜必须安装风扇或空调以保证内部空气循环；带有散热片的模块式放大器尽量将散热片隔离；一般应将发热量小的元件安装在电柜下部，发热量大的元件安装在电柜上部，有利于减小元件的相互干扰。

3. 抗干扰设计

设计电路时应考虑元件的布局情况，尽量减少元件之间相互干扰的情况，特别应防止电气噪声向 CNC 单元传送。元件在电柜内部的安装和排列必须考虑检查和维修的方便，元件分交、直流布置，走线尽量做到交、直流分离，因此，要在设计柜体时充分考虑各元件安装情况。如果有电磁辐射的元件（如变压器、风扇风机、电磁接触器、线圈和继电器）安装在显示器附近，它们经常会干扰显示器的显示。电磁元件固定位置和显示器之间的距离小于 300 mm 时，可以通过调整电磁元件的方向来降低对屏幕显示的影响。柜体接地应充分良好，一般情况接地电阻不大于 4 Ω。

（二）常用电器元件的选用

1. 接近开关

接近开关又称无触点开关，或感应开关，在数控机床中应用非常广泛，如可以完成行程限位保护、机械坐标原点、刀库伸缩位置、气缸位置、润滑液面位置等各种开关量控制。

接近开关根据其外部接线数不同分为两线制接近开关和三线制接近开关，三线制接近开关又分为 NPN 型和 PNP 型，它们的接线是不同的。

两线制接近开关的接线比较简单，如图 8.14 所示，接近开关与负载串联后接到电源即可，但是两线制接近开关受工作条件的限制，导通时开关本身产生一定压降，截止时又有一定的剩余电流流过，这些影响因素在选用时应予考虑。

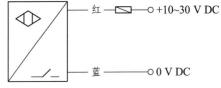

图 8.14 两线制接近开关接线图

三线制接近开关的接线：红（棕）线接电源正端；蓝线接电源 0 V 端；黄（黑）线为信号，应接负载。而负载的另一端是这样接的：对于 NPN 型接近开关，应接到电源正端；对于 PNP 型接近开关，则应接到电源 0 V 端，如图 8.15 所示。

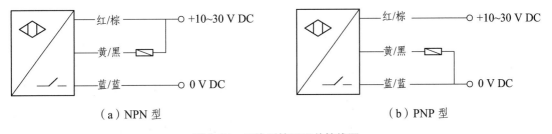

（a）NPN 型　　　　　　　　　　　　　　　（b）PNP 型

图 8.15 三线制接近开关接线图

需要特别注意数控机床上接到 I/O 模块的三线制接近开关的型式应与前面介绍的 I/O 模块输入触点中的 DICOM 形式匹配。当公共输入端 DICOM 为电源 0 V 时，电流从输入点流出，此时，一定要选用 NPN 型接近开关；当公共输入端 DICOM 为电源 24 V 时，电流流入输入点，此时，一定要选用 PNP 型接近开关。

接近开关的负载可以是信号灯、继电器线圈或 I/O 模块的开关量输入信号。三线制接近开关虽多了一根线，但不受剩余电流的不利因素困扰，工作更为可靠，所以数控机床电气设计时应优先选用三线制接近开关。

2. 断路器

低压断路器主要用于过载保护、短路保护、欠压保护，在数控机床中，最常用的有两种低压断路器，一是塑壳式断路器，二是小型断路器。

机床常用 DZ10、DZ15、DZ5-20、DZ5-50 等系列塑壳式断路器（以下简称断路器），适用于交流电压 500 V 以下、直流电压 220 V 以下、不频繁接通和断开的电路。塑壳式断路器用在数控机床中通常用作总电源开关的通、断使用，其外形结构如图 8.16 所示。

图 8.16　塑壳式断路器外形

小型断路器主要用于各分支功能回路、控制回路、照明配电系统等的控制，其外形结构如图 8.17 所示。

图 8.17　小型断路器

3. 继电器

继电器用来接通和断开控制电路，主要依据被控制电路的电压等级、触点的数量/种类及容量来选用。

（1）数控机床的控制电路一般采用直流 24 V 供电，所以继电器应选择线圈额定电压为 24 V 的直流继电器。

（2）按控制电路的要求选择触点的类型（是常开还是常闭）和数量。

（3）继电器的触点电压应大于或等于被控制电路的电压（与接触器组合控制时大于或等于接触器线圈工作电压）。

（4）继电器的触点电流应大于或等于被控制电路的电流，若是电感性负载，则应降低到额定电流 50% 以下使用。

4．接触器

接触器在数控机床中通常与继电控制回路组合，用来远程控制负载的接通和断开或保护电气设备的安全。

选择接触器时应从其工作条件出发，控制交流负载应选用交流接触器，控制直流负载则应选用直流接触器。主触点的额定工作电流应大于或等于负载电路的电流；吸引线圈的额定电压应与控制回路电压相一致，接触器在线圈额定电压达到 85% 及以上时应能可靠地吸合。

常用接触器外形及图形文字符号如图 8.18 所示。

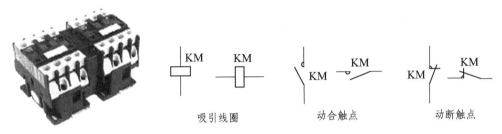

吸引线圈　　　　动合触点　　　　动断触点

图 8.18　常用接触器外形及图形文字符号

在数控机床电气控制系统中，为了滤除干扰、吸收杂波、电源跨线降噪和安全保护，一般应在接触器的线圈和主触头侧电路中并联电子灭弧器。

二、数控机床电气控制设计方法

（一）基本原则

机床控制电路在设计时应考虑机床所采用的功能部件，结合数控系统、伺服系统、I/O 单元模块连接的要求和特点。一般数控机床电气设计应注意以下原则。

1．最大限度地实现机械设计和工艺的要求

数控机床是机电一体化产品，数控机床的主轴、进给轴伺服控制系统绝大多数是机电式的，其输出都包括含有某种类型的机械环节和元件，它们是控制系统的重要组成部分，其性能直接影响数控机床的品质。这些机械环节和元件一旦制造好，其性能就难以更改，远不如电气部分灵活易变。因此，数控机床的机械与数控系统的设计人员都必须明确地了解机械环节和元件的参数对整机系统的影响，以便密切配合，在设计阶段，就应该仔细考虑相互之间的各种要求，做出合理的设计。

2．保证数控机床能稳定可靠地运行

数控机床运行的稳定性、可靠性在某种程度上决定于电气控制部分的稳定性、可靠性。数控机床在加工车间，使用的条件、环境比较恶劣，极易造成数控系统的故障。尤其工业现场，电磁环境恶劣，各种电气设备产生的电磁干扰，要求数控系统对电磁干扰应有足够的抗扰度水平，否则设备无法正常运行。因此，在数控机床电气控制线路设计时应注意主电路与控制电路分开，热源位置独立，系统电源与继电器电源独立，强、弱电缆分开走线等原则。

3. 便于组织生产、降低生产成本、保证产品质量

商品生产的基本要求是以最低的成本、最高的质量，生产出满足用户要求的产品，数控机床的生产也不例外。电气控制电路设计时就应该充分考虑元件的品质、供应，并便于安装、调试和维修，以便保证产品质量和组织生产。

4. 安　全

电气控制电路的设计应高度重视保证人身安全、设备安全，符合国家有关的安全规范和标准。各种指示及信号易识别，操纵机构易操作、易切换。

（二）常见功能控制设计

不同数控系统的各模块具体连接方法不同，但主要功能部件作用都相近。此处主要介绍 FANUC 0i D 数控系统的总体线路连接方法。

1. 伺服电源设计

伺服电源如图 8.19 所示。PSM、SPM、SVM（伺服放大器模块）之间的短接片（TB1）是连接主回路直流 300 V 电压用，其接线螺钉一定要拧紧，如果拧得不够紧，轻则产生报警，重则烧坏电源供应模块（PSM）和主轴放大器模块（SPM）。单相 200 V 为模块工作输入电源（在内部变为 DC24 V）。

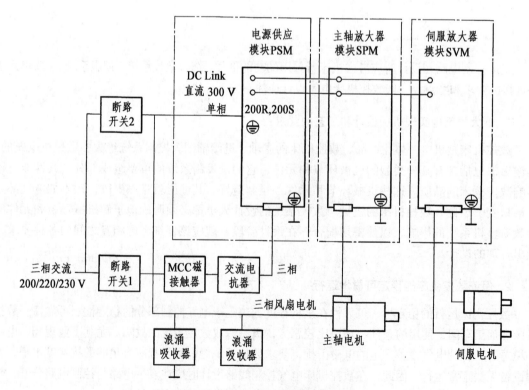

图 8.19　FANUC 伺服强电连接图

MCC 接触器主要用于控制伺服放大器上电时所需要的逻辑动作，它的连接如图 8.20 所示，其控制逻辑为：当伺服准备好、系统准备好、急停松开时，系统通过 FSSB 总线发送准备好的信号到伺服，伺服 CX3 接口闭合，从而使得接触器线圈通电，接触器将伺服主电路接通。

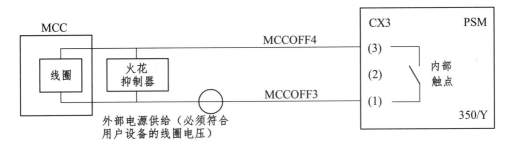

图 8.20　MCC 连接图

2. 急停电路设计

正确使用急停信号可保证机床的安全。

如果按下机床操作面板上的紧急停止按钮，则机床立即停止移动。为安全考虑，数控系统一般将紧急停止按钮设计为常闭形式，紧急停止按钮被按下时断开电路，机床即被锁定。解除锁定的方法随机床制造商的不同而有差异，但通常扭转按钮可解除锁定。常用的急停功能电路连接如图 8.21 所示。

紧急停止按钮使用双回路，一支回路与 CNC 连接，另一支回路与伺服放大器连接。为此很多时候将急停按钮接到辅助继电器，再通过辅助继电器的触点来控制系统和伺服的急停。在有便携手轮时，手轮上的急停和面板上的急停是串联连接的。

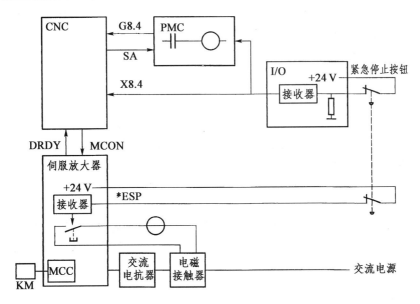

图 8.21　急停功能电路连接

3. 超程电路设计

当刀架或工作台超过机床极限开关设定的行程终点后试图继续移动时，极限开关动作，刀具减速并停止移动，同时显示超程报警。超程电路连接如图 8.22 所示，超程电路的接近开关一般也使用常闭触点。

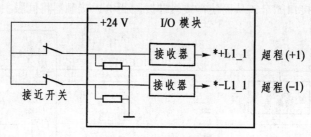

图 8.22   超程电路连接

4. 重力轴抱闸设计

机床上的垂直轴和斜轴配置的伺服电机需要带抱闸。数控机床重力轴电机抱闸控制电路如图 8.23 所示。

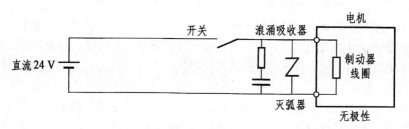

图 8.23   重力轴抱闸电路连接

重力轴抱闸电路中，由于制动器在线圈未通电时处于抱闸制动状态，在线圈通电后处于抱闸释放状态，所以外部电路设计为常开，当伺服使能有效后，数控系统通过 PLC 的逻辑控制将抱闸电路中的开关接通，这样可以保证重力轴的安全。

三、数控机床电气原理图分析方法

电气控制电路一般由主回路、控制电路和辅助电路等部分组成。了解电气控制系统的总体结构、电动机和电器元件的分布状况及控制要求等内容，以便于分析理解电气原理。

1. 分析主回路

从主回路入手，根据伺服电机、辅助机构电机和电磁阀等执行电器的控制要求，分析它们的控制内容。控制内容包括系统启动、方向、调速和制动控制等。初次阅读电路图时借助分区栏的功能说明可以更快地理解电路区的功能。

2. 分析控制回路

根据主回路中各伺服电机、辅助机构电机和电磁阀等执行电器的控制要求，逐一找出控制电路中的控制环节，按功能不同划分成若干个局部控制线路来进行分析。而分析控制电路的最基本方法是查线读图法。

3. 分析辅助电路

辅助电路包括电源显示、工作状态显示、照明和故障报警等部分，它们大多是由控制电路中的元件来控制的，所以在分析时，还要回头来对照控制电路进行分析。

4. 分析联锁保护环节

机床对于安全性和可靠性有很高的要求，实现这些要求，除了合理地选择元器件和控制方案以外，在控制线路中还设置了一系列电气保护和必要的电气联锁。

5. 总体检查

经过"化整为零"，逐步分析了每一个局部电路的工作原理以及各部分之间的控制关系之后，还必须用"集零为整"的方法，检查整个控制线路，看是否有遗漏。特别要从整体角度去进一步检查和理解各控制环节之间的联系，理解电路中每个元器件所起的作用。

四、CKA6132 数控车床电气控制线路实例分析

下面以 CKA6132 数控车床配 FANUC 0i 数控系统为例来分析数控机床电气控制的特点。通过对数控车床电气控制线路的分析，进一步掌握电气控制系统的分析方法，掌握数控车床的电气控制线路控制原理。

1. 机床动作特点

本机床为水平床身结构，有 X 轴、Z 轴两个进给轴，极限位置和回零位置都采用接近开关控制；主轴采用变频器调速的模拟主轴形式，机床辅助功能还包括电动刀架、润滑、冷却、照明等。

2. 主回路分析

主回路控制线路如图 8.24 所示。

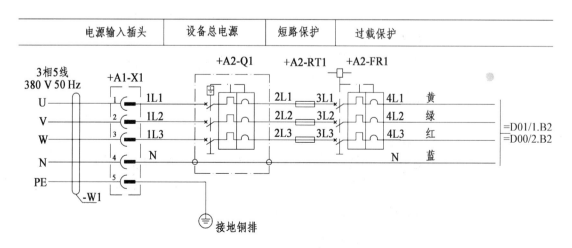

（a）总电源输入

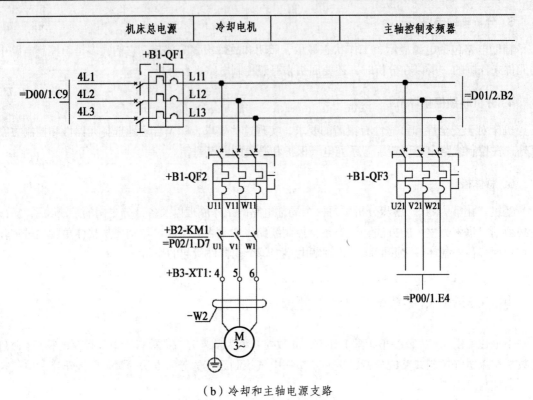

（b）冷却和主轴电源支路

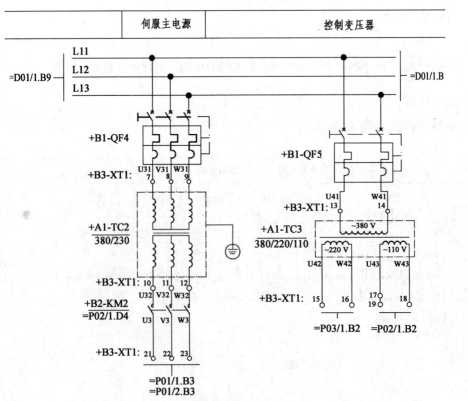

（c）伺服电源和辅助电源支路

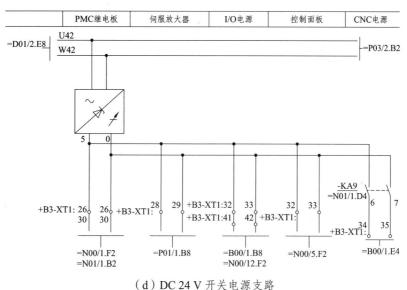

（d）DC 24 V 开关电源支路

图 8.24 主回路原理图

在该电路中 QF1 为总电源开关，QF2～QF5 分别为冷却电机、主轴变频器、伺服电源、控制变压器的独立强电开关。电路各部分功能明确，使用独立的断路器进行电源输入控制，阅读方便，互不影响。

3. 系统启动和急停电路

系统启动和急停线路如图 8.25 所示。SB2 为系统面板上的电源开启控制按钮，SB1 为系统面板上的电源关闭控制按钮，继电器 KA9 的常开触点将 CNC 系统接通电源。

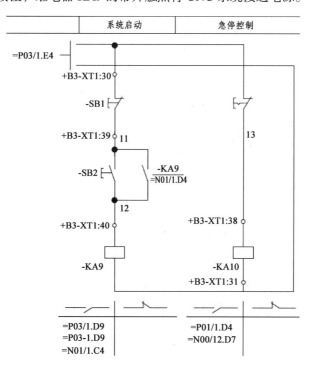

图 8.25 系统启动和急停线路

4. 机床开关量输入控制线路

限于篇幅,此处只介绍 I/O 模块的 CB107 的 X10.0～X10.4 几个脚的功能及其外部线路,其他功能引脚连接方法相同,此处不再详述。

如图 8.26 所示,数控面板的按钮信号或机床的接近开关信号通过端子连接到 I/O 模块的 50 芯输入/输出线缆上,用于数控 PLC 编程控制。

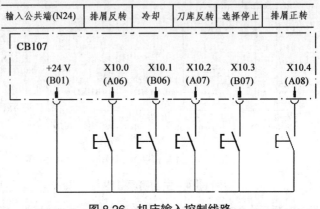

图 8.26　机床输入控制线路

5. 开关量输出控制线路

此处只介绍冷却、电机正反转等几个主要的控制线路,其他开关量输出线路连接方法相同,此处不再详述。

如图 8.27 所示,数控机床的开关量输出是由数控 PLC 编程实现控制的,一般是从 I/O 模块输出到直流 24 V 继电器线圈,再由继电器控制电机接触器,从而实现用弱电控制强电。

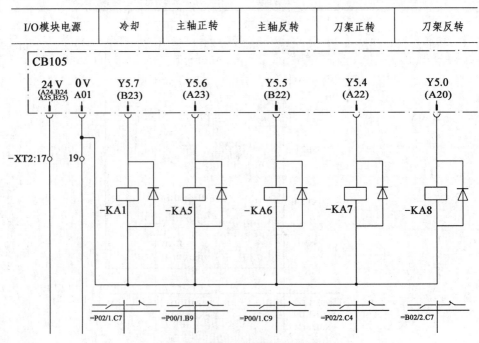

图 8.27　机床开关量输出控制线路

任务四　数控机床电气故障诊断与连接调试实训

一、实训目的

（1）学会收集、查阅、整理 FANUC 系统的相关资料；

（2）读懂数控机床电气控制原理图；

（3）掌握典型数控系统 I/O 模块连接方法；

（4）理解数控系统 I/O 模块与 PMC 的关系；

（5）了解数控机床电气控制系统设计原则；

（6）锻炼机床简单电气线路连接故障诊断技能。

二、实训任务

（1）选定一台学校实训车间或实验教室现有的数控机床，认识阅读设备的电气控制原理图，分析其 I/O 模块及辅助继电器接触器控制电路的连接方法。

（2）连接设备的刀架控制线路，补全电气控制系统中其他缺失的连线。

（3）数控机床通电调试，检查故障报警，分析原因，使系统各部件能正常通、断电，刀架能正常工作。

三、工作准备

1. 工具、仪器及器材

（1）工具：测电笔、螺钉旋具、尖嘴钳、斜口钳、剥线钳、电工刀等。

（2）仪表：万用表。

（3）器材/设备：数控机床维修实验台、数控加工中心 VDL800、数控车床 CKA6132。

（4）资料：机床电气原理图、FANUC 简明联机调试手册、FANUC 参数手册、FANUC 梯形图编程说明书、伺服放大器说明书、FANUC 产品选型手册。

2. 场地要求

数控机床电气控制与维修实训室、机械制造中心。

四、工作步骤与要求

1. 实施前调查

学生按 3 人一组分成小组，通过讨论、现场收集资料、查阅说明书等方法确定实施方案，并将所使用的设备相关信息填入表 8.4 中。

表 8.4　项目调查表

序　号	调查项目	内　容
1	设备型号	
2	系统型号	
3	主轴控制方式（模拟/串行数字）	
4	进给伺服放大器型号及数量	
5	伺服电机型号及数量	
6	编码器安装位置	
7	重力轴情况	
8	伺服轴工作情况	

2. 数控电气故障诊断与连接

对比前面介绍内容和实物实验设备，正确连接数控维修设备上的电气控制线路。

（1）阅读分析电气控制原理图，正确连接刀架的主电路和控制电路。

（2）检查总体电气控制线路，补齐其他缺失的连线。

（3）确定系统急停被按下时，打开机床总电源开关，观察机床电气工作情况、伺服工作情况、24 V 电源工作情况，做好记录。

（4）按下系统启动按钮，观察系统能否正常上电，检查其他电气工作情况。若系统不能正常上电，分析其故障原因，并连接线路。

（5）查看伺服能否正常上电，若不能，请根据电气原理图检查线路。

（6）检查系统急停线路，分析急停不能释放的原因。

（7）手动换刀，检查刀架工作是否正常，若不能，请检查刀架控制线路。

（8）检查模拟主轴控制线路，分析模拟主轴不能反转的原因。

（9）逐一检查机床其他部件能否正常工作。

3. 工作过程记录单

各小组根据自己的实施过程，将连接步骤及调试过程、故障处理方法填写在下面的记录中（见表 8.5）。该表前两列由每个小组根据自己的实施过程填写，后两列由老师检查后填写。

表 8.5　工作过程记录表

序　号	工作内容	用　时	得　分
1			
2			
3			
4			
5			

续表8.5

序 号	工作内容	用 时	得 分
6			
7			
8			
9			
10			
11			
…			

4. 功能验证

实验设备连接完成并检查无误后，打开电源，检查验证机床的如下功能：手动换刀功能；冷却、排屑等辅助功能；手动或程序运行验证机床模拟主轴旋转功能；检查伺服放大器上各状态指示灯是否正常，验证进给轴手动功能。

将前面的验证情况填入表8.6。

表8.6　功能检验记录表

序 号	内 容	现 象
1		
2		
3		
4		
5		
6		
7		
8		
9		
10		
…		

注：该表由每个小组根据自己的实施过程填写。

5. 总结报告

完成实验报告，收集其他数控机床电气控制系统的资料，分析总结它们的特点和规律。每小组选派一名同学报告其新收获或发现的新问题。

项目小结与检查

本项目主要介绍了数控机床外部电气控制结构、数控系统 I/O 模块种类及其连接方法。并介绍了 FANUC 数控系统总体控制连接方法、数控机床电气控制系统设计原则及常用电路设计方法。

本项目重点是要掌握数控 I/O 模块种类和连接方法，数控机床常见电路设计方法，学会查阅相关手册或说明书的方法，在学习各种模块及各种典型线路时一定要注重理解消化，不能死记硬背。

I/O UNIT FOR 0i 模块是 FANUC 0i 数控机床使用最广泛的 I/O 单元模块。数控机床的手摇脉冲发生器是连接在 I/O 模块上的，所以在进行 I/O 模块选用或 I/O 电路设计时都应考虑到手轮脉冲发生器。

本项目在实施时要特别注意过程的检查，要学会查阅各种资料和手册。学生要做好每个操作步骤、使用的元器件情况、工具情况、所遇到的问题情况、解决办法等的记录。

项目练习与思考

8.1 简述数控机床 I/O 模块的作用和种类。

8.2 数控机床标准控制面板和非标准控制面板有什么区别？

8.3 简述数控机床辅助动作与进给伺服动作控制回路的特点。

8.4 设计 CKA6132 数控车床电气控制线路。

第三部分

数控机床 PLC 编程

项目九 PLC 基本指令编程

【教学导航】

建议学时	建议理论 8 学时，实践 8 学时，共 16 学时。
推荐教学方法	理论实践一体化教学，引导学生自主学习。
推荐学习方法	以小组为单位，边学边做，小组讨论；老师先介绍基本概念、基本理论、基本方法，然后引导学生通过实验、实训、设计等方法主动学习。
学习要领	• 重点掌握 PLC 工作原理，输入、输出触点分配，程序设计方法。 • 多阅读 PLC 控制实例，通过对实例的分析，总结 PLC 的接线、地址分配、程序设计方法。 • 从简单到复杂，先掌握一些简单的梯形图程序的设计方法，再逐渐学习复杂动作的控制方法。
知识要点	• 掌握 PLC 的作用和工作特点； • 掌握 PLC 的种类及硬件结构； • 掌握 PLC 的地址分配方法； • 掌握 PLC 的工作原理和工作过程； • 掌握 PLC 基本指令程序设计方法； • PLC 编程软件的使用。

任务一 项目描述

可编程控制器（Programmable Logical Controller，PLC），是以微处理器为核心，综合了自动控制技术、计算机技术和通信技术发展起来的新一代工业自动控制装置，能在工业现场可靠地进行各种顺序动作的控制。本项目将通过对通用 PLC 的产生、作用、原理、基本指令编程及 PLC 控制系统设计的介绍，使学生掌握简单控制系统的 PLC 实现方法，为后面项目的数控机床 PLC 编程做好准备。

一、可编程控制器的产生和发展

在 20 世纪 60 年代以前，工业生产过程及各种设备控制多采用继电接触器控制系统，这种控制系统操作方便，价格便宜，便于掌握，但可靠性低、体积大、接线复杂，一旦控制要求改变，原有的接线和控制柜都需要改变，所以通用性和灵活性较差。

为了改变这一状况，提高生产效率，美国通用汽车公司在 1968 年提出了用新的控制装置取代继电器控制系统的设想，实际上提出了将继电接触器的简单易懂、使用方便、价格低的优点，与计算机的功能完善、通用性、灵活性好的优点结合起来，将继电接触器控制的硬连线逻辑变为计算机的软件逻辑编程的设想，采取程序修改方式改变控制功能，这是从接线逻辑向存储器逻辑进步的重要标志，是由接线程序控制向存储器程序控制的转变。

1969 年，美国数字设备公司（DEC）研制出第一台可编程控制器（Programmable Logic Controller，PLC），在美国通用汽车自动装配线上试用并获得成功。由于这种装置体积小、功能强、使用方便、可靠性高，又具有较大的灵活性和可扩展性，所以很快被应用到各个工业领域。

此后随着微电子技术和计算机技术的发展，PLC 的速度更快，功能更强大，可靠性更高。PLC 与工业机器人、CAD/CAM 并称为工业生产自动化技术的三大支柱。

国际电工委员会（IEC）对可编程控制器的定义是："可编程控制器是一种数字运算操作的电子系统，专为在工业环境下的应用而设计。它采用可编程的存储器，能执行逻辑运算、顺序控制、定时、计数和算术运算等面向用户的指令，并能通过数字或模拟式输入/输出，控制各种类型的机械或生产过程。可编程控制器及其有关外部设备，都应按易于与工业控制系统连成一个整体、易于扩展其功能的原则设计。"

目前，PLC 几乎已经完全计算机化，速度更快，功能更强，各种智能模块不断开发出来，使其不断扩展着它在各类工业控制过程中的作用。

现在，PLC 不仅能进行逻辑控制，在模拟量闭环控制、数字量的智能控制、数据采集、监控、通信联网及集散控制系统等各方面都得到了广泛的应用。如今，大、中型，甚至小型机都配有 A/D、D/A 转换及算术运算功能，有的还具有 PID 功能。这些功能使 PLC 在模拟量闭环控制、运动控制、速度控制等方面具有了硬件基础。目前 PLC 还具有自检功能和系统监控，使其维护调试变得极其简便。

PLC 根据其性能和功能来分主要有大型机、中型机、小型机三类，但就其近年来的发展看，小型机和大型机是两个主要趋势，其一是小型机向体积更小、速度更快、性能更高、功能更强、价格更低的方向发展，使之更便于实现机电一体化；其二是大型机向大容量、高可靠性、大型网络化、良好兼容性和多功能方向发展，使 PLC 能与计算机组成集成控制系统，对大规模、复杂系统进行综合性的自动控制。

小型机因其价格便宜、结构紧凑、应用简单方便、可扩能力强，所以近年来应用越来越广泛。

二、可编程控制器的作用与特点

1. 可编程控制器的作用

PLC 在工业领域的应用非常广泛，广泛应用于钢铁、水泥、石油、化工、采矿、电力、机械制造、汽车、造纸、纺织、环保等行业。PLC 的应用通常可分为以下类型：

（1）顺序控制。又称逻辑控制，这是 PLC 应用最广泛的领域，用以取代传统的继电器顺序控制。PLC 可用于单机控制、多机群控、生产自动线控制等。如注塑机、印刷机械、订书机械、切纸机械、组合机床、磨床、装配生产线、电镀流水线及电梯控制等。在现代数控机床上的顺序逻辑动作控制也是由内置于数控系统内部的 PLC 实现的。

（2）运动控制。PLC 制造商目前已提供了拖动步进电动机或伺服电动机的单轴或多轴位置控制模块。在多数情况下，PLC 把描述目标位置的数据送给运动控制模块，其输出移动一轴或数轴到目标位置。每个轴移动时，位置控制模块保持适当的速度和加速度，确保运动平滑。

相对来说，PLC 位置控制模块比数控装置（CNC）伺服控制精度低，但 PLC 位置控制模块体积更小，价格更低，操作更方便。在 FANUC 数控系统中，I/O Link 轴放大器就是这种单元模块。

（3）其他功能。主要有温度、压力、速度等闭环控制，PLC 与计算机或其他自动化设备之间的通信和联网功能，PLC 与 CNC 设备之间的数据处理功能等。

2. 可编程控制器的特点

（1）可靠性高，抗干扰能力强。

在设计和制造过程中采取了很多抗干扰硬件、软件措施，能够在恶劣工业环境下工作，具有其他工业设备难以比拟的高可靠性。相比之下，微机的抗干扰能力较差，工业现场的电磁干扰、机械扰动、电源波动等变化，都可能使微机不能正常工作。

PLC 采用了无触点的电子线路来替代继电器触点，用软件程序代替了继电器间的繁杂接线，既方便灵活，又大大提高了可靠性。

（2）结构简单，通用性强。

PLC 是用软件实现控制功能的，因此，可通过修改用户程序方便快速地实现不同的控制要求。在硬件结构上均采用模块化结构，各个 PLC 生产厂家都有各种系列化产品和模块供用户选择，用户可根据控制系统的规模和功能需要自行组合，以适应各种不同的工业控制。

（3）功能强，适应面广。

PLC 不仅具有逻辑运算、定时、计数、顺序控制等功能，而且具有 A/D 转换、D/A 转换、数值运算、数据处理和通信联网等功能；既可以对开关量进行控制，也可以对模拟量进行控制；既可以对单台设备进行控制，也可以对一条生产线或全部生产工艺过程进行控制。PLC 具有通信联网功能，可以实现不同 PLC 之间联网，并可以与计算机构成分布式控制系统。

（4）编程语言简单，容易掌握。

PLC 的编程采用类似于继电器控制线路的梯形图语言，这种编程语言形象直观、容易掌握，对使用者来说不需要具备计算机的专门知识，便于工程技术人员所理解和掌握。

（5）体积小、质量轻、功耗低。

PLC 采用半导体集成电路，外形尺寸小，质量轻，同时功耗很低。而且，它的结构紧凑，很容易装入机床内部或电气箱内，是理想的机电一体化控制设备。

三、可编程控制器的组成和工作原理

（一）PLC 的组成

PLC 是一种专用于工业控制的计算机，其硬件结构基本上与微型计算机相同，由主机、扩展接口和外部设备组成。主机部分包括中央处理单元（CPU）、存储器、输入/输出接口等。PLC 的硬件组成如图 9.1 所示。

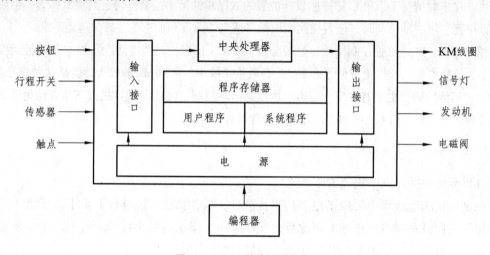

图 9.1　PLC 硬件组成框图

1. 中央处理器单元（CPU）

中央处理单元是 PLC 的核心，由运算器和控制器组成。在 PLC 中 CPU 按系统程序赋予的功能，完成逻辑运算、数学运算、协调系统内部各部分工作等任务。

2. 存储器

存储器主要用于存储程序及数据。PLC 中的存储器有两种：系统程序存储器和用户程序存储器。系统程序存储器用来存放系统程序，由制造厂家编写并在机器出厂时固化于 ROM（只读存储器）或 EPROM（紫外线照射下可擦除的只读存储器）中，用户不能修改。用户程序存储器用于存放用户编制的控制程序或中间数据，用户程序主要保存于 EEPROM（电可擦除的只读存储器）中，其内容可由用户通过编程设备来修改。

3. 输入/输出接口

输入/输出接口通常也称为 I/O 单元或 I/O 模块，是 PLC 与工业生产现场之间的连接部件。PLC 通过输入接口接收生产过程中的各种控制信号或参数，同时通过输出接口将处理结果送给被控制对象，驱动各种执行机构，实现工业生产过程的自动控制。为适应工业过程现场对不同输入/输出信号的匹配要求，PLC 配置了各种类型的输入/输出模块单元。

输入/输出接口的数量和形式是 PLC 性能的一个重要体现，也是人们选择 PLC 类型时的重要依据。

4. 电　源

电源的作用是把外部电源（220 V 的交流电源）转换成内部工作电压。外部连接的电源通过 PLC 内部配备的一个专用开关式稳压电源，将交流/直流供电电源转化为 PLC 内部电路需要的工作电源（直流 5 V、12 V、24 V），并为外部输入元件（如接近开关）提供 24 V 直流电源（仅供输入端使用），而驱动 PLC 负载的电源由用户提供。

5. 编程工具

编程工具是 PLC 的重要设备，用于实现用户与 PLC 的人机对话。用户通过编程工具，不但可以实现用户程序的输入、检查、修改和测试，还可以监视 PLC 的运行。目前，许多 PLC 利用微型计算机作为编程工具，在计算机上安装编程软件，代替专用的硬件编程器进行编程。

6. 外部其他设备

外部其他设备主要包括打印机、读卡器、计算机等扩展设备。

（二）PLC 的工作原理

PLC 是采用周期循环扫描的方式进行工作的。即在 PLC 运行时，CPU 从第一条指令开始，按顺序逐条执行用户程序直到用户程序结束，然后返回第一条指令开始新一轮扫描。在每次扫描过程中，还要完成对输入信号的采样和对输出状态的刷新等工作。每一次扫描所用的时间称为扫描周期。扫描周期与用户程序的长短和扫描速度有关。

PLC 的扫描过程包括五个阶段：内部处理、通信处理、输入采样、程序执行、输出刷新。

在内部处理阶段，PLC 检查 CPU 模块内部各硬件是否正常。在通信处理阶段，CPU 自动检测各通信接口的状态，处理通信请求。

当 PLC 处于停止（STOP）状态时，只完成内部处理和通信处理工作。当 PLC 处于运行（RUN）状态时，还要完成其他三个阶段。

当 PLC 处于运行（RUN）状态时，如果不考虑远程 I/O 特殊模块和其他通信服务等工作，PLC 的程序执行过程就分为"输入采样"、"程序执行"和"输出刷新"三个阶段。它的执行过程如图 9.2 所示。

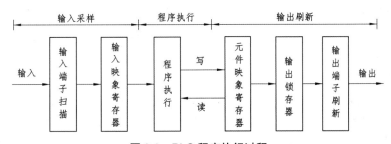

图 9.2　PLC 程序执行过程

1. 输入采样阶段

在输入采样阶段，PLC 以扫描方式批量读入所有输入触点的状态数据，并将它们存入输入映像寄存器中。

2. 程序执行阶段

在程序执行阶段，根据 PLC 梯形图程序扫描原则，PLC 按先左后右、先上后下的顺序逐句扫描。处理结果存入元件映像寄存器中。

3. 输出刷新阶段

当所有指令执行完毕，PLC 就进入输出刷新阶段。元件映像寄存器的被送到输出锁存器中，并通过一定的方式（继电器、晶体管或晶闸管）输出，驱动外部设备工作。

在一个扫描周期内输入状态在输入采样阶段进行，输出状态在输出刷新阶段才被送出，这种方式称为集中采样、集中输出。一般小型 PLC 采用这种工作方式，虽然在一定程度上降低了系统的响应速度，但从根本上提高了系统的抗干扰能力，增强了系统的可靠性。对大中型 PLC，由于 I/O 点数多、控制功能强，可以分时分批地进行顺序扫描或部分即时输出，以提高系统的响应速度，缩短扫描周期。

任务二　S7-200 PLC 基本编程的认识

西门子公司生产的 SIMATIC S7-200 系列可编程控制器是一种具有高性价比的采用叠装式结构的小型 PLC。由于它具有结构小巧、运行速度高、价格低廉、可靠性高、指令集丰富、操作简单等特点，因此在工业企业中得到了广泛的应用。

S7-200 系列 PLC 系统与其他 PLC 系统的基本结构相同，同样主要由 CPU 模块、I/O 模块和编程器等外设组成。

一、内部继电器

PLC 依靠内部存储器编程实现对逻辑电路的控制，在编程时可以将这些存储器看作继电器使用，它又被称为内部软元件。S7-200 系列 PLC 内部编程软件元件主要有以下几类。

1. 输入继电器：I

输入继电器（I）是 PLC 接收外部输入的开关量信号的窗口。在 PLC 的输入采样阶段，PLC 按顺序将所有的输入端子的接通/断开状态读入对应的输入映像寄存器中进行存储。每个输入端子外接输入电路接通时对应的映像寄存器为 ON（"1"状态），反之为 OFF（"0"状态）。

输入继电器一般采用"字节地址. 位地址"的方式编号，一个输入接口占用一个"位"。当程序需要使用输入点状态时，可以按位、字节、字和双字四种寻址方式来读取输入映像寄存器的值。在顺序控制过程中，最常用的寻址方式是按位寻址，即单独读取某个点的状态，寻址格式为 I[字节地址].[位地址]。例如，I0.0 ~ I0.7，I1.0 ~ I1.7 等。

此外，PLC 按字节、字和双字等方式寻址的格式为 I[数据类型][起始地址]。数据类型指字节（B）、字（W）和双字（D），起始字节地址表示具体的数据首字节的地址。例如：IB0 表示 I0.0 ~ I0.7 所构成的 1 个字节数据；IW0 表示 I0.0 ~ I1.7 所构成的 2 个字节数据。

2. 输出继电器：Q

输出继电器（Q）是 PLC 向外部负载发送信号的窗口。每个输出端子的状态与 PLC 的输出映像寄存器位对应，当某输出映像寄存器位为"1"时，PLC 的输出模块中该输出端子和公共端子之间处于导通状态，使外部负载通电工作。反之，当某输出映像寄存器位为"0"时，PLC 的输出模块中该输出端子和公共端子之间处于断开状态，则使外部负载断电，停止工作。

在控制程序中，也可以按位、字节、字和双字四种寻址方式来存取输出寄存器。最常用的是采用按位寻址的方式。例如 Q0.0～I0.7、Q1.0～I1.7 等。

3. 变量存储器：V

变量存储器（V）用以存储运算的中间结果，也可以用来保存与工序或任务相关的其他数据，如模拟量控制，数据运算，设置参数等。变量存储器可按位使用，也可按字节、字或双字使用。在数控系统 SINUMERIK 中，V 变量还用来表示内部接口信号。

4. 内部存储器：M

内部存储器（M0.0～M31.7），在逻辑运算中通常需要一些存储中间操作信息的元件，它们并不直接驱动外部负载，只起中间状态的暂存作用，类似于继电器接触系统中的中间继电器。在 S7-200 系列 PLC 中，可以用内部存储器作为控制继电器来存储中间操作状态和控制信息。一般以位为单位使用。

5. 特殊标志位存储器：SM

特殊标志位存储器（SM）是 PLC 为自身工作状态数据而建立的一个存储器，可以使用 SM 控制 PLC 的一些特殊功能。用户为了某些编程控制要求，常会使用到 SMB0 的各个标志位，它的功能如表 9.1 所示。

表 9.1　特殊标志存储器 SMB0 位功能

SM0 位	描　　述
SM0.0	RUN 监控，PLC 在 RUN 状态时，SM0.0 总为 1
SM0.1	初始化脉冲，PLC 由 STOP 转为 RUN 时的首个扫描周期为 1
SM0.2	若保持数据丢失，则该位在一个扫描周期中为 1
SM0.3	开机进入 RUN 方式，该位将 ON 一个扫描周期
SM0.4	该位提供一个周期为 1 min 的时钟脉冲
SM0.5	提供一个周期为 1 s 的时钟脉冲
SM0.6	该位为扫描时钟，产生 0、1 交替的脉冲
SM0.7	该位指示 CPU 工作方式开关的位置，0=TERM，1=RUN。通常用来在 RUN 状态下启动自由口通信方式

6. 定时器：T

定时器（T）是累计时间增量的元件，相当于继电器系统中的时间继电器，同样是用软件来实现。S7-200 有三种定时器：接通延时定时器（TON）、断开延时定时器（TOF）和有记忆接通延时定时器（TONR）。每种定时器有三种时基，又称为时间精度：1 ms、10 ms 和 100 ms。

7. 计数器：C

计数器（C）用于累计其计数输入端脉冲电平由低变高的次数。S7-200 有三种类型的计数器：增计数器（CTU）、减计数器（CTD）和增减计数器（CTUD）。 其响应速度通常为数十赫兹以下，计数器输入信号的接通或断开的持续时间应大于 PLC 的扫描周期。受计数器频率扫描周期的限制，当需要对高频信号计数时可以用高频计数器（HSC）。

8. 高速计数器：HC

高速计数器用于对频率高于扫描周期的外界信号进行计数，高速计数器使用主机上的专用端子接收这些高速信号。高速计数器是对高速事件计数，它独立于 CPU 的扫描周期，其数据为 32 位有符号的高速计算器的当前值。

使用格式：HC［高速计数器号］。例如：HC1。

9. 局部存储器：L

局部变量存储器与变量存储器很类似，主要区别在于局部变量存储器是局部有效的，变量存储器则是全局有效。全局有效是指同一个存储器可以被任何程序（如主程序，中断程序或子程序）存取，局部有效是指存储区和特定的程序相关联。局部变量存储器常用来作为临时数据的存储器或者为子程序传递函数。局部变量分配时不进行初始化，初值可能是任意的。

S7-200 共有 64 字节（LB0 ~ LB63）的局部存储器，可按位、字节、字和双字四种方式寻址。

位：L[字节地址].[位地址]。例如：L0.5 。

字节、字或双字：L[长度][起始字节地址]。例如：LB34、LW20、LD4 。

10. 模拟量输入：AI

S7-200 将输入模拟量值（如温度或电压）转换成 1 个字长（16 位）的数字量。可以用区域标识符（AI）、数据长度（W）及字节的起始地址来存取这些值。因为模拟输入量为 1 个字长，且从偶数位字节（如 0，2，4）开始，所以必须用偶数字节地址（如 AIW0，AIW2，AIW4）来存取这些值。模拟量输入值为只读数据，模拟量转换的实际精度是 12 位。

格式：AIW[起始字节地址]。例如：AIW4。

11. 模拟量输出：AQ

S7-200 将 1 个字长（16 位）数字值按比例转换为电流或电压。可以用区域标识符（AQ）、数据长度（W）及字节的起始地址来改变这些值。因为模拟量为 1 个字长，且从偶数字节（如 0，2，4）开始，所以必须用偶数字节地址（如 AQW0，AQW2，AQW4）来改变这些值。模拟量输出值为只写数据。模拟量转换的实际精度是 12 位。

格式：AQW[起始字节地址]。例如：AQW4。

12. 累加器：AC

累加器用来暂时存储中间参数（如子程序的传递数、计算的中间值等），可以像存储器那样进行读或写。S7-200 提供了 4 个 32 位的累加器 AC。

二、基本指令编程

（一）PLC 的用户程序

用户程序即应用程序，是可编程控制器的使用者针对具体的控制对象编制的应用程序。根据不同控制要求编制不同的程序，相当于改变可编程序控制器的用途，也相当于继电器接触器控制系统的硬件接线线路的重新设计和连接。

PLC 为用户提供了丰富的编程语言，以适应编制用户程序的需要。PLC 提供的编程语言通常有：梯形图（LAD）、指令语句表（STL）、面向数据流的功能块图语言、顺序功能流程图等。

其中梯形图编程方法简单可靠，使用最广泛。梯形图源于对继电器接线逻辑系统的描述，与继电器控制系统的电路图很相似，很容易被工厂熟悉继电器控制的电气人员掌握。一般各个厂家都为其 PLC 提供这种编程方式。因此，梯形图成为应用最为广泛的可编程控制器编程语言。S7-200提供的编程软件是 STEP 7 MicroWIN32，其使用方法非常简单方便。

PLC 的编程指令一般有基本指令、特殊功能指令等，本书中主要介绍基本指令编程方法。

（二）基本指令编程

梯形图指令由触点或线圈和直接位地址两部分组成。语句表的基本逻辑指令由指令助记符和操作数两部分组成。

1. 基本输入/输出指令

如图 9.3 所示，共有以下三条指令：

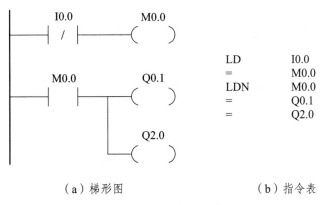

（a）梯形图   （b）指令表

图9.3 输入/输出指令

LD（LOAD）：从输入元件映像寄存器中读取触点状态，在梯形图程序中指用于常开触点与左母线连接，每一个以常开触点开始的逻辑行都要使用这一指令。其操作数可以为 I，Q，M，SM，T，C，V，S，L 等，如图 9.3 所示。

LDN（LOAD NOT）：用于常闭触点与左母线连接，每一个以常闭触点开始的逻辑行都要使用这一指令。

= （OUT）：线圈输出指令，其操作数可以为 Q，M，SM，T，C，V，S，L 等，特别注意 I 不能作为线圈输出指令的操作数。

2. 逻辑与指令

逻辑与指令用于单个触点与左边电路进行串联，有两个：

A（AND）：与指令，用于常开触点的串联。

AN（AND NOT）：与非指令，用于常闭触点的串联。

逻辑与指令如图 9.4 所示，它的操作数可以是 I，Q，M，SM，T，C，V，S，L 等。

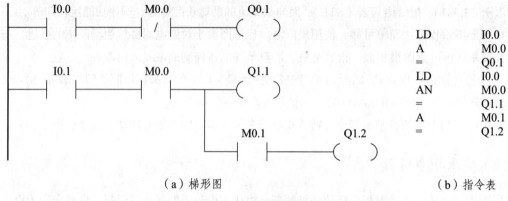

（a）梯形图　　　　　　　　　　　　　　　　　　（b）指令表

图 9.4　逻辑与指令

3. 逻辑或指令

逻辑或指令用于单个触点与前面电路进行并联，有两个指令：

O（OR）：或指令，用于常开触点的并联。

ON（OR NOT）：或非指令，用于常闭触点的并联。

逻辑或指令如图 9.5 所示，它的操作数可以是 I，Q，M，SM，T，C，V，S，L 等。

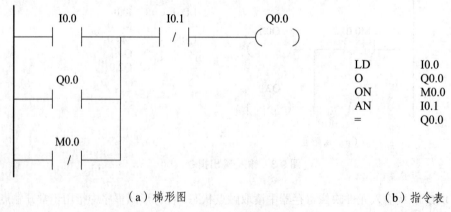

（a）梯形图　　　　　　　　　　　　　　　　　　（b）指令表

图 9.5　逻辑或指令

4. 块操作指令

块操作指令包括块"或"操作和块"与"操作两条指令，它们都没有操作元件。

块"或"操作 OLD，又叫串联电路块的并联操作指令。先将两个以上的触点串联连接而成电路块，并以 LD/LDN 开头；再将串联电路块并联连接的操作指令用 OLD。程序用法如图 9.6 所示。

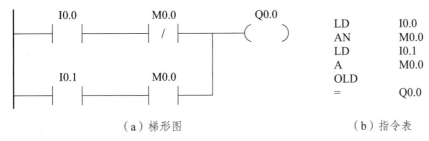

（a）梯形图 （b）指令表

图 9.6 串联电路块的并联操作指令 OLD

块"与"操作 ALD，又叫并联电路块的串联操作指令。先将两个以上的触点并联连接而成电路块，并以 LD/LDN 开头；再将并联电路块串联连接的操作指令用 ALD。程序用法如图 9.7 所示。

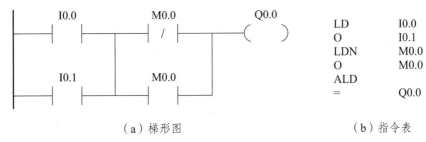

（a）梯形图 （b）指令表

图 9.7 并联电路块的串联操作指令 OLD

5. 取非指令

取非指令 NOT，它是将执行该指令之前的逻辑运算结果取反，即当原运算为"0"时执行该指令后结果将变为"1"，当原运算为"1"时执行该指令后结果将变为"0"，该指令没有操作数元件。程序如图 9.8 所示。

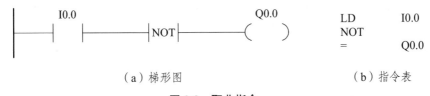

（a）梯形图 （b）指令表

图 9.8 取非指令

6. 置位和复位指令

置位指令 S 的功能是使操作数保持为"1"状态。

复位指令 R 的功能是使操作数保持为"0"状态。

S 和 R 指令的操作数可以为 I，Q，M，SM，T，C，V，S 和 L。指令指定操作数开始的 n 个点同时置位或复位（n 为 1～255，除直接输入常数外，还可以来自 IB，QB，MB，SMB，VB，SB，LB，AC 等）。指令执行结束后，操作数的状态仍然得以保持。复位指令用在定时器 T 和计数器 C 中，可以使 T 和 C 的输出状态及当前值都清零。当复位指令和置位指令同时作用于一个元件时，复位指令的功能优先级高于置位指令。

置位和复位指令应用程序如图 9.9 所示。

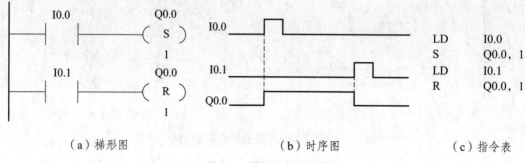

（a）梯形图　　　　　　　　　　（b）时序图　　　　　　　　（c）指令表

图 9.9　置位和复位指令

7. 边沿触发指令

边沿触发是指用边沿触发信号产生一个机器周期的扫描脉冲，通常用作脉冲整形。边沿触发指令分为正跳变触发（上升沿 EU）和负跳变触发（下降沿 ED）两大类。正跳变触发指在输入脉冲上升沿使触点闭合（ON）一个扫描周期。负跳变触发指在输入脉冲的下降沿使触点闭合（ON）一个扫描周期。该指令没有操作元件。边沿触发指令格式见表 9.2。

表 9.2　边沿触发指令格式

LAD	STL	注　释
┤ P ├	EU	正跳变，上升沿
┤ N ├	ED	负跳变，下降沿

边沿触发指令程序示例见图 9.10 所示。

```
LD    I0.0        LD    I0.1
EU                ED
=     M0.0        =     M0.1
LD    M0.0        LD    M0.1
S     Q0.0, 1     R     Q0.0, 1
```

（a）梯形图　　　　　　　　　　　　　　　（b）指令表

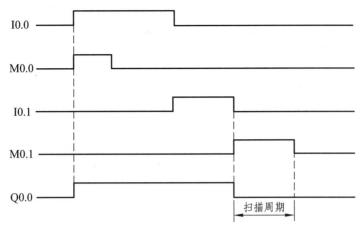

（c）时序图

图 9.10　边沿触发指令

8. 栈操作指令

堆栈是一组暂时的存储单元，用于存放逻辑数据。它具有"先进后出"的特点，每进行一次入栈操作，新值放入栈顶，栈中的原来数据依次向下一层推移，栈底数据丢失；而每一次出栈操作，栈顶值弹出，栈中的原来数据依次向上一层推移，栈底值为随机数。

常用的栈操作指令有三条：入栈 LPS、读栈 LRD、出栈 LPP。

① LPS 为逻辑入栈指令，不带操作数。LPS 将当前程序状态值从栈顶推入，栈中的原来数据依次向下一层推移，原栈底数据丢失。

② LRD 为逻辑读栈指令，不带操作数。LRD 读取堆栈顶的值加以应用，栈中其他数据不变。

③ LPP 为逻辑出栈指令，不带操作数。LPP 将栈顶的值弹出，栈中的原来数据依次向上一层推移，原堆栈第二个值成为新的栈顶值，栈底值为随机数。

栈操作指令的应用例子如图 9.11、9.12 所示。

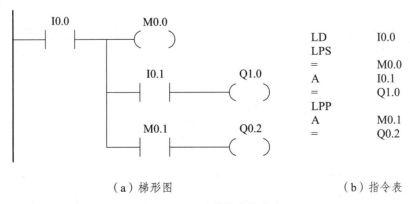

（a）梯形图　　　　　　　　　（b）指令表

图 9.11　堆栈操作指令应用 1

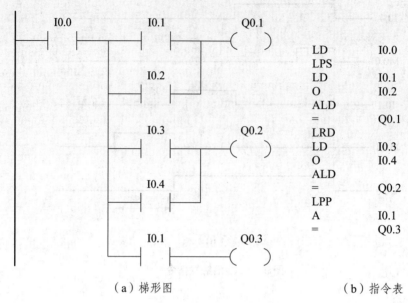

（a）梯形图　　　　　　　　　（b）指令表

图 9.12　堆栈操作指令应用 2

9. 定时器操作指令

S7-200 PLC 的定时器为增量型定时器，用于实现时间控制，可以按照工作方式和时间基准（又称时基）分类，时间基准又称为定时精度和分辨率。

按照工作方式，定时器可分为通电延时型（TON）、断电延时型（TOF）、保持型（TONR）（又称有记忆的通电延时型）三种类型。

时间基准是定时器的最小定时时间单位。S7 系统 PLC 定时器的时间基准有 1 ms、10 ms、100 ms 三种类型。不同的时间基准，其定时精度、定时范围和定时器的刷新方式也不相同。

S7-200 定时器的工作方式及类型如表 9.3 所示。

表 9.3　定时器的工作方式及类型

工作方式	用毫秒（ms）表示的分辨率	用秒（s）表示的定时值	定时器号
TONR	1	32.767	T0，T64
	10	327.67	T1～T4，T65～T68
	100	3276.7	T5～T31，T69～T95
TON/TOF	1	32.767	T32，T96
	10	327.67	T33～T36，T97～T100
	100	3276.7	T37～T63，T101～T255

定时器使用时需要注意以下几个概念：

（1）定时精度。定时器的工作原理是定时器使能输入有效后，当前值寄存器对 PLC 内部的时基脉冲增 1 计数，最小计时单位为时基脉冲的宽度。

（2）定时范围。定时器使能输入有效后，当前值奇存器对时基脉冲递增计数，当计数值大于或等于定时器的设定值后，状态位置 1。从定时器输入有效，到状态位输出有效经过的时间为定时时间。定时时间 T 等于时基乘设定值，时基越大，定时时间越长，但精度越差。

（3）定时器的刷新方式。1 ms 定时器，每隔 1 ms 定时器刷新一次，定时器刷新与扫描周期和程序处理无关。扫描周期较长时，定时器一个周期内可能多次被刷新（多次改变当前值）。

（4）定时时间。定时器实际是以计数方式实现定时的，每一种定时器的定时时间等于它的时间基准（时基）与脉冲数的乘积。例如，使用 100 ms 时基的定时器 T37，其定时脉冲数 PT 设定为 50，则其定时时间为 100 ms × 50 = 5 000 ms = 5 s。

定时器操作指令的应用示例如图 9.13 ~ 9.15 所示。

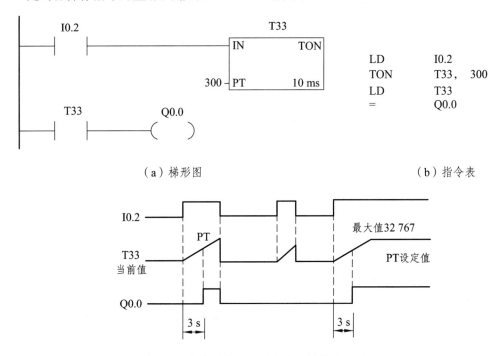

（a）梯形图　　　　　　　　　　　　　　（b）指令表

（c）通电延时型定时器操作原理图

图 9.13　通电延时型定时器操作指令应用

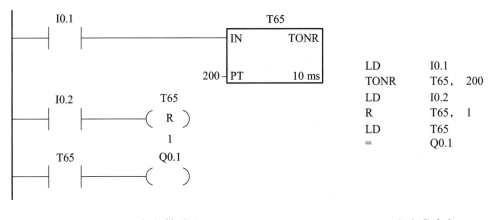

（a）梯形图　　　　　　　　　　　　　　（b）指令表

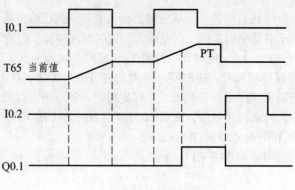

（c）保持型定时器原理图

图 9.14　保持型定时器操作指令应用

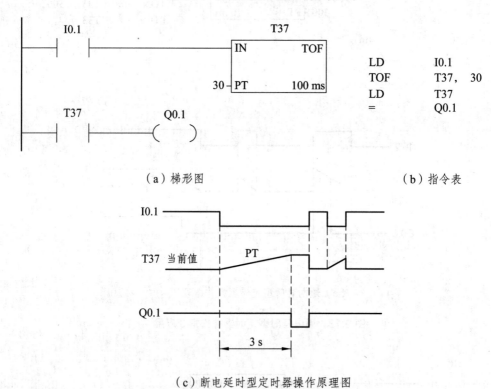

（a）梯形图　　　　　　　　　　　　　　　　（b）指令表

（c）断电延时型定时器操作原理图

图 9.15　断电延时型定时器操作指令应用

三、PLC 控制系统设计方法

（一）PLC 程序设计的基本要求

　　PLC 编程属于软件设计的范畴，更重要的是 PLC 本身的特点和生产、生活控制的具体要求决定了 PLC 程序设计的特点。

1. 熟悉控制系统功能、要求和构成

每个 PLC 控制系统都是为了完成一定的生产、生活控制要求。PLC 程序根据来自 PLC 输入模块的数据，按照生产、生活控制的要求进行处理，最终控制输出模块驱动相应的执行元件，实现控制功能。

因此，在进行程序设计时，首先要熟悉 PLC 系统构成及系统功能。明确有哪些信号应从受控对象输入 PLC（如按钮、行程开关等开关信号或温度、压力和流量等模拟信号）；需要对各种输入信号做什么处理；哪些信号需要从 PLC 输出到受控对象（如继电器线圈、电磁阀线圈、指示灯等其他执行机构）；信号属于哪种性质（如开关量、模拟量等）；输入、输出的数量各有多少；使用的是哪种机型的 PLC；等等。

2. 绘制程序框图或控制流程图

根据受控对象的控制要求及相关动作转换逻辑，绘制出程序框图。程序框图描述了各个功能单元的结构形式及其在整体程序中的位置，同时，也给出了各种控制的实现方法及控制信号流程，为实际用户程序的编写和阅读提供了便利。

在设计梯形图程序时，对于简单的控制系统，也可以不画出控制流程图而直接设计梯形图。

3. 地址分配

地址分配是要根据系统功能要求和程序控制流程图，结合 PLC 的编程规则对控制任务的所有输入输出元件分配 PLC 的编程地址，列出地址表，便于梯形图程序编制和维修，也为使用者提供依据。

4. 程序的编写和调试

程序编写出来以后，进行程序的调试。通常，首先进行模拟调试，实际的输入信号采用按钮、开关来模拟，输出的状态可利用发光二极管来显示，观察其输入和输出之间的关系是否满足控制要求。调试成功后方可接入控制系统进行现场联机调试并投入运行。

在 PLC 编程中所有的内部继电器的常开触点和常闭触点可以无限次使用，所有继电器应避免出现双线圈。

5. 编写程序说明书

程序说明书描述了程序设计者进行设计的依据、程序的基本结构、各种功能模块的原理等关于程序的综合说明。它不仅能帮忙使用者应用，也为设备维修和改造带来的程序修改带来便利。

（二）梯形图的经验设计法

经验设计法是采用设计继电器电路图的方法来设计比较简单的梯形图程序，通常是在一些典型电路的基础上，根据被控对象对控制系统的具体要求，凭借设计者自身积累的经验进行不断的修改和完善梯形图程序。有时需要多次反复地调试和修改梯形图，不易一次获得最佳方案。

由于这种编程方式没有普遍的规律可以遵循，具有很大的试探性和随意性，最后的结果也不

是唯一的，设计所花的时间、设计质量都与设计者的经验有很大的关系，所以，把这种设计方法称为经验设计法。通常，对于不是特别复杂的梯形图程序用经验设计法是非常有效的。

下面以三相交流电动机正反转控制电路为例来介绍 PLC 控制方法。

1. 接触器控制电路

如图 9.16 所示是三相交流电动机正反转控制的主电路和控制电路，图中 KM1 各 KM2 分别为控制电机正转和反转的交流接触器，FR 为热继电器，SB1 为停止按钮，SB2 和 SB3 分别为正转启动和反转启动按钮。

工作原理：按下 SB2，交流接触器 KM1 得电，其对应的常开主触点 KM1 接通，电机正转，同时其辅助触点 KM1 接通，对 KM1 线圈自锁，保证电机维持转动，常闭触点 KM1 断开，对线圈 KM2 实现互锁；如果这时按下 SB3，则 SB3 的常闭先断开，使 KM1 断电，停止正转，KM1 常闭触点接通，线圈 KM2 通电，主触点 KM2 接通，电机反转，同时，KM2 接通自锁，保持电机反转，KM2 断开，实现对 KM1 线圈的互锁。

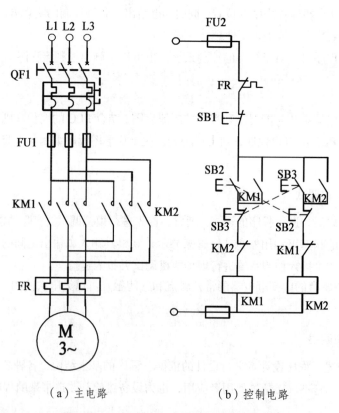

（a）主电路　　　　　　　　（b）控制电路

图 9.16　三相交流电动机正反转控制电路

2. PLC 控制接线图

PLC 控制的三相交流电动机正反转电路外部接线图如图 9.17 所示。停止按钮 SB1 使用的仍然是常开触点，而在继电接触器控制电路中，SB1 使用的则是常闭触点。通常，在采用经验法设计电路的时候，假定所有外部输入均由常开触点提供，而且希望使梯形图程序中的触点类型尽量与继电接触器控制电路中的相同，这样，在阅读程序时更方便理解。

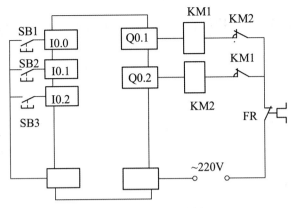

图 9.17　PLC 控制外部

此外，在有电机正反转的情况下，从安全角度考虑，必须设定接触器互锁，所以要将 KM1 和 KM2 的常闭触点分别串联在 KM2 和 KM1 的线圈下。

注意：PLC 的输出电路由外部电源为负载供电，电源电压性质根据负载而定，但是也必须在 PLC 允许的电压范围内，如果不能满足要求，可以使用中间继电器进行隔离和转换。

3. PLC 地址分配

输入输出信号地址分配如表 9.4 所示。

表 9.4　输入输出元件地址分配表

输入元件及作用	PLC 地址	输出元件及作用	PLC 地址
停止 SB1	I0.0	正转线圈 KM1	Q0.1
启动正转 SB2	I0.1	反转线圈 KM2	Q0.2
启动反转 SB3	I0.2		

4. PLC 梯形图程序设计

根据控制系统要求，设计梯形图程序如图 9.18 所示。

注意：从维修和使用的安全角度考虑，不管外部连线是否有互锁功能，梯形图设计时，都应包含必要的安全互锁。请读者自己分析图 9.18 的梯形图。

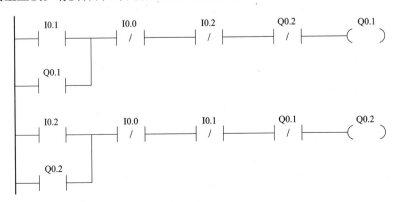

图 9.18　三相交流电动机正反转控制梯形图

任务三　PLC 控制系统设计实训

一、工作目的

（1）使用 PLC 实现对简单电气系统的控制。
（2）掌握 PLC 的作用和工作特点。
（3）掌握 PLC 的种类及硬件结构。
（4）掌握 PLC 的地址分配方法。
（5）掌握 PLC 的工作原理和工作过程。
（6）掌握 PLC 基本指令程序设计方法。

二、工作任务

有一组自动皮带传送系统，如图 9.19 所示，其工作过程是：开机时，为了避免在前段运输皮带上造成物料堆积，皮带 3 先启动，10 s 后，皮带 2 再启动，再过 10 s，皮带 1 才启动；停止时，为了使运输皮带上不残留物料，则顺序正好相反；当出现紧急情况时所有皮带可以全部停止。本任务要设计这个控制系统，采用 PLC 实现控制，动作安全可靠，并通过实验进行验证。

图 9.19　自动皮带传送系统

三、工作准备

（1）收集资料，选择各种电器元件及 PLC 型号，查阅相关说明书。
（2）数控机床维修实验台的 PLC 模拟接口或其他实验模拟器材。
（3）装有 PLC 编程软件的电脑、数据线。
（4）场地要求：数控机床电气控制与维修实训室，配备相关电工工具和元器件，电源满足三相 AC 380 V 和单相 AC 220 V 要求。

四、工作步骤与要求

（1）对控制任务进行分析，绘制控制流程图或工作时序图。
（2）进行元件地址分配及说明、定时器分配及说明，填入表 9.5 中。

表9.5　PLC使用元件说明

序　号	电器元件	PLC元件地址	功能说明
1			
2			
3			
4			
5			
6			
7			
8			
9			

（3）电气线路设计，绘制出主电路和PLC接线原理图。

（4）系统梯形图程序设计，绘制出梯形图程序。

（5）模拟运行，程序调试，功能、可靠性验证。

在实验设备上连接线路、输入程序，然后开机运行调试，验证各个按钮按下时元件器件动作是否满足要求，验证其工作安全可靠性。

将验证情况填入表9.6。

表9.6　功能检验记录表

序　号	内　　容	现　　象
1		
2		
3		
4		
5		
6		
7		
8		

注：该表由每个小组根据自己的实施过程填写。

（6）编写 PLC 设计说明书及实训报告，分析改进措施。每小组选派一名同学报告其新收获或发现的新问题。

项目小结与检查

为了适应工业生产由大批量少品种向小批量多品种的转变，PLC 得以产生和发展。本项目介绍了 PLC 的作用和特点，阐述了 PLC 作为工业支柱之一的强大功能。PLC 作为一种以微处理器为核心的专用于工业控制的设备，它的基本结构主要由中央处理器（CPU）、存储器、输入/输出（I/O）模块、电源和编程器等外设组成。

本项目的重点是要掌握 PLC 程序设计方法，理解 PLC 的作用和特点。PLC 有梯形图、指令语句表、功能块图等多种编程语言，但绝大多数 PLC 都是将梯形图作为自己的第一编程语言，所以要重点掌握梯形图程序设计方法，要特别熟练基本指令的运用方法，学会查阅说明书。PLC 的应用范围很广，程序设计也很灵活，要多阅读一些 PLC 控制的典型实例以增加对 PLC 控制的理解，也有利于提高 PLC 程序设计效率和水平。另外，还要多做一些 PLC 控制系统设计练习。

本项目在实施时要特别注意过程的检查，要学会查阅各种资料和手册。学生要做好每个操作步骤、使用的元器件情况、工具情况、所遇到的问题情况、解决办法等记录。

项目练习与思考

9.1 可编程控制器由哪几部分组成？各有什么作用？

9.2 可编程控制器有什么作用？

9.3 可编程控制器的特点是什么？

9.4 简述可编程控制器工作原理。

9.5 I/O 模块有什么作用？

9.6 写出题 9.6 图所示梯形图程序的指令语句。

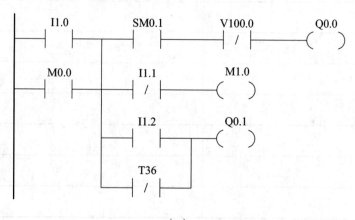

（a）

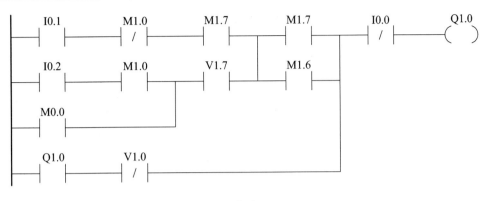

（b）

题 9.6 图

9.7　写出题 9.7 表中指令程序的梯形图程序。

题 9.7 表　指令程序

LD	I0.2	O	M3.7	OLD		=	M3.7
AN	I0.1	AN	I1.5	ALD		LPP	
O	Q0.3	LDN	I0.5	O	I0.4	AN	I0.4
ON	I0.1	A	I0.4	LPS		NOT	
LD	Q2.1	ON	M0.2	EU		S	Q0.3，1

9.8　用接在 I0.0 输入端的光电开关检测传送带上通过的产品，有产品通过时 I0.0 接通，如果在 10 s 内没有产品通过，由 Q0.0 发出报警信号，用 I0.1 输入端外接的开关解除报警信号。画出梯形图，并写出对应的指令表程序。

9.9　用 PLC 自带的定时器设计一个周期为 2 s 的循环脉冲波发生器。

9.10　设计满足题 9.10 图所示的波形图的梯形图程序。

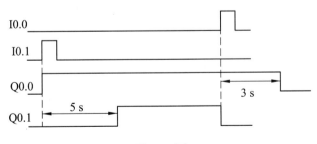

题 9.10 图

9.11　某小车由电动机 M 牵引运行情况如题 9.11 图所示。其功能说明：（1）当小车在 SQ1 位置时按下 SB1，小车由 SQ1 位置前进到 SQ2 位置处，再自动返回到 SQ1 处停止；（2）当小车在 SQ2 位置时按下 SB1，小车由 SQ2 位置运动到 SQ1 位置处，再自动返回到 SQ2 处停止。请设计此控制系统，要求：① 画出接触器控制此电机运行的主电路；② 对 PLC 控制地址进行分配；③ 设计梯形图程序。

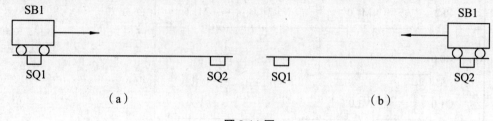

（a）　　　　　　　　　　　　　　　　　（b）

题 9.11 图

项目十　数控机床工作方式 PMC 编程

【教学导航】

建议学时	建议理论 6 学时，实践 8 学时，共 14 学时。
推荐教学方法	理论实践一体化教学，引导学生自主学习。
推荐学习方法	以小组为单位，边学边做，小组讨论；老师先介绍基本概念、基本理论、基本方法，然后引导学生通过实验、实训的方法主动学习。
学习要领	● 理解数控机床 PMC 的作用； ● 掌握数控机床典型 PMC 控制程序设计方法； ● 数控机床 PMC 设计非常灵活,在学习开始时可以多阅读典型功能 PMC 控制实例，并总结经验，最终灵活运用； ● 从简到复杂，先掌握一些简单的梯形图程序的设计方法，再逐渐学习复杂动作的控制方法； ● 要多动手多练习，通过实验验证，可有利于对数控机床 PMC 的理解。
知识要点	● 理解数控机床 PMC 的作用； ● 掌握 FANUC 数控 PMC 编程硬件地址分配方法； ● 自动工作方式 PMC 控制的实现； ● 编辑工作方式 PMC 控制的实现； ● 手动数据输入工作方式 PMC 控制的实现； ● DNC 方式 PLC 控制的实现； ● 回参考点工作方式 PMC 控制的实现； ● 手动连续进给工作方式 PMC 控制的实现； ● 手轮进给工作方式 PMC 控制的实现。

任务一　项目描述

数控机床从控制功能看主要包括两大部分，一是 CNC，二是 PLC。CNC 主要负责对各坐标轴的位置和速度进行连续控制；PLC 则负责数控机床的各种逻辑功能控制、开关信号控制、按钮控制等。

我们知道在数控机床操作面板上有工作方式转换开关（或按钮），通过旋转这个开关可以改变系统的工作方式。在数控系统（CNC）处于编辑工作方式时，可创建和编辑数控加工程序；在自动工作方式时可执行系统存储器中的数控加工程序；在手动数据输入工作方式时可执行由 MDI 面板输入的数控加工程序；在 DNC 工作方式时可执行从外部输入/输出设备读入的数控加工程序。那么转换开关是如何控制 CNC 变换这些工作方式呢？下面我们将通过本项目各个任务的训练，逐步寻找到解答这个问题的方法。

任务二　FANUC PMC 编程的认识

数控系统作为数控机床的核心控制元件，其性能直接决定了数控机床的性能，也决定了数控机床的发展。可编程控制器在数控机床中具有非常重要的作用，目前大多数数控系统制造商都将可编程控制器单元集成在数控系统中，与数控系统一起完成复杂的逻辑运算、信号交换等功能。

一、基本概念

可编程控制器（PLC）在数控系统中又称为可编程机床控制器（Programmable Machine Controller，PMC）。PLC 和 PMC 只是名称上不同，其本质是一致的。本书中只要是在数控机床上使用的可编程控制器，不管是 PLC 还是 PMC，若未特别注明，都指的是数控系统内装式可编程机床控制器（PMC）。

数控系统内装式 PLC 在系统设计之初就将 CNC 和 PLC 结合起来考虑，CNC 和 PLC 之间的信号传递是在内部总线的基础上进行的，因而有较高的交换速度和较宽的信息通道。这种结构从软硬件整体上考虑，PLC 和 CNC 之间没有多余的导线连接，增加了系统的可靠性，而且 CNC 和 PLC 之间易实现许多高级功能。PLC 中的信息也能通过 CNC 的显示器显示，这种方式对于系统的使用具有较大的优势。中、高档数控系统一般都采用这种形式的 PLC。

数控系统内装式 PLC，采用外置 I/O 单元模块与机床电器元件相连，I/O 单元模块有多种类型可以选择，搭配灵活，适应各种应用场合。

二、PMC 的功能和组成

1. PMC 的功能

PMC 的主要功能是对数控机床进行顺序控制。所谓顺序控制，就是按照事先确定的顺序或逻辑，对每一个阶段依次进行的控制。对数控机床来说，"顺序控制"是在数控机床运行过程中以 CNC 内部信号和机床各行程开关、传感器、按钮、继电器等开关量信号的状态为条件，按照预先规定的逻辑顺序对主轴的启停与换向、刀具的自动交换、工件的夹紧与松开、液压、冷却、润滑系统等进行控制。

PMC 在数控机床上实现的功能主要有工作方式控制、速度倍率控制、自动运行控制、手动运行控制、主轴控制、机床锁住控制、程序校验控制、硬件超程和急停控制、辅助电机控制、外部报警和操作信息控制等。

2. FANUC PMC 的组成

如图 10.1 所示，FANUC PMC 由内装 PMC 软件、接口电路、外围设备（接近开关、电磁阀、压力开关等）构成，连接主控系统（内置 PMC）与从属 I/O 接口设备的电缆为高速串行电缆称为 I/O Link。它是 FANUC 专用 I/O 总线，工作原理与欧洲标准工业总线 profbus 类似，但协议不一样。另外，通过 I/O Link 可以连接 FANUC β 系列伺服作为 PMC 非插补轴使用，用于机床强电信号的驱动。其优点是连接简单、数据传输快、可靠性高。

I/O 模块与 CNC 连接后，它的每一个 I/O 点被分配唯一的输入/输出地址，每一个 I/O 点连接唯一的机床电气控制元件的工作点，如操作面板上的按键、按钮、开关、指示灯或强电柜中的继电器触点、接触器触点、电磁阀等，由 PMC 顺序逻辑程序控制。

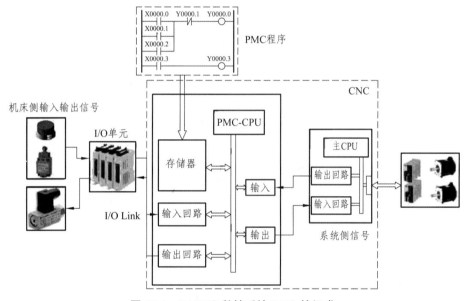

图 10.1　FANUC 数控系统 PMC 的组成

三、FANUC PMC 的程序结构及执行原理

1. FANUC PMC 的程序结构

FANUC PMC 的程序结构如图 10.2 所示，PMC 程序通常由第 1 级程序、第 2 级程序、第 3 级程序及子程序组成。

第 1 级程序从开始到 END1 命令之间，它在梯形图程序的每个执行周期中执行一次，主要特点是信号采样实时、输出信号响应快。它主要处理短脉冲信号，如急停、跳转、超程等信号。在第 1 级程序中，程序应尽可能短，这样可以缩短 PMC 程序执行时间。如果第 1 级程序中没有需要处理的信号，则只需要编写 END1 功能指令就可以了。

第 2 级程序是 END1 命令之后到 END2 命令之前的程序。第 2 级程序通常包括机床操作面板、刀库自动交换等辅助动作的处理。

第 3 级程序是 END2 命令之后、END3 命令之前的程序。第 3 级程序主要处理低速响应信号，通常用于 PMC 程序报警信号处理。在编写顺序程序时，可选择是否使用第 3 级程序，若不使用，可以将其控制的顺序动作编写于第 2 级程序中。

子程序是 END3 命令之后、END 命令之前的程序。通常将具有特定功能并且多次使用的程序段作为子程序。主程序中用指令决定具体子程序的执行状况。当主程序调用子程序并执行时，子程序执行全部指令直至结束，然后系统将返回调用子程序的主程序位置。子程序用于为程序分段和分块，使其成为较小的、更易于管理的块。在程序调试和维护时，通过使用较小的程序块，对这些区域和整个程序进行简单的调试并排除故障。只有在需要时才调用子程序块，可以更有效地使用 PLC，因为所有的子程序块可能无需执行每次扫描，所以能够缩短 PMC 程序处理时间。

注意：在 PMC-SA1 版本中只包含第 1 级程序和第 2 级程序，不包含第 3 级程序和子程序。

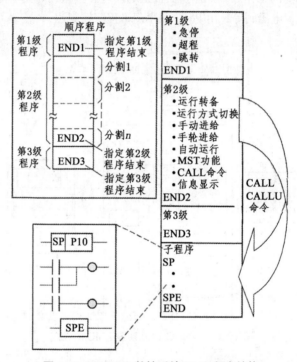

图 10.2　FANUC 数控系统 PMC 程序结构

2. FANUC PMC 的执行原理

FANUC 数控 PMC 程序的第一级程序和第二级程序的循环处理周期是不一样的，第一级程序每 8 ms 执行一次，处理响应速度快的信号；执行第二级程序时，PMC 会根据执行程序所需要的时间自动把第二级程序分割成 n 块，每个 8 ms 只执行其中一块，所以第二级程序每 $8n$ ms 才能执行完一次。

PMC 程序执行过程如图 10.3 所示，PMC 程序执行的第一级程序周期为 8 ms，在 8 ms 的周期内，只有前 1.25 ms 用于执行 PMC 程序，在这 1.25 ms 内 PMC 首先执行完全部第一级程序，1.25 ms 内剩下的时间再执行第二级程序的一部分。8 ms 内执行 PMC 程序后剩余的时间用于处理其他事务。在随后的各个 8 ms 周期的开始均执行一次全部的第一级程序和第二级程序的一部分，一直到第二级程序最后分割 n 部分执行完毕后，程序再返回开头重新执行。

根据前面的介绍不难发现，FANUC PMC 第一级程序的响应速度更快，每 8 ms 响应一次；而第二级程序响应更慢，每 $8n$ ms 响应一次。但如果第一级程序太长，执行第一级程序时花费的时

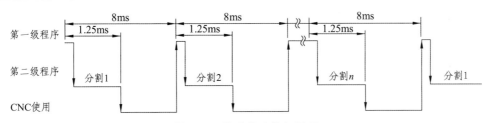

图 10.3　顺序程序执行原理

间就会长，则每个 8 ms 内处理第二级程序的时间就会较少，第二级程序的分割次数可能就会非常多，这样全部 PMC 程序执行的时间就会较长，影响程序执行效率。所以为了提高 PMC 程序执行效率，在程序设计时应尽量减少第一级程序长度，一般只将要求快速响应的影响机床工作安全的紧急动作（如机床急停、超程等）编写在第一级程序内，以确保安全。

3. FANUC 0i 系统 PMC 的基本规格

随着数字技术的不断发展，FANUC 公司开发了不同性能规格的 PMC 系列，以适应不同性能的数控系统。FANUC 0i 系统 PMC 的型号、性能、规格如表 10.1 所示。

表 10.1　FANUC PMC 的基本规格

PMC 版本类型	PMC-SA1	PMC-SB7	PMC-L	PMC
编程方法	梯形图	梯形图	梯形图	梯形图
梯形图级别数	2	3	2	3
第一级程序扫描周期	8 ms	8 ms	8 ms	8 ms
基本指令执行速度	5 μs/步	0.033 μs/步	1 μs/步	25 μs/步
基本指令数	12	14	14	14
功能指令数	48	69	92	93
内部继电器 R	1 100 B	8 500 B	1 500 B	8 000 B
外部继电器 E	—	8 000 B	10 000 B	10 000 B
显示信息位 A	200	2 000	2 000	2 000
子程序 P	—	2 000	512	5 000
可变定时器 TMR	40 个	250 个	40 个	250 个
固定定时器 TMRB	100 个	500 个	100 个	500 个
可变计数器 CTR	20 个	100 个	20 个	100 个
固定计数器 CTRB	—	100 个	20 个	100 个
保持型继电器 K	20 B	120 B	120 B	200 B
数控表 D	1 860 B	10 000 B	3 000 B	10 000 B
I/O link 最大输入点数 X	1024	1 024	256	2 048
I/O link 最大输出点数 Y	1 024	1 024	256	2 048
PMC→CNC（G）	G0～G255	G0～G767	G0～G767	G0～G767
CNC→PMC（F）	F0～F255	F0～F767	F0～F767	F0～F767

注意：PMC 不同版本间一般不能完全兼容，在编程时需要注意各版本的性能。

四、FANUC PMC 的地址

1. FANUC PMC 编程地址结构

FANUC PMC 输入输出地址结构如图 10.4 所示。在分析 PMC 控制时,常把数控机床分为"CNC 侧(或 NC 侧)"(系统侧)和"MT 侧"(机床侧)两大部分,PMC 的信息交换是以 PMC 为中心,在 CNC,PMC,MT 三者之间进行信息交换。

"CNC 侧"包括 CNC 系统的硬件和软件,与 CNC 系统连接的外围设备,如显示器,MDI 面板等。"MT 侧"包括机床机械部分及其液压、气压、冷却、润滑、排屑等辅助装置、机床操作面板、继电器线路、机床强电线路等。PMC 处于 CNC 与 MT 之间,对 CNC 和 MT 的输入/输出信号进行处理。MT 侧顺序控制的最终对象随数控机床的类型、结构、辅助装置等的不同而有很大的差别。机床结构越复杂,辅助装置越多,PMC 的控制对象也越多。

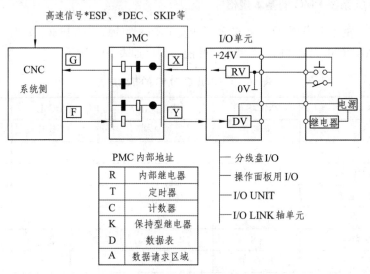

图 10.4　PMC 编程地址结构

2. FANUC PMC 地址信号

数控 PMC 编程时的常用地址信号有以下几种:

(1)X 信号:由机床侧输入 PMC 的信号(MT→PMC),用位地址表示。如 X0.1,表示输入地址为第 0 字节第 1 位。

(2)Y 信号:由 PMC 输出到机床侧的信号(PMC→MT),用位地址表示。

X 信号地址和 Y 信号地址可以由 PMC 梯形图设计人员在系统允许范围内自行分配给不同的控制功能。

(3)F 信号:来自 CNC 侧的状态信号(NC→PMC),这类信号各地址的含义是由系统制造商确定的,用户不能自己任意分配。

(4)G 信号:由 PMC 输出到 NC 侧的控制信号(PMC→NC),这类信号各地址的含义是由系统制造商确定的,用户不能自己任意分配。

各 F 信号地址和 G 信号地址的详细含义可以查阅 FANUC PMC 编程说明书。

(5)内部继电器 R:相当中间继电器或辅助继电器,它只能在 PMC 内部供编程使用,不能驱动外部元件。FANUC PMC 内部有很多辅助继电器 R，每个内部辅助继电器的触点都有常开、常闭两种使用方式。用户可以根据自己的需要确定各内部继电器 R 的功能含义。

（6）信息显示请求信号 A：一般用于 PMC 外部报警信息设置，当该位为 1 时，使用 DISPB 功能指令可显示对应的信息内容到屏幕。

（7）定时器 T：用于 TMR 或 TMRB 功能指令设置延时动作时间。

（8）计数器 C：用于 CTR 或 CTRB 指令的计数。

（9）保持型继电器 K：用于保持型数据存储和 PMC 参数设置。

（10）数据表地址 D：是非易失性存储区，用于存储某些数控控制表和设定表。

（11）子程序号 P。

（12）标记头 L。

3. PMC 编程设计注意事项

要设计与调试 FANUC 数控系统 PMC 程序，必须了解 PMC 在数控系统中所起的重要作用以及 PMC 与 CNC、PMC 与机床（MT）、CNC 与机床（MT）之间的关系，主要应注意以下事项：

（1）机床上输入/输出接口要与 CNC 交换信息，必须要通过 PMC 处理才能完成，PMC 在机床与 CNC 之间发挥桥梁作用。

（2）机床本体信号进入 PMC，输入信号为 X 信号。PMC 输出到机床本体的信号为 Y 信号。因为机床配置的 I/O 模块不同，所以其地址的编排方法和范围有所不同，详情需查阅 I/O 模块的说明资料。机床本体输入/输出的地址分配和含义原则上由机床厂定义分配。

（3）根据机床动作要求编制 PMC 程序，由 PMC 处理之后送给 CNC 装置的信号为 G 信号，CNC 处理结果产生的标志位为 F 信号，直接用于 PMC 逻辑编程，其具体信号含义可以查阅 FANUC 有关技术资料，本书中使用的 PMC 信号可参考附录。G 信号和 F 信号的含义由数控系统生产公司指定，机床厂和最终用户都不能随意更改和重新分配。

（4）PMC 本身具有大量内部地址元件（内部继电器、可变定时器、计数器、数据表、信息显示、保持型继电器等），在需要时也可以把数控系统 PMC 作为普通 PLC 使用。

（5）为用户设计 PMC 程序方便，FANUC 提供了一些特殊功能的系统继电器，如表 10.2 所示。

表 10.2　系统内部常用的特殊继电器

地　　址	说　　明
R9000.0	数据比较位，输入值等于比较值
R9000.1	数据比较位，输入值小于比较值
R9091.0	常 0 信号
R9091.1	常 1 信号
R9091.5	0.2 s 周期脉冲信号
R9091.6	1 s 周期脉冲信号

※说明：在本书后面项目中，若未作特别说明使用 R9091.0、R9091.1、R9091.5、R9091.6 等继电器，其含义均如本表所示。

（6）机床本体上的一些开关量通过接口电路进入系统，大部分信号进入 PMC 控制器参与逻辑处理，处理结果送给 CNC 装置（G 信号）。其中有一部分高速处理信号如*DEC（减速）、*ESP（急停）、SKIP（跳跃）等直接进入 CNC 装置，由 CNC 装置直接处理相关功能，其地址如表 10.3 所示。

带"*"的信号是负逻辑信号，例如急停信号（*ESP）通常为"1"（急停释放），当处于急停状态时*ESP 信号为"0"。

数控机床一定要使用急停信号（*ESP）。SKIP 信号可以不使用，如果不使用时，其地址可由其他信号使用。系统默认的回参考点减速开关信号连接于 X9.0～X9.4，此时不需要另外编写参考点减速控制梯形图；但如果回参考点减速开关信号连接于其他地址，则需要把参数 3006#0 设为 1，回参考点减速信号（*DEC）变为地址 G196，且需要另外编写参考点减速控制梯形图程序，具体编程方法见项目十一。

表 10.3   CNC 直接处理的信号地址

地 址	信号名	含 义	地 址	信号名	含 义
X4.7	SKIP#1	跳过信号	X8.4	*ESP	紧急停止信号
X4.6	ESKIP#1 SKIP6#1	跳过信号（PMC 轴控制）跳过信号	X9.4	*DEC5#1	参考点返回用减速信号
X4.5	SKIP5#1	跳过信号	X9.3	*DEC4#1	参考点返回用减速信号
X4.4	SKIP4#1	跳过信号	X9.2	*DEC3#1	参考点返回用减速信号
X4.3	SKIP3#1	跳过信号	X9.1	*DEC2#1	参考点返回用减速信号
X4.2	ZAE#1 SKIP2	刀具补偿量写入信号跳过信号	X9.0	*DEC1#1	参考点返回用减速信号
X4.1	YAE#1 SKIP8	刀具补偿量写入信号跳过信号	X13.7	SKIP#2	跳过信号
X4.0	XAE#1 SKIP7#1	刀具补偿量写入信号跳过信号	X13.6	SKIP6#2	跳过信号
X7.4	*DEC5#2	参考点返回用减速信号	X13.5	SKIP5#2	跳过信号
X7.3	*DEC4#2	参考点返回用减速信号	X13.4	SKIP4#2	跳过信号
X7.2	*DEC3#2	参考点返回用减速信号	X13.3	SKIP3#2	跳过信号
X7.1	*DEC2#2	参考点返回用减速信号	X13.2	SKIP2#2	跳过信号
X7.0	*DEC1#2	参考点返回用减速信号	X13.1	SKIP8#2	跳过信号
			X13.0	SKIP7#2	跳过信号

4. FANUC I/O Link 输入输出配置

从前面的项目八中，我们已经知道用户可以根据自己的需要选择不同的 I/O 模块，多个 I/O 模块在不超过系统最大限制的情况下也可以串行连接。FANUC 多个 I/O 单元模块的连接示意图如图 8.2 所示，组与组之间使用串行总线从 JD1A-JD1B 口连接，每一个 I/O 单元模块的地址表示为：组号.基座号.插槽号.名称。例如，距 CNC 最近的一个 I/O 单元模块假设名字叫 OC02I，那么它在 I/O Link 连接中的完整地址名称表示为：0.0.1.OC02I 。

但是，前面的这种 I/O 模块位置连接关系与 PMC 编程地址有什么关系呢？

　　事实上，前面的这种连接关系还需要在 PMC 模块配置页面（MODULE）进行信号地址设置，完成后才可以使用 I/O 模块的输入、输出地址进行 PMC 梯形图编程。FANUC 0i C 系统的操作步骤：按数控系统面板的【SYSTEM】键进入系统参数画面，然后向后翻页进入【PMC】页面，在 PMC "配置" 或 "编辑" 中找到模块（MODULE）页面，这就是 PMC 的 I/O Link 单元模块地址配置，如图 10.5 所示。

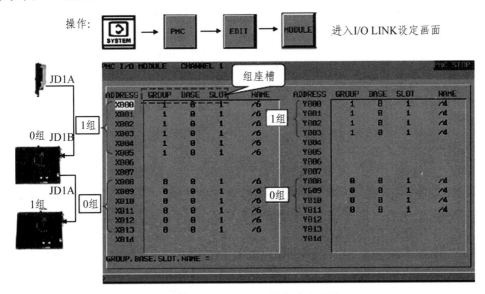

图 10.5　I/O Link 单元模块地址配置

　　在图 10.5 中，需要注意以下几点：

　　（1）在项目八介绍的各种 I/O 模块中，50 芯标准扁平电缆插座（CE56、CE57、CB104、CB105，CB106，CB107）接口物理地址中，m 和 n（如 Xm+0.0，Yn+0.0）的值就表示这里所介绍的对 I/O 单元模块地址配置的起始值，m 和 n 用字节表示。一旦这个起始值 m 和 n 被配置好，则 I/O 模块内的所有输入、输出地址也就固定了。

　　例如，某卧式数控车床，它使用的 I/O 模块只有一个操作盘式 I/O 模块（48/32）（在 I/O Link 中属于第 0 组，0 基座，1 插槽），带有手摇脉冲发生器。其配置方法是：X000 ~ X003 为空，X004 ~ X019 为 0.0.1.OC02I，则输入地址的起始值 m 为 4，这个模块的 CE56 A2 的地址查表 8.1 为 Xm+0.0，这个点的实际 PMC 地址即为 X4.0 。

　　（2）I/O 单元模块的分配很自由，但有一个规则，即：连接手摇式脉冲发生器的模块必须分配为 16 字节输入，即使实际上没有那么多输入点，但为了连接手摇脉冲发生器也必须如此分配。此 16 字节地址中的 Xm+0 ~ Xm+11 用于输入点，Xm+12 ~ Xm+14 用于三台手摇脉冲发生器的输入信号。所以当只使用一个手摇式脉冲发生器时（第一手摇脉冲发生器），旋转手轮，在 PMC 信号跟踪画面可以看到 Xm+12 中信号在变化。

　　手摇式脉冲发生器一般连接在距离系统最近的 I/O 单元模块的 JA3 接口上。

　　（3）模块名称：FANUC 对各种类型的 I/O 模块的名称都有规定，不能任意命名。对于 FANUC 0i 系统中使用最广泛的操作盘式 I/O 模块（48/32）和 I/O UNIT FOR 0i（96/64）模块可以使用以下名称：

　　OC01I：表示为 12 字节的输入地址；

OC02I：表示为 16 字节的输入地址；

OC03I：表示为 32 字节的输入地址；

OC01O：表示为 8 字节的输出地址；

OC02O：表示为 16 字节的输出地址；

OC03O：表示为 32 字节的输出地址。

　　如果不用前面的标准名称，也可以使用"/"和"数值"表示，如："/4"表示该模块为连续 4 字节，"/6"表示该模块为连续 6 字节，"/8"表示该模块为连续 8 字节。这种方式一般用于非 8 的整数倍字节输入/输出地址的表示。

五、数控机床 PMC 基本编程方法

1. 梯形图编程方法

　　FANUC 数控 PMC 主要使用梯形图语言编程，这种方法编程简单易懂，且功能强大。

　　FANUC 数控 PMC 梯形图常用的编辑方法有两种，一是使用 FANUC 数控系统自带的 PMC 编程器功能编辑；二是使用 FANUC LADDER-III 软件在电脑上编写，然后通过 CF 存储卡传入 CNC 系统，或使用数据线载入 CNC 系统。

　　（1）使用系统 PMC 编程器。

　　使用系统自带的编辑器菜单及其功能含义（见图 10.6），先将系统参数写入允许打开，然后在 NC 键盘上按【SYSTEM】键，再在软键区中找到【PMC】，则可打开 PMC 各种功能。再按【EDIT】即可进行 PMC 的各种编辑功能。在进行梯形图编辑时，系统提供了各种触点、元件、基本指令和功能指令等，使用非常方便。这种方法常用于对 PMC 梯形图程序的局部修改、调试和监控等。

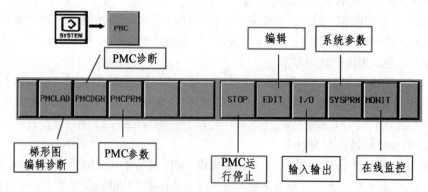

图 10.6　系统 PMC 画面

　　（2）使用 FANUC LADDER-III 软件编程。

　　编程软件是编制用户控制程序非常重要的一种工具。到目前为止，还没有一种编程软件能适用于不同品牌的可编程控制器。因此，每个可编程控制器制造商都开发了仅适用于自己系统指令的编程软件。FANUC 数控 PMC 编程使用的软件是 FANUC LADDER-III，目前该软件使用的较新版本为 FANUC LADDER-III V5.7，如图 10.7 所示。

　　利用 FANUC LADDER-III 软件可以在计算机上离线对 PMC 程序进行新建、编辑、修改、保存、打印等操作，还可以对 PMC 的运行情况进行在线监控、加载、编程、诊断，操作更加快捷方便。

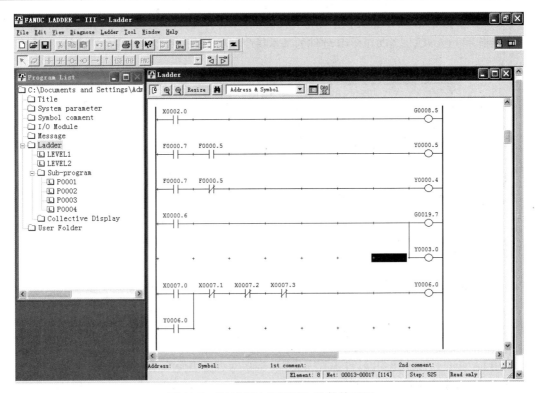

图 10.7　FANUC LADDER–III 软件界面

使用 FANUC LADDER-III 软件编写时，若新建一个 PMC 程序，要求选择数控系统 PMC 版本类型，如图 10.8 所示。根据所选择的 PMC 版本类型不同，组成的梯形图结构和指令也会有所不同：如果选择 PMC-SA1，则只有第一级（LEVEL 1）和第二级（LEVEL 2）两层程序；如果选择 PMC-SB7，则可以分为第一级（LEVEL 1）、第二级（LEVEL 2）和第三级（LEVEL 3）三层程序。

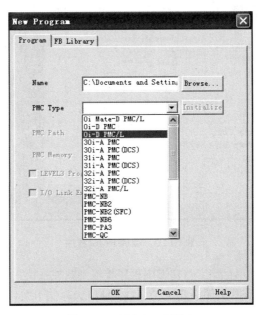

图 10.8　新建 PMC 程序

　　FANUC LADDER-III 软件提供了非常方便的编程工具，包含了所选类型 PMC 的所有基本指令和功能指令。FANUC LADDER-III 软件的基本指令和功能指令编程工具栏如图 10.9 所示。

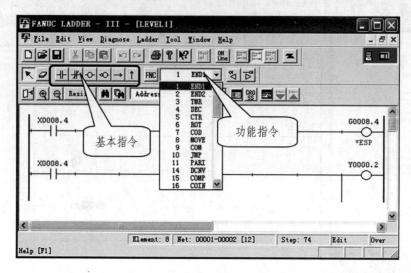

图 10.9　FANUC PMC 编程工具

　　使用 FANUC LADDER-III 软件编程完成后，需要对程序进行编译，方法是利用主菜单栏中的【Tool】/【Compile】来进行自动编译，如图 10.10 所示。

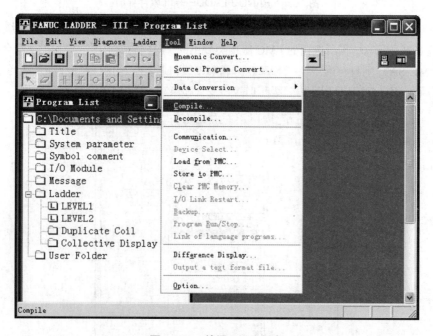

图 10.10　编译 PMC 程序

　　编译完成后，如果要利用存储卡将梯形图程序传输到数控系统，则需要利用主菜单【File】/【Export】导出工具，将梯形图文件格式（*.LAD）导出为存储卡文件格式（*.000），如图 10.11所示。

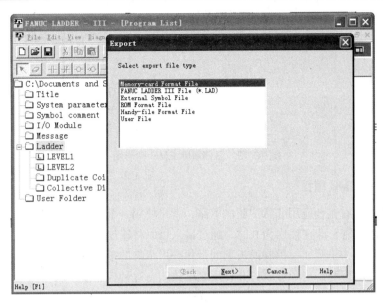

图 10.11　将 PMC 程序导出为存储卡格式

如果使用以太网将数控系统和计算机相连，利用 FANUC LADDER-III 软件还可以对 FANUC PMC 进行在线监控、编辑等。

2. 机床急停解除 PMC 编程

（1）功能说明。

在数控机床面板上有一个红色的紧急停止按钮，这个按钮在硬件上可以自锁保持。当我们按下紧急停止按钮时，系统出现急停报警；当我们旋转这个按钮使其弹起，系统急停报警解除。那么数控系统是怎样实现这个功能控制的呢？

在数控机床上，急停按钮使用了一对常闭触点连接在 I/O 模块的急停输入点（X8.4）和公共端之间，当急停按钮旋起时，I/O 模块的急停输入点（X8.4）和公共端之间被短接，此时急停报警被解除；当急停按钮按下时，I/O 模块的急停输入点（X8.4）和公共端之间被断开，此时急停报警生效。如果数控机床带有多处急停，则多处急停按钮的常闭触头是串联连接的，所以当任何一处按钮被按下，其急停效果都是相同的，而要急停报警被解除，必须要各处急停按钮都旋起。

要使急停解除还要通过 PMC 编程实现。从控制的安全角度考虑，数控机床的急停信号（*ESP）采用的是负逻辑，若急停 PMC 程序没有编写，系统将处于急停未解除状态。

（2）急停相关信号。

① X 信号。

外部急停按钮通过继电器触点，I/O 模块，PMC 地址：X8.4 。

② G 信号。

*ESP：急停控制信号，"0" 时急停，"1" 时急停解除，PMC 地址：G8.0 。

*ESPA：（串行主轴）急停控制信号，"0" 时急停，"1" 时急停解除，PMC 地址：G71.1 。

（3）急停控制梯形图。

急停控制梯形图的本质是实现急停解除功能，如图 10.12 所示。急停编写完成后请在各种工作方式下对急停功能进行验证。

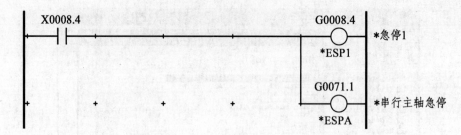

图 10.12   急停解除 PMC 梯形图

3. 二分频控制 PMC 编程

在数控机床上，有一种应用非常广泛的电路，就是使用一个按钮来实现电路的接通和断开两种稳定工作状态的控制，即在输出为 0 时，通过输入可以将输出变为 1；而在输出为 1 时，通过输入可以将输出变为 0。例如：控制面板上的带状态指示灯的按键，它们的工作顺序是当指示灯关闭时按一下对应的按键，这个灯就打开；反之就关闭。这种控制要求的输出信号动作频率是输入的 1/2，故常称为"二分频"控制，又称为双稳态控制。

下面是一个机床照明灯的 PMC 控制程序。

（1）相关信号。

① X 信号。

机床照明功能对应的面板按键，地址：X5.0。

② Y 信号。

机床照明功能的面板指示灯信号，地址：Y5.0。

机床照明灯继电器信号，地址：Y6.0。

③ R 信号。

中间继电器，地址：R505.0，R505.1。

（2）机床照明灯 PMC 梯形图。

机床照明灯 PMC 控制梯形图如图 10.13 所示，这是一个典型的"二分频"控制程序，它的工作时序如图 10.14 所示。当按下机床照明按钮时，X5.0 触点闭合，R505.0 和 R505.1 线圈通电，R505.1 线圈通电后其常闭触点会动作，在下一个扫描周期 R505.0 线圈断电，所以 R505.0 产生的是单脉冲信号；Y5.0 和 Y6.0 输出这个网络是一个"异或"逻辑电路，将 R505.0 与 Y5.0 作"异或"运算，所以在 R505.0 每次为"1"时将对 Y5.0 的状态进行翻转。

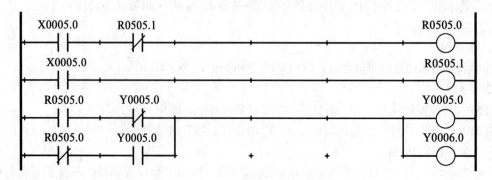

图 10.13   机床照明 PMC 梯形图

图 10.14　机床照明 PMC 时序图

数控机床中除本处用到二分频控制程序外，还有单段运行、选择停、程序跳段、机床锁住、空运行、机床照明、工件冷却等地方都会用到这类程序。

4. 恒 1 信号 PMC 编程

数控机床上有时候需要用到始终保持为 1 的信号，其梯形图如图 10.15 所示。

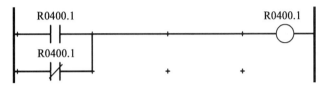

图 10.15　恒 1 信号梯形图

5. 恒 0 信号 PMC 编程

数控机床上有时候需要用到始终保持为 0 的信号，其梯形图如图 10.16 所示。

图 10.16　恒 0 信号梯形图

任务三　工作方式 PMC 程序设计与调试

一、工作目的

（1）掌握数控机床 PMC 控制系统结构原理。

（2）掌握 FANUC 数控 PMC 编程硬件地址分配方法。

（3）掌握数控 PMC 基本编程方法。

（4）掌握数控机床各种工作方式的 PLC 控制实现方法。

（5）分析实验设备的面板特点，实现其各种工作方式的有效控制。

二、工作任务

一般数控机床上的工作方式有按键式和旋钮波段开关两种。现有某数控机床上使用的第三方面板，其面板上的工作方式为旋钮波段开关式控制，如图 10.17 所示。

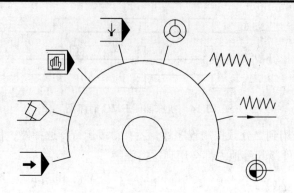

图 10.17　工作方式旋钮波段开关

工作方式旋钮开关各挡位的功能含义如表 10.4 所示。

表 10.4　工作方式功能

图　标	名　称	含　义	功　能
■	MEM	自动运行	执行储存于存储器中的加工程序
◇	EDIT	程序编辑	进行加工程序的编辑
■	MDI	MDI 数据输入	用 MDI 面板输入加工程序直接运行，CNC 参数等数据设定
↓	RMT	DNC 在线加工	通过网络、RS232C、CF 卡等外部设备与 CNC 系统通信，实现程序直接运行加工
◎	HND	手轮进给	转动手摇脉冲发生器使轴移动
〰	JOG	手动连续	按轴进给方向按钮（+X、−X、+Y、−Y、+Z、−Z）时，轴以指定的方向和速度移动
〰→	JOG	手动快速	按轴进给方向按钮（+X、−X、+Y、−Y、+Z、−Z）时，轴以设定的快移速度沿指定的方向移动
⊕	REF	回　零	用手动操作回到机床基准点

　　系统处于某种工作方式时，其方式可在数控系统显示页面左下角显示，如图 10.18 所示。
　　本任务中，要完成这台数控机床工作方式的 PMC 梯形图设计，当工作方式开关旋转到某一位置时，数控系统屏幕上显示为表 10.4 所对应的名称项。

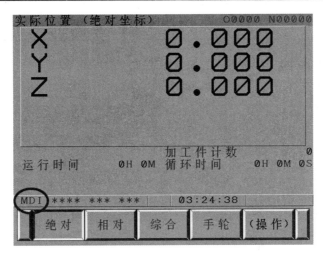

图 10.18　机床工作方式显示

三、工作准备

1. 工具、仪器及器材

（1）器材/设备：数控机床维修实验台、数控加工中心 VDL800、数控车床 CKA6132。

（2）其他：装有 FANUC LADDER-III 软件的电脑，CF 存储卡，FANUC PCMCIA 网卡。

（3）资料：机床电气原理图、FANUC 简明联机调试手册、FANUC 参数手册、FANUC 梯形图编程说明书、伺服放大器说明书，FANUC 产品选型手册。

2. 场地要求

数控机床电气控制与维修实训室、机械制造中心。配有 FANUC 0i C 数控系统（开启参数与 PLC 编程功能）的数控机床数台。配备相关电工工具和元器件，电源满足三相 AC 380 V 和单相 AC 220 V 要求。

四、工作步骤与要求

1. 案例分析

数控机床工作方式是通过 PMC 编程，把操作面板上的按键或旋钮波段开关量作为 PMC 的输入量，PMC 再将相应的工作方式通过 CNC 与 PMC 的接口信号 G 输出到 CNC 侧，从而实现 PMC 对 CNC 的控制。当 CNC 转换到某种工作方式有效时，便向 PMC 回送工作方式确认信号 F，同时将当前工作方式显示到显示端。

（1）波段开关信号组成。

本机床工作方式波段开关总共有 8 个挡位，输出 8 种状态，这 8 种输出状态是由 3 个地址编码形成的，通过查阅机床电气原理图和 PMC 信号监控可以得知这 3 个开关地址分别是 X5.1、X5.2、X5.3。其具体信号对应工作方式如表 10.5 所示。

表 10.5　工作方式输入信号

机床工作方式	输入信号		
	X5.1	X5.2	X5.3
自动运行	1	0	1
程序编辑	1	0	0
MDI 数据输入	0	0	0
DNC 在线加工	0	0	1
手轮进给	0	1	1
手动连续	0	1	0
手动快速	1	1	0
回　零	1	1	1

（2）CNC 与 PMC 间的接口信号。

CNC 通过接收 MD1、MD2、MD4、DNC、ZRN 五个 G 信号的不同组合，来确定相应的工作方式。通过查阅数控系统 PMC 编程说明书可知：MD1、MD2、MD4、DNC、ZRN 五个 G 信号对应的地址分别为：G43.0、G43.1、G43.2、G43.5、G43.7 。

CNC 与 PMC 间的接口信号如表 10.6 所示。

表 10.6　CNC 与 PMC 之间的工作方式接口信号

工作方式	PMC→CNC 的控制信号					CNC→PMC 的确认信号
	G43.7（ZRN）	G43.5（DNC）	G43.2（MD4）	G43.1（MD2）	G43.0（MD1）	
自动运行（MEM）	0	0	0	0	1	F3.5（MMEM）
程序编辑（EDIT）	0	0	0	1	1	F3.6（MEDT）
MDI 数据输入（MDI）	0	0	0	0	0	F3.3（MMDI）
DNC 在线加工（RMT）	0	1	0	0	1	F3.4（MRMT）
手轮进给（HND）	0	0	1	0	0	F3.1（MH）
手动连续（JOG）	0	0	0	0	1	F3.2（MJ）
手动快速（JOG）	0	0	0	0	1	F3.2（MJ）
回零（REF）	1	0	1	0	1	F4.5（MREF）

※说明：手动快速与手动连续的方式控制信号相同，区别在于手动快速需要叠加快速控制信号 G19.7；手轮进给与机床增量点动工作方式也是相同的，当参数 8131#0 为 0 时表示增量点动，当参数 8131#0 为 1 时表示手轮进给；如果要使手动连续方式时手轮有效或在手轮进给方式时增量有效需将参数 7100#0 设定为 1。

从前面的分析可以知道，数控机床工作方式的 PMC 控制程序的作用就是要把从波段开关输入的开关量信号转换成 MD1、MD2、MD4、DNC、ZRN 五个 G 信号并输出到 CNC 侧。

2. 程序设计

PMC 程序设计时要注意避免出现双线圈输出，即同一个线圈不能多次被输出指令使用。所以设计本程序时，无法直接用三个 X 输入信号去控制五个由 PMC 到 CNC 的 G 信号。经过分析，我们发现可以使用 8 个中间寄存器来分别保存 8 种工作方式，现使用的 8 个中间寄存器分别为 R405.0 ~ R405.7，采用 FANUC LADDER-III 软件进行 PMC 程序编辑与调试。依据表 10.5 设计的梯形图程序如图 10.19 所示。

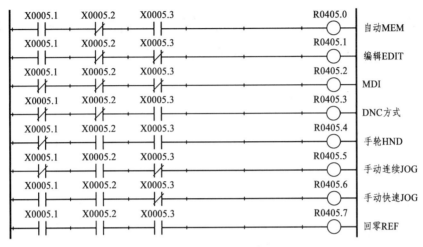

图 10.19　机床工作方式中间寄存器

用 R405.0 ~ R405.7 这 8 个中间寄存器来控制 MD1、MD2、MD4、DNC、ZRN 五个 G 信号。对照表 10.6 设计的工作方式控制信号程序如图 10.20 所示。

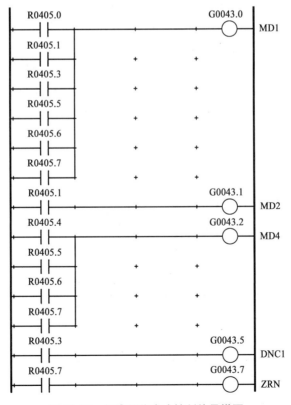

图 10.20　机床工作方式控制信号梯图

3. 程序验证和调试

通过前面梯形图程序的编写，事实上已经可以实现对机床工作方式的控制了。使用 FANUC LADDER-III 软件菜单【Tool】/【Compile】对程序进行编译；然后点击【Tool】/【Store to PMC】将梯形图程序载入数控系统。如图 10.21 所示。

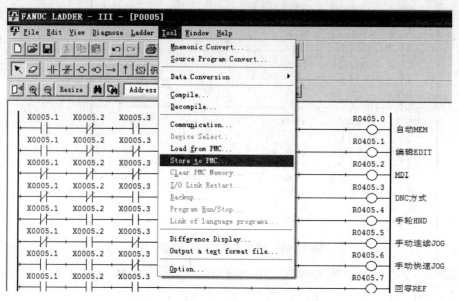

图 10.21　梯形图程序编译和存入系统

运行刚才编写的梯形图程序，手动旋转面板上的工作方式波段开关分别到每一个位置，查看数控系统屏幕显示页面左下角的工作方式显示状态是否与表 10.4 ~ 10.6 相符。

为了检验程序编写是否正确，还可以使用面板上的 8 个指示灯分别表示 8 种工作方式，方法是使用 CNC 到 PMC 的确认信号（F3.1，F3.2，F3.3，F3.4，F3.5，F3.6，F4.5）输出给 8 个指示灯，我们就可以非常直观地从指示灯上看出机床的工作方式。

五、操作训练

1. 查找机床操作面板上工作方式的地址

在数控机床维修实验台及电脑上练习,确定机床的工作方式控制方法(按钮式或波段开关式),找出其地址,并填入表 10.7（a）或表 10.7（b）中。

表 10.7（a）　按钮式工作方式控制地址

工作方式	自动运行	程序编辑	MDI 输入方式	DNC 在线加工	手轮进给	手动连续	快速	回零
输入地址（X）								
指示灯地址（Y）								

表 10.7（b）　波段开关式工作方式控制地址

机床工作方式	输 入 信 号 地 址		
	X＿＿＿	X＿＿＿	X＿＿＿
自动运行			
程序编辑			
MDI 数据输入			
DNC 在线加工			
手轮进给			
手动连续			
手动快速			
回　零			

2. 梯形图程序设计

将程序中使用到的中间继电器、定时器、计数器等记录在表 10.8 中。

表 10.8　中间继电器、定时器、计数器等元件使用情况记录

元件地址	功　能	备　注

根据前面的地址分配情况和控制逻辑要求，设计工作方式梯形图程序，记录在下面空白处。

3. 程序调试工作过程记录单

各小组根据自己的实施过程，将 PLC 调试步骤填写在下面的记录中（见表 10.9）。该表前两列由每个小组根据自己的实施过程填写，后两列由老师检查后填写。

表 10.9　工作过程记录单

序　号	工作内容	用　时	得　分

续表 10.9

序 号	工作内容	用 时	得 分

4. 功能验证

按下各种工作方式按钮，验证对应的指示灯工作是否正常？屏幕上显示的工作方式是什么？工作方式互锁是否可靠？多个按钮同时按下时的状态是什么？

旋转工作方式波段开关，查看屏幕上显示的工作方式是否正确？

将验证情况填入表 10.10。

表 10.10 功能检验记录表

序 号	内 容	现 象

注：该表由每个小组根据自己的实施过程填写。

5. 总结报告

完成实验报告，收集其他数控机床电气控制系统的资料，分析总结它们的特点和规律。每小组选派一名同学报告其新收获或发现的问题。

项目小结与检查

通过本项目的学习和训练，我们认识了数控 I/O Link 输入输出地址配置方法，了解了数控机床上一些常用基本 PMC 功能的编程方法，详细介绍和练习了工作方式 PMC 编程方法和技能，实现了自动、编辑、手动、MDI、DNC 工作方式的控制。

PMC 编程方法非常灵活，数控机床工作方式 PMC 编程其实也不只前面介绍到的这一种，但不管怎样设计程序，都是有一定规律可循的，且在输入输出逻辑关系上一定是相同的。在应用时我们一定要多动脑筋，不断思考和练习，注意总结和归纳，以加强理解。

工作方式的控制元件可以是按钮也可以是波段开关式，但通过本项目的训练我们可以发现：相同的输出状态数量，若采用按钮式控制，则需要的 PMC 输入地址数量更多；若采用波段开关式，则需要的 PMC 输入地址更少，这种方式理论上 n 个地址可以实现 2^n 种状态的控制。

另外，按键式工作方式控制一定要注意信号的互锁，以避免出现实际方式的混乱。

本项目在实施时要特别注意过程的检查，要学会查阅各种资料和手册。学生要做好每个操作步骤、使用的元器件情况、工具情况、所遇到的问题情况、解决办法等记录。

项目练习与思考

10.1　数控机床 PMC 功能组成结构是怎样的？

10.2　数控 PMC 中有哪些编程元件？

10.3　数控 PMC 中的 G 信号、F 信号、X 信号、Y 信号的区别是什么？各有什么作用？

10.4　FANUC 数控 PMC 程序结构是怎样的？

10.5　请分析"二分频控制程序"的工作原理。

10.6　分析图 10.19 和图 10.20，为何图 10.19 中常闭触点必须保留，而图 10.20 中没有编写闭触点？

10.7　请思考数控机床工作方式的其他 PMC 编程方法，如果不使用中间寄存器能否实现？

10.8　假如数控机床的工作方式不是由波段开关旋钮进行转换，而是按钮式的工作方式选择，试设计其 PMC 控制程序。

项目十一　　数控机床运行功能 PMC 编程

【教学导航】

建议学时	建议理论 10 学时，实践 20 学时，共 30 学时。
推荐教学方法	理论实践一体化教学，引导学生自主学习。
推荐学习方法	以小组为单位，边学边做，小组讨论；老师先介绍基本概念、基本理论、基本方法，然后引导学生通过实验、实训的方法主动学习。
学习要领	• 理解数控机床 PMC 的作用； • 掌握数控机床典型 PMC 控制程序设计方法； • 数控机床 PMC 设计非常灵活,在学习开始时可以多阅读典型功能 PMC 控制实例,并总结经验，最终灵活运用； • 从简单到复杂，先掌握一些简单的梯形图程序的设计方法，再逐渐学习复杂动作的控制方法； • 要多动手多练习，通过实验验证，可有利于对数控机床 PMC 的理解。
知识要点	• 掌握代码转换功能指令 CODB 的使用方法； • 掌握手动进给控制内容和动作要求； • 掌握进给速度倍率修调、手动连续进给、手动快速进给、手轮进给、手动回零的 PMC 编程方法； • 掌握系统运行功能控制内容； • 掌握单段运行、选择停、程序跳段、机床锁住、空运行、循环启动、进给保持等功能的 PMC 编程方法。

任务一　　项目描述

　　数控机床的作用是实现零件的自动加工。为了实现零件的加工操作与自动运行控制，数控机床必须包含各种手动操作功能及程序执行过程控制功能，这就需要设计相应的 PMC 控制程序。

　　在数控机床上将工作方式转换到手动连续进给（JOG）时，再按面板上方向轴+X、–X、+Y、–Y、+Z、–Z 时，相应的进给轴就会沿指定的方向移动，这是怎样实现的呢？而且通过旋转进给倍率开关，我们会发现，轴进给的速度可以在 0%~120% 范围内变化，这又是为什么呢？当工作方式为手动快速时，且通过操作面板上的 F0、25%、50%、100% 四个按钮的选择，机床可以实现速度为系统设定快移速度的 F0、25%、50%、100% 快速进给，这又是为什么呢？另外，标准数控机床一般至少包括循环启动、进给暂停、单段执行、选择停、程序跳段、机床锁住、空运行等功能。数控系统是如何实现这些功能控制的呢？本项目将逐一解开这些难题。

本项目介绍的内容主要包括手动进给控制功能和系统自动运行控制功能两个方面，其中手动进给控制功能包含手动进给倍率、手动连续进给、手动快速进给、手轮进给、手动回零 5 类程序；系统自动运行控制功能包含单段运行、选择停、程序跳段、机床锁住、空运行、循环启动、进给保持 7 类程序。

任务二　相关知识的了解认识

一、格雷码

1. 格雷码概念

格雷码又叫循环二进制码或反射二进制码，是 1880 年由法国工程师 Jean-Maurice-Emlle Baudot 发明的一种编码。格雷码是一种无权码，采用绝对编码方式，典型格雷码是一种具有反射特性和循环特性的单步自补码，它的循环、单步特性消除了随机取数时出现重大误差的可能，它的反射、自补特性使得求反非常方便。

格雷码属于可靠性二进制编码，是一种错误最小化的编码方式。自然二进制码可以直接由数/模转换器转换成模拟信号，但在某些情况下，例如从十进制的 3 转换成 4 时二进制码的每一位都要发生变化，使数字电路产生很大的尖峰电流脉冲。而格雷码则没有这一缺点，它是一种数字排序系统，其中所有相邻整数在它们的数字表示中只有一位数字不同。它在任意两个相邻的数之间转换时，只有一个数位发生变化，这大大减少了由一个状态到下一个状态时逻辑混淆的可能性。另外由于最大数与最小数之间也仅一个数不同，故通常又叫格雷反射码或循环码。几种普通二进制码与格雷码的对照如表 11.1 所示。

表 11.1　普通二进制码与格雷码的对照表

十进制数	普通二进制数	格雷码
0	0000	0000
1	0001	0001
2	0010	0011
3	0011	0010
4	0100	0110
5	0101	0111
6	0110	0101
7	0111	0100
8	1000	1100
9	1001	1101

续表 11.1

十进制数	普通二进制数	格雷码
10	1010	1111
11	1011	1110
12	1100	1010
13	1101	1011
14	1110	1001
15	1111	1000

数控机床上为了保证控制电路的安全可靠性，其进给倍率和主轴转速倍率的输入开关最好采用格雷码编码形式。

2. 格雷码与普通二进制码的转换

一般情况下，普通二进制码与格雷码可以按以下方法相互转换。

（1）二进制码转换为格雷码（编码）：从最右边一位起，依次将每一位与其左边一位异或，作为对应格雷码该位的值，最左边一位保持不变。

（2）格雷码转换为普通二进制码（解码）：最左边一位保持不变，从左边第二位起，将每位与左边一位解码后的值异或，作为该位解码后的值。

二、速度倍率

在机床操作面板上有旋转进给倍率开关，如图 11.1 所示。当旋转进给倍率开关时，可以使机床实际进给速度在编程进给速度 F 的 0%～120% 范围内进行修调，也可以使手动连续进给速度在系统设定速度的 0%～120% 范围内进行修调。

进给倍率开关实际上是一种波段开关，它由四位二进制组合形成 16 种控制状态，所以当旋转倍率开关时，总共可以设定 16 种倍率，这种倍率开关在 PLC 中占用 4 个输入地址。

进给倍率修调值按一个方向逐渐增大或减小，其位置分别用 0～15 表示，为提高电路安全可靠性，此旋转开关连线优先采用格雷码编码形式。

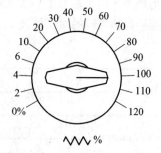

图 11.1　进给倍率修调开关

三、代码转换指令 CODB

代码转换指令 CODB 在数控机床 PMC 编程中的应用非常广泛，是非常重要的一个功能指令，它的作用是把二进制数据转换成 1 字节、2 字节或 4 字节的二进制数据指令。具体功能是把二进制数指定的数据表内的数据（1 字节、2 字节或 4 字节的二进制数据）输出到转换数据的输出地址中。

指令格式如图 11.2 所示。

指令说明：

（1）RST：复位，当 RST 为 1 时，转换数据错误；当 RST 为 0 时，取消复位。

（2）ACT：执行条件，当 ACT 为 0 时，不执行 CODB 指令；当 ACT 为 1 时，可以执行 CODB 指令。

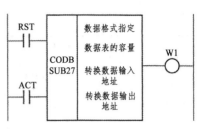

图 11.2 CODB 功能指令格式

（3）数据格式指定：指定转换数据表中二进制的字节数，0001 表示 1 字节二进制数，0002 表示 2 字节二进制数，0004 表示 4 字节二进制数。

（4）数据表的容量：指定转换表的范围（0~255），数据表开始单元为 0 号，最后单元为 n 号，数据表的容量为 n+1。

（5）转换数据输入地址：指定转换数据所在数据表的表内地址。

（6）转换数据输出地址：将数据表内指定的 1 字节、2 字节和 4 字节数据转换后输出的地址。

（7）W1：转换出错输出，在执行 CODB 指令时，如果转换输出地址出错（譬如转换地址数据超过了数据表容量），则 W1 为 1。

下面以一个例子来分析 CODB 指令的应用。有一组数据如表 11.2 所示，当寄存器 R1 中的数据为 0~7 的任意一个值时，将表数据 15、10、−120、12、5、8、3、−110 中与表序号对应的值输出到寄存器 R100 中，例如当 R1 为 3 时，应将 12 输出到寄存器 R100 中。梯形图如图 11.2 所示。

表 11.2 数据表

表序号（R1）	0	1	2	3	4	5	6	7
表数据（R100）	15	10	−120	12	5	8	3	−110

```
R9091.0   RST                                                          R0016.0
──┤├──────────┬──────┌──────────┬──────────────────────────────┐       ◯
R9091.1   ACT │      │ SUB27    │ 0001                         │
──┤├──────────┘      │ CODB     │                              │
                     │          │ 0008          +          +   │
                     │          │                              │
           +    +    │          │ R0001                        │
                     │          │               +          +   │
           +    +    │          │ R0100                        │
                     └──────────┴──────────────────────────────┘
           +    +
                  000      00015        00010       -00120
         + 003      00012        00005       00008  +        +
           006      00003        -00110
```

图 11.3 CODB 数据转换应用

要注意的是 R1 和 R100 中的数据都是以补码形式存储的，所以 R1 与 R100 实际存储器形式如表 11.3 所示。

表 11.3　CODB 转换数据地址存储形式

序号	转换数据输入地址			转换数据输出地址							
	R1.2	R1.1	R1.0	R100.7	R100.6	R100.5	R100.4	R100.3	R100.2	R100.1	R100.0
0	0	0	0	0	0	0	0	1	1	1	1
1	0	0	1	0	0	0	0	1	0	1	0
2	0	1	0	1	0	0	0	1	0	0	0
3	0	1	1	0	0	0	0	1	1	0	0
4	1	0	0	0	0	0	0	0	1	0	1
5	1	0	1	0	0	0	0	1	0	0	0
6	1	1	0	0	0	0	0	0	0	1	1
7	1	1	1	1	0	0	1	0	0	1	0

任务三　手动进给 PMC 程序设计与调试

一、工作目的

（1）掌握数控机床进给速度倍率修调 PMC 控制的实现方法。
（2）掌握数控机床手动连续进给 PMC 控制的实现方法。
（3）掌握数控机床手动快移进给 PMC 控制的实现方法。
（4）掌握数控机床手轮进给 PMC 控制的实现方法。
（5）掌握机床手动回零控制方法。

二、工作准备

1. 工具、仪器及器材

（1）器材/设备：数控机床维修实验台、数控加工中心 VDL800、数控车床 CKA6132。
（2）其他：装有 FANUC LADDER-III 软件的电脑，CF 存储卡，FANUC PCMCIA 网卡。
（3）资料：机床电气原理图、FANUC 简明联机调试手册、FANUC 参数手册、FANUC 梯形图编程说明书、伺服放大器说明书、FANUC 产品选型手册。

2. 场地要求

数控机床电气控制与维修实训室、机械制造中心。配有 FANUC 0i C 数控系统（开启参数与 PLC 编程功能）的数控机床数台。

三、手动进给倍率设计与调试

数控机床进给轴的速度可以通过进给倍率开关在 0%～120% 范围内修调，所以数控机床手动进给动作 PMC 控制，实际上包含进给倍率修调和轴移动指令两部分 PMC 程序，当没有设计进给倍率修调 PMC 程序时，数控系统认为进给倍率为 0，此时轴是不能移动的。

（一）情景分析

某数控机床实训设备的进给倍率修调开关是一个具有 16 个挡位的波段开关，占用 PMC 的 4 个输入地址。

1. 进给速度倍率格雷码转换 PMC 控制主要相关信号

（1）X 信号。

F-S1：进给速度倍率开关输入信号 1，地址 X5.4。

F-S2：进给速度倍率开关输入信号 2，地址 X5.5。

F-S3：进给速度倍率开关输入信号 3，地址 X5.6。

F-S4：进给速度倍率开关输入信号 4，地址 X5.7。

（2）R 信号。

进给速度倍率表内序号地址，R406。

CODB 执行输出继电器，R16.0。

（3）G 信号。

手动进给速度倍率的 PMC 到 CNC 的控制信号，G11、G10。

自动执行进给速度倍率的 PMC 到 CNC 的控制信号，G12。

2. 进给速度倍率格雷码转换及控制信号表

当旋转进给速度倍率开关时，X5.4、X5.5、X5.6、X5.7 的编码及控制信号 G11、G10 和 G12 与进给速度倍率的对照关系如表 11.4 所示。

表 11.4　进给倍率与控制信号对照表

序号	进给倍率修调开关地址				G11 G10（手动进给）		G12（程序进给）		倍率值 %
	X5.7	X5.6	X5.5	X5.4	JV15←JV0	十进制	FV7←FV0	十进制	
1	0	0	0	0	0000 0000 0000 0000	0	0000 0000	0	0
2	0	0	0	1	1111 1111 0011 0111	−201	1111 1101	−3	2
3	0	0	1	1	1111 1110 0110 1111	−401	1111 1011	−5	4
4	0	0	1	0	1111 1101 1010 0111	−601	1111 1001	−7	6
5	0	1	1	0	1111 1100 0001 0111	−1001	1111 0101	−11	10
6	0	1	1	1	1111 1100 0010 1111	−2001	1110 1011	−21	20
7	0	1	0	1	1111 0100 0100 0111	−3001	1110 0001	−31	30

续表 11.4

| 序号 | 进给倍率修调开关地址 | | | | G11 G10（手动进给） | | G12（程序进给） | | 倍率值 % |
	X5.7	X5.6	X5.5	X5.4	JV15←JV0	十进制	FV7←FV0	十进制	
8	0	1	0	0	1111 0000 0101 1111	−4001	1101 0111	−41	40
9	1	1	0	0	1110 1100 0111 0111	−5001	1100 1101	−51	50
10	1	1	0	1	1110 1000 1000 1111	−6001	1100 0011	−61	60
11	1	1	1	1	1110 0100 1010 0111	−7001	1011 1001	−71	70
12	1	1	0	1	1110 0000 1011 0111	−8001	1010 1111	−81	80
13	1	0	1	0	1101 1100 1101 0111	−9001	1010 0101	−91	90
14	1	0	1	1	1101 1000 1110 1111	−10001	1001 1011	−101	100
15	1	0	1	1	1101 0101 0000 0111	−11001	1001 0001	−111	110
16	1	0	0	0	1101 0001 0001 1111	−12001	1000 0111	−121	120

　　从前面的对照表可以看出，倍率开关地址 X 与倍率控制信号 G 是一一对应的，且 X 采用格雷循环码，所以可以非常方便地使用代码转换指令 CODB 指令实现对 G 信号的输出。

（二）程序设计

　　由于 CODB 代码转换指令的转换数据输入地址为字节形式，且输入数据表开始单元为 0，而本机床中 X5 的低 4 位可能分配有其他功能，所以不能直接把 X5 作为代码转换指令的转换数据输入地址。所以进给速度倍率修调开关将 X5.7、X5.6、X5.5、X5.4 的值送给 PMC，PMC 首先要把格雷码转换为倍率数据表的表内号，存于中间寄存器 R406。其梯形图设计如图 11.4 所示。

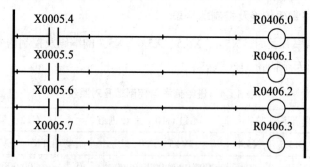

图 11.4　格雷码转换为倍率数据表的表内号

　　经过图 11.4 的梯形图转换后，旋转倍率开关可以使得输入寄存器 R406 中的数据在十进制 0 ～ 15 变化，如表 11.5 所示。

　　根据表 11.4 及表 11.5，即可使用转换指令 CODB 把输入开关量从格雷码形式转换成数控机床要求的控制信号 G11、G10 两字节的输出值。所以手动进给倍率控制 PMC 梯形图如图 11.5 所示。

　　此梯形图程序使用 CODB 指令时，特别是要理解表内数据含意，它是 G11、G10 两字节中以补码形式存储的二进制数的十进制值。灵活运用 CODB 指令取代基本线圈输出指令可以使梯形图程序大大简化。

表 11.5　中间寄存器 R406 与倍率开关对照表

倍率旋转开关位置（%）	X5.7 ~ X5.4	R406	R406 的十进制值
0	0000	0000　0000	0
2	0001	0000　0001	1
4	0011	0000　0011	3
6	0010	0000　0010	2
10	0110	0000　0110	6
20	0111	0000　0111	7
30	0101	0000　0101	5
40	0100	0000　0100	4
50	1100	0000　1100	12
60	1101	0000　1101	13
70	1111	0000　1111	15
80	1110	0000　1110	14
90	1010	0000　1010	10
100	1011	0000　1011	11
110	1001	0000　1001	9
120	1000	0000　1000	8

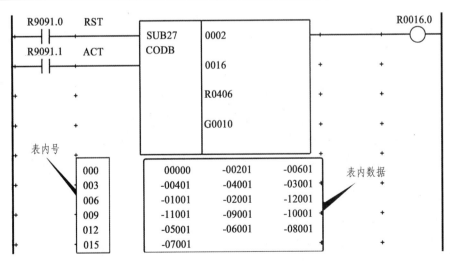

图 11.5　进给倍率控制 PMC 梯形图

程序自动执行时的进给倍率控制与手动进给倍率控制相似，只是要注意 CODB 指令的转换数据输出地址不再是以 G10 开始的两字节地址，而是以 G12 开始的一字节地址。其梯形图程序请读者自行设计。

（三）程序验证和调试

请同学以 2~3 人一组的方式分组进行数控机床进给倍率 PMC 控制程序的设计与调试，使用数控系统内置编程器或 FANUC LADDER-III 软件设计数控机床进给倍率程序，将梯形图程序载入数控系统并运行。

查看 PMC 梯形图状态画面和监控画面，然后旋转进给倍率开关，对刚才设计的梯形图程序进行验证，查看进给倍率响应值是否与进给倍率开关指示值一致，对不一致进行分析和调试，将验证情况和调试步骤填入表 11.6 中。

表 11.6　进给倍率验证和调试记录表

序　号	验证记录	调试记录
1		
2		
3		
4		
5		
6		
7		
8		
9		
10		

四、手动连续进给控制程序设计与调试

1. 情景分析

某数控机床中共有三个进给轴，各轴的移动都有正、负两个方向的按钮，共 6 个按钮，分别是 X+、X–、Y+、Y–、Z+、Z– 按钮，占用 PMC 的 6 个输入地址。在 JOG 工作方式下，按下 X+、X–、Y+、Y–、Z+、Z– 中的任何一个按键时，这个轴沿相应的方向移动，移动的速度由系统参数 1423 设定；当机床操作者松开按键时，轴停止移动。本 PMC 中相关信号如下：

（1）X 信号。

X+：手动移动轴名及方向，地址 X6.0。

X–：手动移动轴名及方向，地址 X6.1。

Y+：手动移动轴名及方向，地址 X6.2。

Y–：手动移动轴名及方向，地址 X6.3。

Z+：手动移动轴名及方向，地址 X6.4。

Z–：手动移动轴名及方向，地址 X6.5。

（2）Y 信号。

X+指示灯：Y5.1。

X – 指示灯：Y5.2。

Y+指示灯：Y5.3。

Y – 指示灯：Y5.4。

Z+指示灯：Y5.5。

Z – 指示灯：Y5.6。

（3）G 信号。

第一轴正+J1，地址 G100.0。

第二轴正+J2，地址 G100.1。

第三轴正+J3，地址 G100.2。

第四轴正+J4，地址 G100.3。

第一轴负 – J1，地址 G102.0。

第二轴负 – J2，地址 G102.1。

第三轴负 – J3，地址 G102.2。

第四轴负 – J4，地址 G102.3。

第一轴互锁信号*IT1，地址 G130.0。

第二轴互锁信号*IT2，地址 G130.1。

第三轴互锁信号*IT3，地址 G130.2。

第全轴互锁信号*IT，地址 G8.0。

（4）F 信号。

手动连续进给（JOG）工作方式的确认信号，地址 F3.2。

2. 程序设计

（1）轴互锁信号处理。

为了保证轴控制的安全，一般参数上设定有轴互锁控制有效，其状态是在数控系统屏幕显示坐标前有一个反底色的 "I"（FANUC 0i D 系统有效，在 FANUC 0i C 中通过诊断画面查看），如图 11.6 所示。当机床轴互锁时，坐标轴是不能移动的。轴互锁有各轴互锁和全轴互锁两种情况，全轴互锁时，所有轴都不能移动；各轴互锁时，被互锁的轴不能移动。

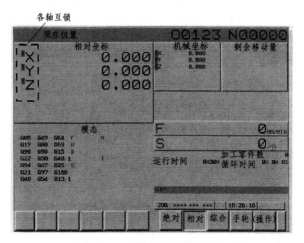

图 11.6　机床轴互锁画面

轴互锁信号是低电平有效的信号，当信号为零或梯形图未编写时，互锁有效，轴不能移动。所以在手动进给执行前要先对轴互锁信号进行处理。

在有机械手换刀的加工中心上，由于要求在机械手扣刀过程中 Z 轴不允许移动，所以这时可以使用 Z 轴锁住，其他轴可以移动，使用 PMC 的常 1 信号将 X 轴和 Y 轴的互锁信号解除。假设机械手扣刀信号为 X10.7，则轴互锁信号处理的 PMC 梯形图如图 11.7 所示。

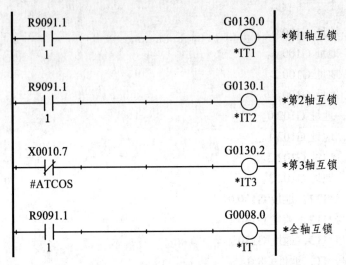

图 11.7　机床轴互锁 PMC 处理

（2）轴移动信号 PMC 处理。

轴移动需在手动工作方式 JOG 下进行，当按 X+、X－、Y+、Y－、Z+、Z－中的任何一个按键时，这个轴沿相应的方向移动；当机床操作者松开按键时，轴停止移动；当同时按下同一个轴的正、负两个方向键时，轴也不能移动。在不考虑回参考点时根据这个逻辑关系设计 PMC 梯形图程序如图 11.8 所示，回参考点的情况将在后面详细介绍。

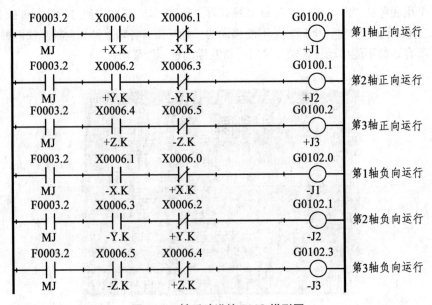

图 11.8　轴手动进给 PMC 梯形图

3. 程序验证和调试

请同学以 2~3 人一组的方式分组进行数控机床手动连续进给控制程序的设计与调试,使用数控系统内置编程器或 FANUC LADDER-III 软件设计数控机床手动连续进给控制程序,将梯形图程序载入数控系统并运行。

需要对如下功能进行验证与调试。

(1)将操作面板的手动进给倍率调整到 100%,然后手动分别按 X+、X −、Y+、Y −、Z+、Z − 各按钮,查看机床各轴的运动情况;

(2)将进给倍率调整到 0%、10%、50%、120% 等倍率时验证各轴的运动情况;

(3)分别按下各轴的正、负两个方向按键,查看坐标轴的运动情况,验证轴互锁情况。

若动作不正常,请从系统参数、线路连接、PMC 地址、PMC 梯图等多个方面进行分析和调试。将验证情况和调试步骤填入表 11.7 中。

表 11.7　手动连续进给功能验证和调试记录表

序　号	验证记录	调试记录
1		
2		
3		
4		
5		
6		
7		
8		
9		
10		

五、手动快速移动控制程序设计与调试

1. 情景分析

(1)在数控机床上的手动快速移动操作一般有两种方法,一种是工作方式转换的波段开关上设置有手动快速挡,这时只要将工作方式开关转换到手动快速挡,再按各轴的正、负方向移动按钮,机床便可以实现相应轴的快速移动;另一种是在面板上各轴的正、负方向移动按钮的中间有一个快速叠加按钮,当按下该按钮的同时,再按下各轴正、负方向移动按钮,则机床可以实现相应轴的快速移动。本调试实训的机床采用前一种方法。

(2)手动快速移动受参数和快速倍率控制,在操作面板上标有 F0、25%、50%、100% 的快速倍率波段开关,旋到某一挡位时,机床就以该倍率快速移动,轴快速移动速度和手动快移速度由系统参数 1420、1424 设定,F0 速度由参数 1421 设定。

手动快速控制相关的信号地址如下:

（1）X 信号。

FF-S1：快速倍率开关输入信号 1，地址 X6.6。

FF-S2：快速倍率开关输入信号 2，地址 X6.7。

快速倍率对应的 FF-S1 和 FF-S2 通断状态如表 11.8 所示。

表 11.8　快速倍率对应开关状态

快速移动倍率	F0	25%	50%	100%
FF-S1（X6.6）	1	0	1	0
FF-S2（X6.7）	1	1	0	0

（2）G 信号。

快速进给叠加信号，地址 G19.7。

快速进给倍率 ROV0 值，地址 G14.0。

快速进给倍率 ROV1 值，地址 G14.1。

（3）R 信号。

手动快速工作方式使用的中间继电器，地址 R405.6。

2. 程序设计

手动快速移动包含了快速倍率和快速叠加控制两种信号，快速倍率有 F0、25%、50%、100% 四挡，它们与 G 信号的对应关系如表 11.9 所示。

表 11.9　快速移动倍率信号真值表

快速移动倍率	F0	25%	50%	100%
ROV1（G14.0）	1	0	1	0
ROV2（G14.1）	1	1	0	0

经过表 11.8（快速倍率对应开关状态）和表 11.9（快速移动倍率信号真值表）对比发现，X6.6、X6.7 的状态正好与 G14.0 和 G14.1 状态要求相同，所以这使得 PMC 程序设计更加简单。

手动快速其实是手动连接进给的一种叠加信号，其工作方式地址为 R405.6，控制信号地址是 G19.7，即当 G19.7 为 1 时，按 X+、X－、Y+、Y－、Z+、Z－中的任何一个按键，相应的轴快速移动。

根据前面的分析，设计梯形图程序如图 11.9 所示。

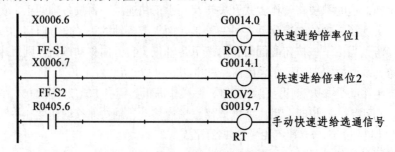

图 11.9　快速移动倍率信号真值表

3. 程序验证和调试

请同学以 2～3 人一组的方式分组进行数控机床手动手动快速移动控制程序的设计与调试,使用数控系统内置编程器或 FANUC LADDER-III 软件设计数控机床手动手动快速移动控制程序,将梯形图程序载入数控系统并运行。

需要对如下功能进行验证与调试。

(1)将操作面板上的快速倍率开关调整到 100%,工作方式转换到手动快速方式,然后按下机床 X+、X－、Y+、Y－、Z+、Z－各按钮,查看机床各轴的运行情况,并记录下各轴的进给速度。若此功能不正常,请从参数和 PMC 地址、PMC 梯形图等多个方面进行分析和调试。

(2)将进给倍率分别调整到 25%、50% 时,再对各轴的手动快移功能进行验证。

(3)将进给倍率调整到 F0,再对各轴的手动快移功能进行验证。

将验证情况和调试步骤填入表 11.10 中。

表 11.10 手动快速功能验证和调试记录表

序 号	验证记录	调试记录
1		
2		
3		
4		
5		
6		
7		
8		
9		

六、手轮进给控制程序设计与调试

1. 情景分析

数控机床在对刀操作或慢速进给时,一般都要采用手轮进给方式。有些机床为了操作方便,甚至还配置有可移动的便携手轮,手轮在数控机床控制中是怎样实现的呢?下面我们就将对此进行分析和设计。

某数控铣床,其便携手轮操作方法是:将机床操作面板上的工作方式转换到手轮方式(HND),再将便携手轮上的轴选开关转换到合适的轴位,将倍率开关转换到 ×1、×10、×100 中的某一挡,然后顺时针或逆时针摇动手摇脉冲发生器,则机床相应的轴就向正或向负方向以 0.001 mm、0.01 mm、0.1 mm 的当量进给。

使用手轮工作方式需要将系统的手轮功能有效参数 No8131#0 设置为 1。

手轮进给的 PMC 控制包括手轮轴选控制和手轮倍率控制两个方面,轴选控制用来选择要移动的轴,倍率控制用来控制手摇脉冲发生器每旋转一格时机床坐标轴移动的距离。

FANUC 数控系统最多可使用三台手轮控制,如表 11.11 所示,其中第一台手轮轴选控制信号地址是 G18.0 ~ G18.3,第二台手轮轴选控制信号地址是 G18.4 ~ G18.7,第三台手轮轴选控制信号地址是 G19.0 ~ G19.3。

表 11.11　手轮进给轴控制信号

地　址	#7	#6	#5	#4	#3	#2	#1	#0
G18	HS2D	HS2C	HS2B	HS2A	HS1D	HS1C	HS1B	HS1A
G19					HS3D	HS3C	HS3B	HS3A

若使用一台手摇脉冲发生器,则该手轮进给控制信号与轴选择对照表见表 11.12。

表 11.12　手轮进给控制信号与轴选择对照表

HSnD（G18.3）	HSnC（G18.2）	HSnB（G18.1）	HSnA（G18.0）	选择轴
0	0	0	0	无选择（任何轴都不移动）
0	0	0	1	第 1 轴
0	0	1	0	第 2 轴
0	0	1	1	第 3 轴
0	1	0	0	第 4 轴

手轮进给倍率信号由 MP1（G19.4）、MP2（G19.5）信号控制,MP1、MP2 信号组合得到的倍率如表 11.13 所示。

表 11.13　手轮进给倍率信号组合

手轮倍率	MP2（G19.5）	MP1（G19.4）
×1	0	0
×10	0	1
×100	1	0
×1 000	1	1

注：表 11.14 中的 ×100、×1000 倍率需要在参数 No7113、No7114 中设定。

2. 程序设计

在本机床中使用一个便携手轮,有 X、Y、Z 三个控制轴和 ×1、×10、×100 三种手摇倍率。在手轮的连接中,轴选信号的输入地址为 X7.1 和 X7.0,各轴对应的地址组合如表 11.14 所示。

表 11.14　手轮轴选信号输入地址组合

轴　选	X7.1	X7.0
OFF	0	0
X 轴	0	1
Y 轴	1	1
Z 轴	1	0

手轮倍率信号的输入地址为 X7.3 和 X7.2，各倍率挡位对应的地址组合如表 11.15 所示。

表 11.15 手轮倍率信号输入地址组合

倍 率	X7.3	X7.2
×1	0	0
×10	0	1
×100	1	1
×1 000	1	0

根据表 11.12 和表 11.14 的对比分析以及表 11.13 和表 11.15 的对比分析，设计的该机床的便携手轮的 PMC 控制梯形图程序如图 11.10 所示，请读者分析此梯形图的原理，要特别理解从输入信号 X 到控制信号 G 之间的转换关系。

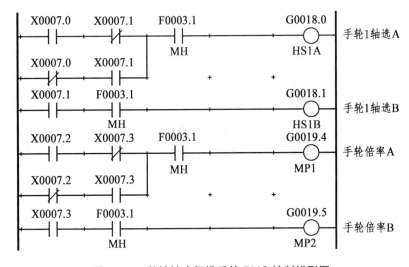

图 11.10 数控铣床便携手轮 PMC 控制梯形图

3. 程序验证和调试

请同学以 2~3 人一组的方式分组进行数控机床手轮进给控制程序的设计与调试，使用数控系统内置编程器或 FANUC LADDER-III 软件设计数控机床手轮进给控制程序，将梯形图程序载入数控系统并运行。

对手轮功能进行如下验证和调试。

（1）将机床操作面板上的工作方式转换到手轮方式，将手轮上的倍率开关转到 ×100，然后将手轮上的轴选开关分别转到 0 轴、X 轴、Y 轴、Z 轴，向正、负两个方向缓慢旋转手轮，查看各轴的动作情况。

（2）将手轮上的倍率开关转到 ×1、×10，再像上一步一样分别验证各轴的动作情况。

将验证情况和调试步骤填入表 11.16 中。若动作不正常，请从系统参数、线路连接、PMC 地址、PMC 梯图等多个方面进行分析和调试。

表 11.16　便携手轮功能验证和调试记录表

序　号	验证记录	调试记录
1		
2		
3		
4		
5		
6		
7		
8		
9		

七、手动回零控制程序设计与调试

1. 情景分析

数控机床的"回零"操作也叫回参考点，参考点即机床坐标系的原点，它在机床出厂时已确定，是一个固定的点。回参考点的目的是把机床的各轴移动到机床的固定点（参考点:原点），使机床各轴的位置与 CNC 的机械位置吻合，从而建立机床坐标系。

FANUC 数控系统可以使用的手动回参考点方式包括利用编码器零脉冲建立参考点、碰撞式回参考点、寻找绝对零点回参考点、自动回参考点四种基本方式。利用编码器零脉冲建立参考点又可以分为"有减速开关回参考点"与"无减速开关回参考点"两种方式，本案例中的数控机床是"有减速开关回参考点"方式。

某三轴立式数控铣床采用"有减速开关回参考点"方式，轴 X、轴 Y、轴 Z 的回零减速开关都安装在各轴的正向极限开关附近。

现要求回参考点动作如下：

第一步：将数控机床工作方式置于手动连续进给（JOG）方式，使机床的各轴沿负方向离开参考点。

第二步：将数控机床工作方式置于"回零"方式，然后分别按 X+、Y+、Z+按钮，机床相应的轴开始以快速进给速度向参考点移动。

第三步：当工作台碰到参考点减速开关（*DEC）时，轴减速移动。以参数 1425 设定的速度移动。

第四步：当轴移动到离开减速开关后的第 1 个栅格时轴停止，回参考点完毕，并且系统向 PMC 传递回零完毕信号 F94.0 ~ F94.7。

本机床的回零减速开关线路未连接于直接地址 X9.0 ~ X9.2，而是连接在 X7.4、X7.5、X7.6 上的，所以必须将参数 No3006#0 设置为 1，采用 G196.0 ~ G196.2 作为回零控制信号进行 PMC 编程。

本机床回零功能相关的信号地址如下：

（1）X 信号。

X 轴减速开关，常闭，地址 X7.4。

Y 轴减速开关，常闭，地址 X7.5。

Z 轴减速开关，常闭，地址 X7.6。

X+操作面板按钮，地址 X6.0。

Y+操作面板按钮，地址 X6.2。

Z+操作面板按钮，地址 X6.4。

（2）G 信号。

第 1 轴的回参考点减速控制信号，地址 G196.0。

第 2 轴的回参考点减速控制信号，地址 G196.1。

第 3 轴的回参考点减速控制信号，地址 G196.2。

第 1 轴选正向有效控制信号+J1，地址 G100.0。

第 2 轴选正向有效控制信号+J2，地址 G100.1。

第 3 轴选正向有效控制信号+J3，地址 G100.2。

（3）F 信号。

机床复位应答信号，地址 F1.1。

机床回零工作方式应答信号，地址 F4.5。

机床 JOG 方式应答信号，地址 F3.2。

第 1 轴回参考点完毕信号，地址 F94.0。

第 2 轴回参考点完毕信号，地址 F94.1。

第 3 轴回参考点完毕信号，地址 F94.2。

（4）R 信号。

第 1 轴回零中间继电器信号，地址 R407.0。

第 2 轴回零中间继电器信号，地址 R407.1。

第 3 轴回零中间继电器信号，地址 R407.2。

2. 程序设计

手动回零的 PMC 控制程序应当包括参考点减速信号控制和手动移动轴控制两个部分，其中减速信号的控制比较简单，使用减速开关输入信号 X 直接控制 G 信号即可，需要注意的是减速开关输入信号 X 使用的是常闭触点。

手动移动轴回零控制因与前面的手动连接进给控制信号相同，都是 G100.0～G100.2，为了使 PMC 程序不出现双线圈输出的情况，方便程序调试和修改，此处使用中间继电器 R407.0～R407.2 接收坐标轴移动控制信号；为了使回零过程中手不一直按着按钮，对 R407.0～R407.2 设计了自锁触点。

最终设计的机床手动回零 PMC 控制程序如图 11.11 所示。

注意：图 11.11 中的 G100.0、G100.1、G100.2 控制信号没有包含手动连续进给功能。由于 PMC 程序不能使用双线圈输出的情况，所以若加上手动连续进给功能，则 G100.0～G100.2 三个网络可以修改为图 11.12 所示的程序结构。

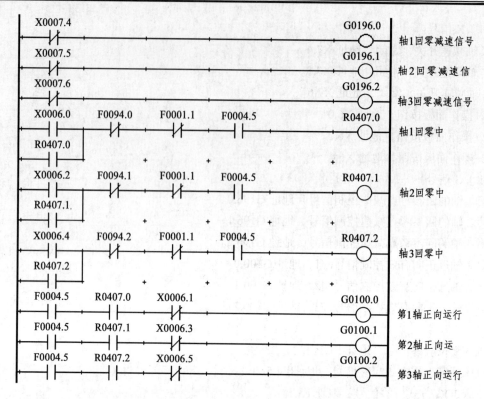

图 11.11　数控铣床手动回零 PMC 控制梯形图程序

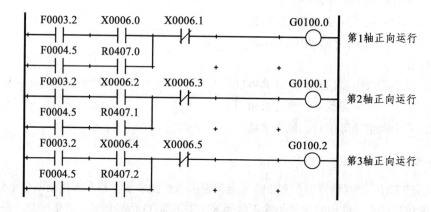

图 11.12　手动回零与手动连续进给功能合并线图输出

3. 程序验证和调试

请同学以 2～3 人一组的方式分组进行数控机床手动回零 PMC 控制程序的设计与调试，使用数控系统内置编程器或 FANUC LADDER-III 软件设计数控机床手动回零控制程序，将梯形图程序载入数控系统并运行。

对手动回零功能进行如下验证和调试。

（1）将机床操作面板上的工作方式转换到手轮方式，将手轮上的倍率开关转到×100，然后将手轮上的轴选开关分别转到 0 轴、X 轴、Y 轴、Z 轴，向正、负两个方向缓慢旋转手轮，查看各轴的动作情况。

（2）将手轮上的倍率开关转到×1、×10，再同上一步一样分别验证各轴的动作情况。

将验证情况和调试步骤填入表 11.17 中。若动作不正常，请从系统参数、线路连接、PMC 地址、PMC 梯图等多个方面进行分析和调试。

表 11.17　回零功能验证和调试记录表

序　号	验证记录	调试记录
1		
2		
3		
4		
5		
6		
7		
8		
9		
10		
11		
12		
13		

任务四　系统运行功能 PMC 程序设计

一、工作目的

掌握数控机床的单段、选择停、程序跳段、机床锁住、空运行、循环启动、进给保持七个关于系统运行功能的控制原理、要求、PMC 编程方法。

二、工作任务

CKA6140 数控车床的操作面板上有循环启动、进给保持、单段执行、选择停、程序跳段、机床锁住、空运行七个关于系统运行功能控制的按钮。设计并调试机床这些功能控制的 PMC 程序，使系统的这些运行功能正常。

三、程序单段执行控制 PMC 设计

程序单段执行是指系统在执行完每一行加工程序段后自动进入进给保持状态，当再次按下循环启动按钮后，系统才执行下一行程序段，从而实现对零件加工程序的逐段执行。

在机床操作面板上有一个程序单段按钮，在系统执行加工程序过程中时，单按一下单段按钮，此按钮对应的 LED 灯亮，系统在执行完每一行程序段后将暂停等待操作者发出循环启动信号；若再按一下单段按钮，则此按钮对应的 LED 灯熄灭，系统顺序将连续执行加工程序。

1. 编程元件地址表

（1）PMC 与机床侧之间的 I/O 地址。

与单段功能有关的机床侧 PMC 地址表及其含义如表 11.18 所示。

表 11.18　单段功能的机床侧 PMC 编程地址表

MT→PMC			PMC→MT		
地　址	符　号	含　义	地　址	符　号	含　义
X0.0	SBK.K	单段执行按键	Y0.0	SBK.L	单段执行 LED 灯

（2）PMC 与 CNC 之间的 I/O 地址。

与单段功能有关的 CNC 侧 PMC 地址表及其含义如表 11.19 所示。

表 11.19　单段功能的 CNC 侧 PMC 编程地址表

PMC→CNC			CNC→PMC		
地　址	符　号	含　义	地　址	符　号	含　义
G46.1	SBK	单段执行	F4.3	MSBK	单段状态确认信号

2. 梯图程序设计

程序单段执行在自动方式和 MDI 方式下有效，当 CNC 侧的单段执行控制信号 G46.1 为 1 时，加工程序单段执行控制的 PMC 程序如图 11.13 所示。

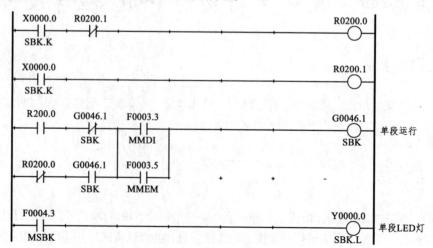

图 11.13　单段控制 PMC 程序

根据图 11.13 分析：这是一个非常典型的二分频控制程序，它的作用是使用一个按钮来实现电路的接通和断开两种稳定工作状态的控制，即在输出为 0 时通过输入可以将输出变为 1；而在输出为 1 时通过输入可以将输出变为 0。

F3.3 和 F3.5 分别是 MDI 工作方式和自动工作方式的状态确认信号，将这两种状态并联后串入 G46.1 线路中，表示仅在这两种工作方式中单段运行才有效。F4.3 为 CNC 到 PMC 的单段运行状态确认信号。R200.0 和 R200.1 都是 PMC 的辅助继电器。

四、选择停功能 PMC 设计

选择停功能包括无条件选择停（M00）和有条件选择停（M01）。

当数控系统执行零件加工程序时遇到 M00 指令，则向 PMC 输入信号 DM00（F9.7）后，加工程序处于进给暂停等待状态，当再次按下循环启动按钮时，程序继续执行。

当数控系统执行零件加工程序时遇到 M01 指令，则向 PMC 输入信号 DM01（F9.6），加工程序是否暂停保持取决于机床面板上的选择停按键功能是否打开。如果面板上的选择停功能打开则加工程序处于进给暂停等待状态，否则数控系统连续执行后面的程序。

1. 编程元件地址表

（1）PMC 与机床侧之间的 I/O 地址。

与选择停功能有关的机床侧 PMC 地址表及其含义如表 11.20 所示。

表 11.20　选择停功能的机床侧 PMC 编程地址表

MT→PMC			PMC→MT		
地　址	符　号	含　义	地　址	符　号	含　义
X0.1	OPSTP.K	选择停按键	Y0.1	OPSTP.L	选择停 LED 灯
X0.6	ST.K	循环启动按钮			

（2）PMC 与 CNC 之间的 I/O 地址。

选择停功能没有专用的控制信号，但一般可以使用系统进给暂停控制信号 *SP（G8.5）实现其功能。

（3）数控系统执行加工程序时的 M 代码功能。

FANUC 数控系统在执行加工程序时使用 M00、M01、M02、M30 代码对执行过程的暂停、复位进行控制，PMC 使用专用的信号通道读取这些 M 代码信息，当系统执行到这四个代码时，即可向 PMC 输入相应的 F 状态信号。M00、M01、M02、M30 代码分别对应的状态信号为 DM00、DM01、DM02、DM30，其地址如表 11.21 所示。

表 11.21　M00、M01、M02、M30 信号地址表

地　址	位							
	#7	#6	#5	#4	#3	#2	#1	#0
F9	DM00	DM01	DM02	DM30				

2. 梯图程序设计

选择停功能控制的 PMC 程序如图 11.14 所示。操作面板上的选择停功能 LED 灯地址为 Y0.1，它的动作是使用二分频控制程序实现。系统执行到加工程序 M00 代码时向 PMC 输入 F9.7 信号，则 F9.7 常开触点闭合，中间继电器 R201.7 线圈通电；当系统执行到加工程序 M01 代码时向 PMC 输入 F9.6 信号，此时若面板的选择停功能打开（Y0.1 通电），R201.7 线圈也将通电，且通过 R201.7 触点实现自锁。当再次按下循环启动按钮（地址 X0.6）时，R201.7 线圈断电复位，选择停执行完成。

由于选择停功能没有专用的控制信号，一般可以使用系统进给保持控制信号*SP（G8.5）实现其功能，为了使后面的进给保持控制程序整体编写的方便，所以此处使用中间继电器 R201.7 保存选择停输出状态。

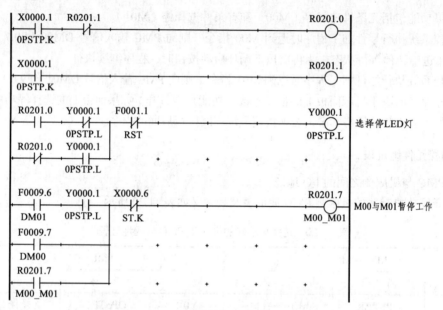

图 11.14 选择停控制功能的 PMC 程序

五、程序跳段功能 PMC 设计

程序跳段功能是系统在自动运行期间，为了方便对加工程序进行测试，可以在某些程序段号前加一个斜杠符号标识，这时系统将不执行这段程序而跳到下一行程序段。

1. 编程元件地址表

（1）PMC 与机床侧之间的 I/O 地址。

与系统运行功能有关的机床侧 PMC 地址表及其含义如表 11.22 所示。

表 11.22 系统运行功能的机床侧 PMC 编程地址表

MT→PMC			PMC→MT		
地 址	符 号	含 义	地 址	符 号	含 义
X0.2	BDT.K	程序跳段按键	Y0.2	BDT.L	程序跳段 LED 灯

（2）PMC 与 CNC 之间的 I/O 地址。

与系统运行功能有关的 CNC 侧 PMC 地址表及其含义如表 11.23 所示。

表 11.23　系统运行功能的 CNC 侧 PMC 编程地址表

PMC→CNC			CNC→PMC		
地　址	符　号	含　义	地　址	符　号	含　义
G44.0	BDT	程序跳段	F4.0	MBDT1	跳段状态确认信号

2. 梯图程序设计

程序跳段功能必须要编写 PMC 程序使其控制信号 G44.0 置 1，若 G44.0 为 0 则系统不会跳过加斜杠的程序段而是正常顺序执行。程序跳段功能控制的 PMC 程序比较简单，仅使用二分频程序控制输入，使用状态确认信号 F4.0 输出到面板指示灯 Y0.2 可以确保面板与系统的状态同步，如图 11.15 所示。

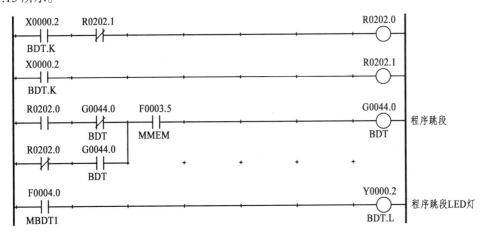

图 11.15　程序跳段功能 PMC 程序

六、机床锁住功能 PMC 设计

在零件的数控加工开始之前，可以通过机床锁住功能先执行自动运行程序测试，通过图像检查零件程序是否正确。

1. 编程元件地址表

（1）PMC 与机床侧之间的 I/O 地址。

与系统运行功能有关的机床侧 PMC 地址表及其含义如表 11.24 所示。

表 11.24　系统运行功能的机床侧 PMC 编程地址表

MT→PMC			PMC→MT		
地　址	符　号	含　义	地　址	符　号	含　义
X0.3	MLK.K	机床锁住按键	Y0.3	MLK.L	机床锁住 LED 灯

（2）PMC 与 CNC 之间的 I/O 地址。

与系统运行功能有关的 CNC 侧 PMC 地址表及其含义如表 11.25 所示。

表 11.25　系统运行功能的 CNC 侧 PMC 编程地址表

PMC→CNC			CNC→PMC		
地　址	符　号	含　义	地　址	符　号	含　义
G44.1	MLK	机床锁住	F4.1	MMLK	所有轴锁住确认信号

2. 梯图程序设计

数控机床运行过程中，若机床锁住信号 G44.1 为 1，则系统停止向伺服电机输出脉冲，将所有进给轴锁住，而轴位置状态仍显示变化。因此可以不进行实际加工而通过图像观察位置显示的变化。机床锁住功能控制的 PMC 程序如图 11.16 所示。

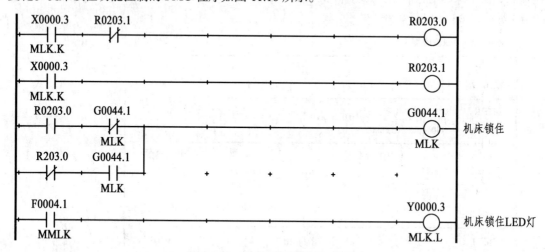

图 11.16　机床锁住功能 PMC 程序

七、空运行功能 PMC 设计

空运行是数控机床以恒定的进给速度运动而不执行加工程序中所指定的进给速度，常用于快速执行程序检查工作。空运行的速度由数控系统参数 1410 设定。

1. 编程元件地址表

（1）PMC 与机床侧之间的 I/O 地址。

与系统运行功能有关的机床侧 PMC 地址表及其含义如表 11.26 所示。

表 11.26　系统运行功能的机床侧 PMC 编程地址表

MT→PMC			PMC→MT		
地　址	符　号	含　义	地　址	符　号	含　义
X0.4	DRY.K	空运行按键	Y0.4	DRY.L	空运行 LED 灯

（2）PMC 与 CNC 之间的 I/O 地址。

与系统运行功能有关的 CNC 侧 PMC 地址表及其含义如表 11.27 所示。

表 11.27 系统运行功能的 CNC 侧 PMC 编程地址表

PMC→CNC			CNC→PMC		
地 址	符 号	含 义	地 址	符 号	含 义
G46.7	DRY	空运行	F2.7	MDRK	空运行状态确认信号

2. 梯图程序设计

PMC 到 CNC 侧的空运行控制信号是 G46.7，当 G46.7 为 1 时空运行有效，否则无效。机床空运行功能控制的 PMC 程序如图 11.17 所示。

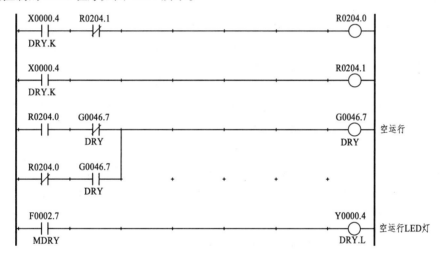

图 11.17 机床空运行功能 PMC 程序

八、循环启动和进给保持 PMC 设计

当数控系统处于存储器自动加工运行方式、DNC 运行方式或 MDI 方式时，手动按下面板上的循环启动按钮，则 CNC 进入自动运行状态并开始执行零件加工程序。在自动运行期间，当按下进给保持（进给暂停）按钮，系统在执行完当前加工程序段后进入运行暂停状态。

1. 编程元件地址表

（1）PMC 与机床侧之间的 I/O 地址。

与系统运行功能有关的机床侧 PMC 地址表及其含义如表 11.28 所示。

表 11.28 系统运行功能的机床侧 PMC 编程地址表

MT→PMC			PMC→MT		
地 址	符 号	含 义	地 址	符 号	含 义
X0.6	ST.K	循环启动按钮	Y0.6	ST.L	循环启动灯
X0.7	SP.K	进给保持按钮	Y0.7	SP.L	进给保持灯

（2）PMC 与 CNC 之间的 I/O 地址。

与系统运行功能有关的 CNC 侧 PMC 地址表及其含义如表 11.29 所示。

表 11.29　系统运行功能的 CNC 侧 PMC 编程地址表

PMC→CNC			CNC→PMC		
地　址	符　号	含　义	地　址	符　号	含　义
G7.2	ST	循环启动（下降沿）	F0.4	SPL	进给暂停状态信号
G8.5	*SP	进给暂停（负逻辑）	F0.5	STL	循环启动状态信号
			F0.7	OP	自动运行状态（启动、暂停、停止时为"1"，复位状态时为"0"）

2. 梯图程序设计

循环启动使用的是 PMC 到 CNC 的控制信号 G7.2（ST）由"1"变为"0"的下降沿，循环启动按钮被按下（X0.6 为 1）时，系统循环启动信号 G7.2 为 1；当松开循环启动按钮（X0.6 为 0）时，系统循环启动信号 G7.2 由 1 变为 0（信号的下降沿），系统开始执行自动加工，同时系统的循环启动状态信号 F0.5 为 1。

进给保持（进给暂停）使用的进给保持有效信号 G8.5（*SP）。G8.5 为负逻辑信号，即当 G8.5 为 0 时系统处于进给暂停状态，此时即使遇到 G7.2（ST）的下降沿信号系统仍然不能循环启动。只有当 G8.5 保持为 1 时，系统循环启动功能才能有效。

在系统自动运行过程中，CNC 向 PMC 传送了三个确认信号（F0.4，F0.5，F0.7）来反映数控机床所处的四种状态，其运行状态如表 11.30 所示。我们利用这三个信号可以方便地编写数控机床状态指示灯控制信号。

表 11.30　CNC 运行过程中的四种状态

运行状态	地　址		
	F0.7（OP）	F0.5（STL）	F0.4（SPL）
程序复位状态	0	0	0
自动运行中的状态	1	1	0
程序段中途暂停状态	1	0	1
自动运行结束未复位状态	1	0	0

机床循环启动和进给保持控制的 PMC 程序如图 11.18 所示。

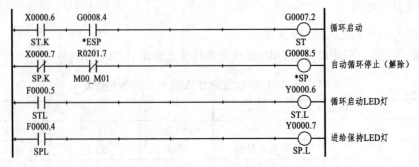

图 11.18　循环启动和进给保持程序

项目小结与检查

本项目主要介绍了与数控机床手动进给和系统运行有关的控制功能的 PMC 编程方法。数控机床手动进给主要包括手动连续进给 JOG、手动快速进给、手轮进给、手动回零等方面。系统运行功能主要包括循环启动、进给保持、单段执行、选择停、程序跳段、机床锁住、空运行等功能。本项目还介绍了格雷码在数控机床上的运用，格雷码是一种安全可靠的编码方式，它在任意两个相邻的数之间转换时，只有一个数位发生变化，减少了由一个状态到下一个状态时逻辑混淆的可能性，在数控机床上的进给倍率、主轴倍率等波段开关式旋钮的接线优先采用格雷码编码方式。本项目还介绍了代码转换指令 CODB 的应用方法，它用于倍率控制功能中，大大简化了程序结构。

通过本项目各功能程序的设计与调试训练，能比较全面、深入地理解 PMC 编程原理和规律。读者应特别注意对典型功能的编程与调试的实践练习，通过练习多积累编程经验，这样可以使 PMC 程序设计与调试更高效快速。

本项目在学习过程中，请读者对各个实训任务（手动进给倍率控制、手动连续进给控制、手动快速移动控制、手轮进给控制、手动回零控制、循环启动、进给保持、单段执行、选择停、程序跳段、机床锁住、空运行）的 PMC 控制功能进行设计与调试，并且做好每个实训步骤、各控制信号地址及梯形图程序的记录，通过训练过程及最终程序执行效果进行检查。

项目练习与思考

11.1 格雷码有什么优点？格雷码在数控机床上有什么用途？普通二进制编码、格雷码、十进制编码之间如何转换？

11.2 梯形图如何处理双线圈矛盾？

11.3 请思考数控机床工作方式控制是否可以采用 CODB 指令编程，如果可能，请设计其梯形图。

11.4 若数控机床的手动连续进给不是采用各轴正负方向按钮形式控制，而是"轴选择"使用旋转波段开关控制，"正负方向"使用两个独立按钮控制，那么请设计其手动进给及回零功能的 PMC 梯形图程序。

11.5 请设计数控机床程序自动进给的倍率控制 PMC 程序。

11.6 为了安全考虑，某数控车床 X 轴和 Z 轴的正、负两个方向极限位置都各安装了一个限位接近开关，当刀架移动到接近开关位置时，机床立即产生急停，如果要解除急停必须在 JOG 方式下同时按住"主轴停止"和"进给保持"两个按钮，然后等待系统复位后再按与超程轴方向相反的轴按钮使机床恢复正常。请设计此机床的超程急停控制 PMC 程序。

项目十二 数控机床辅助功能 PMC 编程

【教学导航】

建议学时	建议理论 6 学时,实践 12 学时,共 18 学时。
推荐教学方法	理论实践一体化教学,引导学生自主学习。
推荐学习方法	以小组为单位,边学边做,小组讨论;老师先介绍基本概念、基本理论、基本方法,然后引导学生通过实验、实训的方法主动学习。
学习要领	• 理解数控机床 PMC 的作用; • 掌握数控机床典型 PMC 控制程序设计方法; • 数控机床 PMC 设计非常灵活,在学习开始时可以多阅读典型功能 PMC 控制实例,并总结经验,最终灵活运用; • 从简单到复杂,先掌握一些简单的梯形图程序的设计方法,再逐渐学习复杂动作的控制方法; • 要多动手多练习,通过实验验证,可有利于对数控机床 PMC 的理解。
知识要点	• 掌握译码指令 DECB 的作用和使用方法; • 掌握定时器 TMRB 的使用方法; • 掌握数控 M 辅助指令的功能实现方法; • 掌握数控机床常见辅助功能的 PMC 编程方法; • 掌握冷却功能 PMC 编程方法; • 掌握润滑功能 PMC 编程方法。

任务一 项目描述

数控机床从加工角度看,其动作主要包括三大类,一是主运动,二是进给运动,三是辅助运动。数控机床的辅助运动是数控机床实现正常工作的重要保障,辅助动作的完善程度与合理程度也体现了机床的水平和档次。与主运动、进给运动不一样,辅助运行控制一般不依赖于伺服放大器,而是由数控 PLC 控制,控制的主要对象有继电器、电磁铁、电磁离合器、电磁阀等,实现数控机床的润滑、冷却、换刀、交换工作台、主轴换挡、液压与气动等功能的控制。

有些辅助动作是自动执行的,如自动润滑;有些辅助动作是手动执行的,如手动冷却;有些是可以用程序执行 M 指令实现的。本项目将详细介绍数控机床上这些辅助动作 PMC 控制的实现方法。

任务二　相关知识的了解认识

一、程序 M 功能的实现方法

在自动执行加工程序时，可以使用 M 指令来对程序执行过程或机床辅助功能进行控制。M 指令的功能一般有两种，一种是对程序执行过程的跳转、暂停、停止等功能进行控制；另一种是对机床辅助功能顺序进行控制，例如：程序执行 M08 指令可以打开冷却液，执行 M09 指令可以关闭冷却液。

1. 程序执行控制 M 代码

对程序执行过程进行控制的 M 代码有 M00，M01，M02，M30，M98，M99 等。具体功能如表 12.1 所示。

表 12.1　程序执行控制 M 代码

M 代码	名　称	动　作
M00	程序停止	停止自动运行的程序
M01	选择停止	接通机床操作面板上的选择停止按钮时，与 M00 相同
M02	程序结束	程序的结束，自动运行时使程序结束
M30	程序结束	程序的结束，自动运行时使程序结束并回到程序头
M98	子程序调用	调用子程序
M99	子程序结束	子程序的结束，返回主程序

程序执行控制 M 代码是可以由 CNC 直接输出的，它不需要 PMC 译码处理，是专用信号，其中 M00，M01，M02，M30 四个代码对应的专用信号如表 12.2 所示。

表 12.2　M00，M01，M02，M30 专用输出信号

地　址	#7	#6	#5	#4	#3	#2	#1	#0
F9	DM00	DM01	DM02	DM30				

当 CNC 程序执行到 M00，M01，M02，M30 时，会自动对 PMC 输出 F9.7 ~ F9.4 的状态信号，PMC 程序则可以使用该信号对程序执行过程进行控制。例如：程序停止（M00）功能可以使用 M00 代码的的输出信号 F9.7，利用此信号可以编写程序暂停功能，这点在前面已经介绍到。

M02 和 M30 代码的处理实际是 PMC 将复位信号送到 CNC，不需要送回辅助功能完成信号，其梯形图程序如图 12.1 所示。

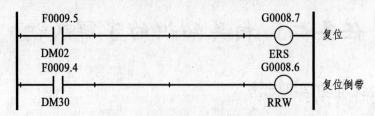

图 12.1 M02，M30 功能控制 PMC 程序

M98 和 M99 是在 CNC 内部进行处理的，不需要 PMC 进行处理，CNC 也不输出辅助功能选通信号（MF、F7.0）。

2. 辅助功能顺序控制 M 代码

除前面介绍的程序执行控制 M 代码外，其他的所有 M 代码在执行时，CNC 不能直接对 PMC 输出某一个 F 地址信号，而是将 M 代码的信息输出为 F10～F13 组成的 4 字节二进制数，PMC 需要先对其进行译码操作，然后才能运用译码地址进行顺序程序编程。

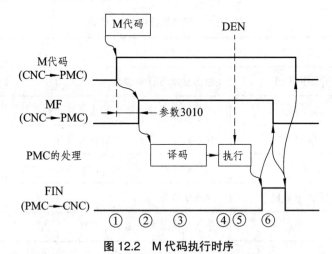

图 12.2 M 代码执行时序

辅助功能顺序控制 M 代码主要是完成冷却、润滑、换刀等机床继电器、电磁铁的动作。辅助功能的实现有手动控制和自动控制两种。在手动控制时采用单按钮控制，采用二分频控制 PMC 程序。自动控制通常采用加工代码 M 控制。

M 代码执行的时序如图 12.2 所示，其执行过程包括①～⑥共六个阶段，首先是 CNC 执行加工程序时执行到了 M 代码，然后 CNC 就向 PMC 发送 M 功能选通信号 F7.0（MF），之后 PMC 进行译码和程序执行的顺序处理过程，当 PMC 对 M 信号处理完成并且输出时，便向 CNC 发送 M 代码完成信号 G4.3（FIN），CNC 接收到 PMC 发送来的 M 代码完成信号之后便可以开始执行后面的加工程序了。辅助功能完成信号 G4.3（FIN）一定经编写梯形图程序，否则系统将暂停在当前 M 程序代码位置而不往后面执行。

CNC 读到加工程序的 M 代码时，就输出 M 代码的信息，FANUC 数控系统 M 代码信息输出地址为 F13～F10 所组成的 4 字节二进制数，总共可以表示 232 个 M 代码。

例如执行主轴正转（M03）时，F13～F10 所组成的 4 字节数据为：

F13=0000 0000

F12=0000 0000

F11=0000 0000

F10=0000 0011

二、重要功能指令介绍

1. 译码指令 DECB

数控机床在执行加工程序中规定的 M、S、T 代码时，CNC 装置以 BCD 或二进制码形式输出 M、S、T 代码信号。这些信号需要经过译码才能从 BCD 或二进制状态转换成具有特定功能功能含义的一位逻辑状态。

译码指令 DECB 就是将普通 1 字节、2 字节或 4 字节的二进制码转换成一位逻辑状态输出的功能指令。DECB 指令主要用于 M 代码、T 代码的译码。

DECB 指令格式如图 12.3 所示，该指令主要包括以下内容。

形式指定：表示为 0nnX 。其中 nn 为连续译码个数设定，当 nn 为 00 或 01 时，对连续的 8 个数值进行译码，译码结果输出地址需要占用 1 个字节的存储器容量；当 nn 为 02～99 时，对连续 8×nn 个数值进行译码，译码结果输出地址需要占用 nn 个字节的存储器容量。X 表示代码数据地址中存储的二进制数的字节长度，其值为 1 时表示长度 1 字节的二进制数，为 2 时表示长度 2 字节的二进制数，为 4 时表示长度 4 字节的二进制数。

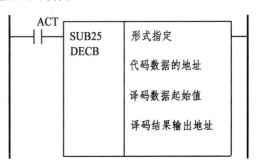

图 12.3　DECB 指令格式

代码数据的地址：表示存储二进制代码数据的起始地址，以字节形式表示。

译码数据起始值：表示译码的 8×nn 数据的起始数据。

译码结果输出地址：译码结果输出的逻辑数据的起始地址，以字节形式表示。

例如：如图 12.4 所示的 M 代码译码指令，对 8 个数进行译码，起始数为 3，即译码的数数据为 3～10；代码数据的地址为以 F10 开始的 4 字节，即 F13，F12，F11，F10；译码结果输出地址为以 R401 开始的寄存器。

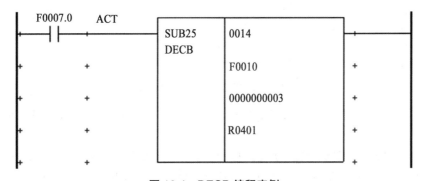

图 12.4　DECB 编程实例

该程序执行的结果实际是对 M03～M10 代码进行译码，其译码结果如表 12.3 所示。

表 12.3   DECB 编程实例的译码结果

R401	#7	#6	#5	#4	#3	#2	#1	#0
	M10	M09	M08	M07	M06	M05	M04	M03

2. 定时器

PMC 的定时器的功能类似于继电接触器控制系统中的时间继电器，是用来延时的。数控 PMC 的定时器指令有可变定时器 TMR 和固定定时器 TMRB 两种。

（1）可变定时器 TMR。

可变定时器 TMR 功能指令如图 12.5 所示。

图 12.5   可变定时器功能指令

可变定时器 TMR 的定时时间在梯形图中是不用指定的，而是通过 PMC 定时器参数进行更改。

控制条件：当 ACT=0 时，输出继电器 W1=0；当 ACT=1 时，经过设定的延时时间后，输出定时器 W1=1 。

定时器号：FANUC 根据不同型号的系统，其定时器个数不一样，FANUC 0i Mate C PMC-SA1 和 FANUC 0i Mate D PMC-L 均为 1 ~ 40 个。详细规格请查看 FANUC 相关说明书。

W1 是输出继电器，一般使用中间继电器，梯形图设计人员可自行决定其用途和地址。

（2）固定定时器 TMRB。

固定定时器 TMRB 功能指令，如图 12.6 所示。

固定定时器 TMRB 的设定时间编在梯形图中，在指令和定时器号后面的一项参数预设定时间，与顺序程序一起被写入 FLASH ROM 中，因此，定时器的时间不能用 PMC 参数修改。

固定定时器一般用于机床固定时间的延时，不需要用户修改时间，如机床换刀动作时间、机床自动润滑时间等。

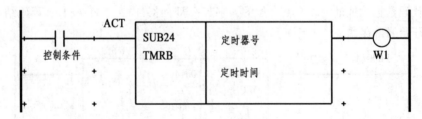

图 12.6   固定定时器功能指令

控制条件：当 ACT=0 时，输出继电器 W1=0；当 ACT=1 时，经过设定的延时时间后，输出定时器 W1=1。

定时器号：FANUC 根据不同型号的系统，其定时器个数不一样，FANUC 0i Mate C PMC-SA1 和 FANUC 0i Mate D PMC-L 均为 1 ~ 100 个。详细规格请查看 FANUC 相关说明书。

定时时间：设定时间范围为 1 ~ 32 760 000 ms。

W1 是输出继电器，一般使用中间继电器，梯形图设计人员可自行决定其用途和地址。

3. 信息显示请求 DISPB

数控机床很多时候希望 PLC 的某些执行信息能够显示在 CRT 屏幕上，用于提示操作者机床的某些工作状态。例如，当润滑系统的油面太低时要提醒用户加注润滑油，当排屑系统过载时要提示用户清除多余切屑，等等。这些来自 PLC 的信息显示功能也被称为数控系统外部报警信息显示。

信息显示功能指令 DISPB，该指令用于在 CRT 上显示外部信息，可以通过指定信息号编制相应的报警，最多可编制 200 条信息。DISPB 指令的应用如图 12.7 所示。

图 12.7 信息显示功能指令

信息显示条件：当 ACT=0 时，系统不显示任何信息；当 ACT=1 时，依据每条信息显示请求地址位（A0 ~ A24）的状态，若 A 地址位的状态为 "1"，则显示信息数据表中设定的信息，每条信息最多为 255 个字符，在此范围内编制信息。

信息显示功能指令的编制方法如下：

（1）编制信息显示请求地址。从信息继电器地址 A0 ~ A24 中编制信息显示请求位，每位都对应一条信息。如果要在系统显示装置上显示某一条信息，将对应的信息请求位置为 "1"；如果将该信息请求位置为 "0"，则清除相应的显示信息。

（2）编制信息数据表。信息数据表中每条信息数据内容包括信息号和存于该信息号中的信息。信息号为 1 000 ~ 1 999 时，在系统报警画面显示信息号和信息数据；信息号为 2 000 ~ 2 999 时，在系统操作信息画面只显示信息数据而不显示信息号。信息数据表与 PMC 梯形图一起存储到系统的 F-ROM 中。

下面以一个实例介绍数控系统外部报警的编制。如图 12.8 所示，X10.0 为机床防护门开关，当执行加工程序时若机床防护门未关闭，在屏幕上显示报警提示 "1002: DOOR NEED LCOSE."，机床自动运行启动状态信号地址 F0.5，信息显示请求地址位如表 12.4 所示。

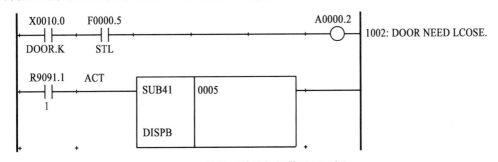

图 12.8 数控系统外部报警显示示例

表 12.4 信息显示请求地址位编辑

信息号	信息内容
A0.2	1002: DOOR NEED LCOSE.

任务三　机床典型辅助功能 PMC 程序设计与调试

一、工作目的

（1）了解数控机床辅助动作种类，掌握数控机床常见辅助功能的 PMC 编程方法。

（2）掌握数控 M08、M09 等辅助指令功能的实现方法。

（3）掌握译码指令 DECB 的作用和使用方法。

（4）掌握定时器 TMRB 的使用方法。

（5）提高 PMC 编程实践动手能力。

二、工作准备

1. 工具、仪器及器材

（1）器材/设备：数控机床维修实验台、数控加工中心 VDL800、数控车床 CKA6132。

（2）其他：装有 FANUC LADDER-III 软件的电脑，CF 存储卡，FANUC PCMCIA 网卡。

（3）资料：机床电气原理图、FANUC 简明联机调试手册、FANUC 参数手册、FANUC 梯形图编程说明书、伺服放大器说明书、FANUC 产品选型手册。

2. 场地要求

数控机床电气控制与维修实训室、机械制造中心。配有 FANUC 0i C 数控系统（开启参数与 PLC 编程功能）的数控机床数台。

三、工件冷却功能 PMC 编程设计与调试

在数控机床加工工件时，刀具和工件将产生高温，为避免刀具和工件被烧坏，应启动冷却系统，打开冷却液给刀具和工件降温。

冷却功能的控制一般有手动控制和程序控制两种方式。手动控制是使用机床操作面板上的一个按钮来实现冷却液的打开和关闭；程序控制是使用加工代码 M08 将冷却液打开，使用加工代码 M09，M02，M30 等将冷却液关闭。那么为什么执行这些指令时可以控制冷却液的打开和关闭呢？下面通过本训练内容来一步步介绍其中的原因。

1. 情景分析

（1）电气原理图及操作方法。

某数控车床 CKA6132，其冷却系统电气原理图和 PMC 输入/输出信号接口电路如图 12.9 所示。

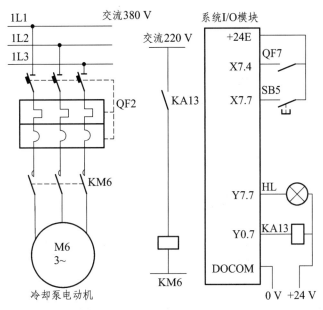

图 12.9　冷却系统的电气原理图和 PMC 输入/输出信号接口

QF7 为冷却泵电动机的断路器，能实现电动机的过载保护与短路保护检测，可作为系统冷却泵过载报警提示的输入信号。

SB5 为数控机床操作面板上的手动冷却按钮，作为系统手动冷却的输入信号。

KA13 为系统控制冷却电动机工作的控制继电器。

HL 为数控机床操作面板上的冷却指示灯。

该机床冷却功能的控制有手动控制和程序控制两种方法。

程序控制方法为：在 CNC 处于自动运行、远程运行和手动数据输入的任一方式，执行加工程序指令 M08 时，冷却液打开；执行 M02、M09 和 M30 任一指令时，冷却液关闭。

手动控制方式为：在 CNC 处于机床任意工作方式，若冷却液当前处于关闭状态，按下冷却开按钮将打开冷却液；若冷却液当前处于开启状态，再次按下冷却按钮或按下机床复位、急停按钮，都将关闭冷却液。

（2）PMC 相关地址。

由前面的分析可知，本机床冷却功能相关的 PMC 信号地址如下：

① X 信号。

手动冷却液开按钮 SB5，地址：X7.7。

② Y 信号。

冷却液指示灯，地址：Y7.7。

冷却泵电动机控制继电器，地址：Y0.7。

③ F 信号。

数控系统 M 代码信息输出，地址：F13 ~ F10。

数控系统复位信号，地址：F1.1。

④ G 信号。

数控系统急停信号，地址：G8.4。

程序结束复位信号 ERS，地址：G8.7。

⑤ R 信号。

冷却液程序打开指令 M08 译码地址：R408.0。

冷却液程序关闭指令 M09 译码地址：R408.1。

手动冷却开中间继电器，地址：R420.7。

程序冷却开中间继电器，地址：R421.7。

2. 程序设计

由于该机床冷却功能的控制有手动控制和程序控制两种方法，所以在设计 PMC 控制程序时可以先分别设计手动控制和程序控制功能，再把两者组合起来。

手动冷却控制功能是一个典型的二分频控制程序，即使用一个按钮实现冷却液打开和关闭的两种稳定工作状态的控制，这样控制程序在前面已经接触到，所以不再陌生，但需要注意的是此程序中需要加入安全保护功能，通过分析设计出的手动冷却梯形图程序如图 12.10 所示。

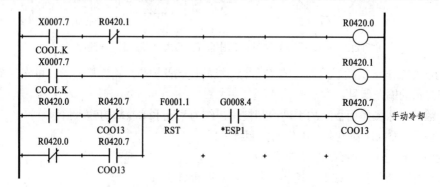

图 12.10　单独手动冷却控制 PMC 梯形图

程序冷却控制由加工程序代码 M08 打开冷却液，M09 关闭冷却液，首先需要对 M 代码进行译码，然后才能用译码地址进行冷却液的打开和关闭编程，还要注意急停、复位、程序结束等都能关闭冷却液的情况，所以经过分析可以设计出梯形图程序，如图 12.11 所示。

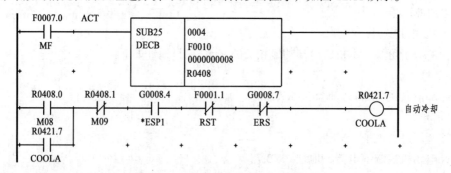

图 12.11　单独程序冷却 PMC 梯形图

图 12.11（程序冷却 PMC 梯形图）说明：当加工程序执行 M08 时，经过译码指令 DECB 的运算使得中间继电器 R408.0 变为 1，从而使继电器 R421.7 为 1，冷却液打开；当加工程序执行 M09 时，中间继电器 R408.1 变为 1，从而使继电器 R421.7 为 0，冷却液关闭；急停信号 G8.4、复位信号 F1.1、程序结束信号 G8.7 也可以将继电器 R421.7 置为 0 。

在实际机床应用中往往要求冷却液手动控制和程序控制都有效，将前面程序组合，但是由于两种控制方法有相互联锁作用，所以需要对组合后的梯形图做一定的修改，最终设计的梯形图程序如图 12.12 所示。为了实现 M08 程序冷却打开时，既可以 M09 程序关闭冷却又可以手动关闭冷却，所以使用了 R421.7 和 R420.7 的常闭触点，实现程序冷却与手动冷却的联锁控制，此梯形图的控制原理和时序请读者自己细致分析。

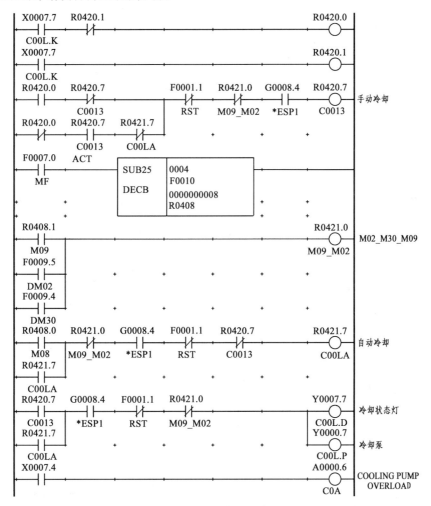

图 12.12　数控车床 CKA6132 的冷却系统最终 PMC 控制梯形图

数控系统自动执行加工程序时遇到 M、S、T 功能代码，都将暂停等待功能的完成。所以在程序冷却功能（M08）执行后，PMC 必须向系统发送一个代码完成信号 G4.3（FIN），系统在接收到信号 G4.3（FIN）之后开始往后面执行程序。

由于不同机床的 M、S、T 功能区别较大，所以其梯形图的设计方法区别也非常大。此处以前面介绍的冷却功能为例说明辅助功能完成信号 G4.3（FIN）的程序设计方法。如图 12.13 所示，中间继电器 R450.0 表示各种 M 代码指令的完成信号，此处只编写了冷却功能执行时涉及的 M08 和 M09 代码（实际机床中要把所有 M 代码功能都编写上），F7.0 是系统发送到 PMC 的辅助功能选通信号；R460.0 和 F7.2 是作 S 代码功能完成判断；R470.0 和 F7.3 是作 T 代码功能完成判断。请读者自行分析其程序原理。

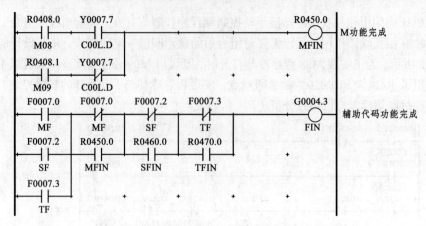

图 12.13　辅助功能完成信号处理 PMC 程序

3. 程序验证和调试

请同学以 2~3 人一组的方式分组进行数控机床冷却功能 PMC 控制程序的设计与调试，使用数控系统内置编程器或 FANUC LADDER-III 软件设计数控机床冷却功能控制程序，将梯形图程序载入数控系统并运行。

对冷却功能功能进行如下验证和调试。

（1）将机床转换到任一工作方式，手动按机床操作面板上的冷却按钮，查看冷却液工作情况，要求当冷却液打开时按下按钮使冷却液关闭，当冷却液关闭时按下按钮使冷却液开启。

（2）编辑如下加工程序：M08；M00；M09；M00；M08；M00；M02；运行此程序逐步验证冷却泵的开启与关闭情况。

（3）先手动打开冷却液，再次运行前面的加工程序，验证冷却泵的开启与关闭情况。

（4）再次运行前面加工程序，在冷却液程序自动开启状态时，手动按下机床操作面板上的冷却按钮，验证冷却泵的工作情况。

机床重新上电，再次做前面步骤进行验证。若机床冷却液工作情况与要求不符，请分析原因并进行调试。

将验证情况和调试情况填入表 12.5 中。

表 12.5　冷却功能验证和调试记录表

序　号	验证记录	调试记录
1		
2		
3		
4		
5		
6		
7		
8		
9		

四、机床润滑系统 PMC 编程设计与调试

数控机床运行时，为了使机床导轨、滚珠丝杠和主轴箱等部件稳定工作，需要进行定时的自动润滑。数控机床的润滑方式一般有手动润滑与定时自动润滑，但现代数控机床一般采用定时自动润滑方式，因为这种方式简单方便，也免去了操作麻烦，平时操作者几乎可以不用考虑机床润滑的工作，当润滑油压过低时系统会自动提示操作者添加润滑油。

1. 情景分析

数控车床 CKA6132，其润滑系统的工作要求为：

（1）数控机床开机时，在机床准备就绪后，应进行自动润滑 15 s，然后关闭。

（2）机床在第一次自动润滑后每间隔 30 min，会自动润滑 20 s 以保证机床在运行过程中导轨、丝杠等工作良好。

（3）润滑泵工作时，2 s 打油，3 s 关闭。

（4）在加工过程中，操作者根据实际情况需要可以进行手动润滑，手动润滑为"点动"控制，其操作方法为：任何时刻按住操作面板上的润滑按钮时开始润滑，松开润滑按钮时润滑停止。

（5）当润滑泵过载时，系统会有相应的润滑过载报警信息，润滑泵停止工作。

（6）当润滑油压过低时，系统会有相应的润滑油压过低报警信息，但润滑不会停止。

其润滑系统电气原理图和 PMC 输入/输出信号接口电路如图 12.14 所示。

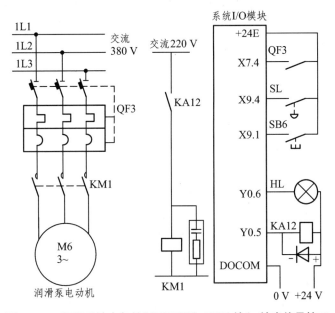

图 12.14　润滑系统电气控制原理图和 PMC 输入/输出信号接口

QF3 为润滑泵电动机的带电流保护断路器，实现电动机的短路与过载保护。

SL 为润滑系统液面检测开关，作为系统润滑油油面过低报警提示的输入信号。

根据前面的分析及查看机床电气原理图可知，此数控机床的润滑 PMC 相关控制信号地址为：

（1）X 信号。

手动润滑按钮 SB6，地址：X9.1。

润滑泵电机过载保护 QF3，地址 X7.4。

润滑液面检测开关 SL，地址 X9.4。

机床准备就绪信号，地址 X7.0。

（2）Y 信号。

润滑开指示灯，地址 Y0.6。

润滑泵控制继电器，地址 Y0.5。

（3）定时器。

润滑泵打油时间 2 s，T11。

润滑泵打油间歇时间 3 s，T12。

自动润滑时间 20 s，T13。

自动润滑时间间隔 30 min，T14。

开机时润滑时间 15 s，T15。

2. 程序设计

根据前面的分析可知，机床的润滑控制实际是一种时间控制与手动控制的组合。首先应根据情景要求设计出定时器，经分析，此处的定时器包括润滑泵打油过程的 2 s 打油 和 3 s 关闭的定时器，其时间固定，可以使用固定定时器 TMRB；还包括自动润滑过程中的 30 min 暂停和 20 s 润滑的时间；还包括开机时机床准备就绪后的润滑时间。定时器类型可以使用可变定时器 TMR，也可以使用固定定时器 TMRB。若使用可变定时器 TMR，则需要在 PMC 参数界面中设定定时时间；若使用固定定时器 TMRB，则直接将时间编写到梯形图中，此处为了阅读方便采用固定定时器 TMRB。

润滑泵的工作控制程序可以将自动润滑过程、开机润滑和手动润滑进行并联，最终设计出的机床自动润滑的控制梯形图程序如图 12.15 所示。

当机床开机时，机床准备就绪信号 X7.0 为 1，启动机床润滑泵电动机（Y0.5 输出），同时启动固定定时器 TRMB15，机床自动润滑 15 s（2 s 打油、3 s 间歇循环）后，固定定时器 TRMB15 的输出线圈 R422.7 为 1，常闭触点 R422.7 断开机床自动润滑回路，从而实现机床开机时的自动润滑操作。

当机床正常运行过程中，由 TMRB13 决定润滑一次后的间隔时间（此处为固定 30 min，也可以使用可变定时器 TMR 以实现操作者自定义间隔时间），机床润滑一次时间由 TMRB14 设定（20 s），由于两个定时器是互相关联的，可以实现机床周而复始地润滑。

当润滑系统出现过载或短路时，通过过载输入信号 X7.4 断开润滑泵，同时通过地址 A0.3 实现润滑泵过载报警信息（1003：润滑泵过载或短路故障）。当润滑液面下降到极限位置时，液面检测开关动作，由 X9.4 输入润滑系统液压低信号，通过地址 A0.5 实现润滑液面过低报警信息（1005：润滑液面过低）以提示操作者加注润滑油。

3. 程序验证和调试

机床润滑系统多数时候是自动执行的，且间隙时间较长，所以在验证功能时相对不便，但可以通过观察润滑指示灯和监控梯形图等方法分析判断程序的正确与否。

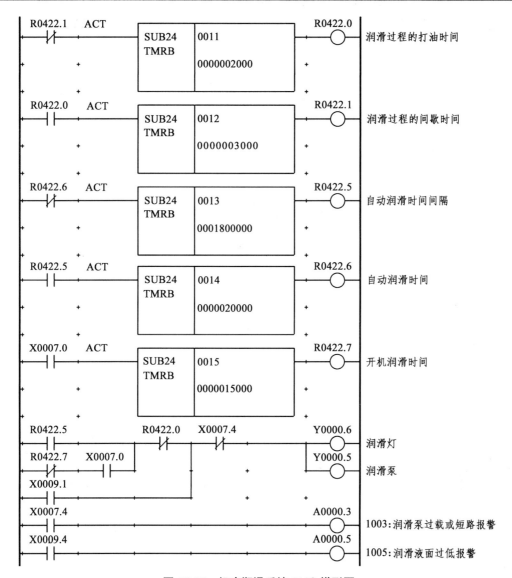

图 12.15 机床润滑系统 PMC 梯形图

请同学以 2～3 人一组的方式分组进行数控机床润滑功能 PMC 控制程序的设计与调试，使用数控系统内置编程器或 FANUC LADDER-III 软件设计数控机床润滑功能控制程序，将梯形图程序载入数控系统并运行。

对润滑功能功能进行如下验证和调试。

（1）打开数控机床电源，注意观察润滑指示灯的工作情况，当 PMC 启动成功、数控机床准备就绪后，润滑指示灯应自动打开，并以 2 s 通、3 s 断的频率闪烁变化，20 s 后会暂停闪烁并熄灭。

（2）进入梯形图监控画面，搜索到 R422.5～R422.6，观察 TMRB13 和 TMRB14 的计时值变化情况，做好记录。

（3）手动按下机床操作面板上的润滑按钮，监控梯形图的润滑输出状态。

（4）在润滑泵工作时靠近润滑泵会听到打油的声音，同学甲可以进行手动操作并观察梯形图监控，同学乙仔细监听润滑泵的工作情况，同学丙做好记录。

（5）试着将自动润滑间隔时间 30 min 换成使用可变定时器 TMR 重新进行试验。

若机床润滑系统工作情况与要求不符，请分析原因并进行调试。

将验证情况和调试情况填入表 12.6 中。

表 12.6　润滑功能验证和调试记录表

序　　号	验证记录	调试记录
1		
2		
3		
4		
5		
6		
7		
8		
9		

项目小结与检查

本项目主要介绍了数控机床辅助功能作用、数控加工程序中的 M 代码处理和实现方法、数控 PMC 译码指令、定时器 TMR 和 TMRB 功能指令、数控机床外部报警信息显示等内容。通过设计和实训方式介绍了数控机床的典型冷却系统及润滑系统的 PMC 程序控制方法。通过本项目的训练之后应达到如下目标：

（1）全面理解数控机床辅助功能 PLC 控制方法和控制内容。数控机床辅助功能 PLC 控制不仅仅指辅助电动机的运动控制，而且包括各种照明灯、指示灯、继电器、电磁铁、电磁离合器、电磁阀等元件的控制。

（2）掌握数控 M 代码功能实现方法。数控加工程序中的 M 代码包括程序执行控制 M 代码和辅助功能顺序控制 M 代码两大类，其中程序执行控制 M 代码有 M00，M01，M02，M30，M98，M99 六个，它们可以由 CNC 直接输出的，它不需要 PMC 译码处理；辅助功能顺序控制 M 代码的执行包括六个阶段，且数控加工程序中的 M，S，T 代码都必须用编辑功能完成处理程序（一般为 G4.3）。

（3）掌握数控 PMC 译码功能指令的作用和用法；掌握定时器指令的用法；掌握信息显示指令 DISPB 的用法及数控系统外部报警的编写和调试方法。

（4）掌握程序程序冷却和手动冷却的 PMC 控制程序设计和调试方法。

（5）掌握数控机床润滑系统的一般控制方法。

本项目训练后，读者应对数控机床 PMC 有了较全面的认识，不同的数控机床其辅助功能控制要求区别较大，本项目不能详尽，读者可根据相关的梯形图编程说明书和对 PMC 工作原理的理解加以练习。

　　本项目在学习过程中，请读者对各个实训任务（机床冷却功能、机床润滑功能）的 PMC 控制功能进行设计与调试，并且做好每个实训步骤、各控制信号地址及梯形图程序的记录，通过训练过程与最终程序执行效果进行检查。

项目练习与思考

　　12.1　什么是数控机床辅助动作？举例说明数控机床常见的辅助动作。

　　12.2　数控 M 代码主要有些什么功能？

　　12.3　数控 PMC 若没有处理辅助功能完成信号（G4.3）会如何？

　　12.4　想一想除了教材中介绍的使用进给保持控制信号*SP（G8.5）实现 M00 和 M01 的程序暂停功能外，还可以如何实现程序暂停功能，请设计其梯形图程序。

　　12.5　试在数控 PMC 上利用定时器设计一循环闪烁信号 R999.6，闪烁周期为 1 s（接通 0.5 s，断开 0.5 s）。

　　12.6　数控机床模拟主轴的转向信号由 PMC 处理 M03、M04 指令后输出到继电器从而控制变频器的工作。主轴旋转必须使主轴停止信号*SSTP（G29.6）为"1"，主轴转速倍率控制信号为 G30，请设计此机床的模拟主轴控制 PMC 程序。

　　12.7　假若某数控机床的自动排屑系统工作要求如下：

　　（1）既可手动排屑又可加工程序自动排屑。

　　（2）在机床任何工作方式下，按下机床操作面板上的排屑正转按钮，排屑泵正转且对应正转指示灯亮；按下机床操作面板上的排屑停止按钮，排屑泵停止旋转且对应指示灯亮；按下机床操作面板上的排屑反转按钮，排屑泵反转且对应反转指示灯亮。

　　（3）执行加工代码 M15 可以打开排屑正转，执行 M16 可以打开排屑反转，执行 M17 为排屑停止。

　　（4）当排屑泵过载时停止工作并且在数控系统报警画面显示报警信号。

　　（5）排屑泵正反转互锁，即正转时必须先停止后才能启动反转，反转时必须先停止后才能启动正转。

　　（6）机床开机时排屑泵为停止状态。

　　试设计此机床排屑功能 PMC 控制程序。

附录 A　常用电气简图用图形及文字符号一览表

名　称	GB 4728—2008 图形符号	GB 7159—1987 文字符号	名　称	GB 4728—2008 图形符号	GB 7159—1987 文字符号
直流电	⎓		正极性	+	
交流电	∼		负极性	−	
中性（中性线）	N		端子	○	X
交流发电机	Ⓖ∼	GA	可拆卸端子	∅	X
直流发电机	Ⓖ⎓	GD	位置开关 常开触点		SQ
交流测速发电机	TG∼	TG	位置开关 常闭触点		SQ
直流测速发电机	TG	TG	作用双向机械操作的位置开关		SQ
交流电动机	Ⓜ∼	MA	单极控制开关		SA
直流电动机	Ⓜ	MD	三极控制开关		SA
步进电动机	Ⓜ	M	常开按钮	E	SB
三相笼型异步电动机	Ⓜ 3∼	MC	常闭按钮	E	SB
三相绕线型异步电动机	Ⓜ 3∼	MW	复合按钮	E	SB

续表 A

名　称	GB 4728—2008 图形符号	GB 7159—1987 文字符号	名　称	GB 4728—2008 图形符号	GB 7159—1987 文字符号
交流伺服电动机	(SM ~)	SM	断路器		QF
直流伺服电动机	(SM)	SM	三极断路器		QF
欠压继电器线圈	$U<$	KV	隔离开关		QS
过电流继电器	$I>$	KA	三极隔离开关		QS
交流接触器线圈		KM	负荷开关		QS
接触器常开触点		KM	三极负荷开关		QS
接触器常闭触点		KM	通电延时线圈		KT
中间继电器线圈		K	断电延时线圈		KT
中间继电器 常开触点		KA	延时闭合 常开触点		KT
中间继电器 常闭触点		KA	延时断开 常闭触点		KT
热继电器热元件		FR	延时断开 常开触点		KT
热继电器 常闭触点		FR	延时闭合 常闭触点		KT

续表 A

名称	GB 4728—2008 图形符号	GB 7159—1987 文字符号	名称	GB 4728—2008 图形符号	GB 7159—1987 文字符号
电阻器		R	电流表	A	PA
压敏电阻	U	RV	电压表	V	PV
电容器一般符号		C	电度表	kWh	PJ
极性电容器	+	C	双绕组变压器	或	T
电磁铁		YA	电流互感器	或	TA
电磁制动器		YB	熔断器		FR
电磁离合器		YC	照明灯 信号灯		EL HL
接机壳或接地板	或	PE	二极管		V
接地一般符号		E	晶闸管		V
保护接触		PE	控制电路用电源整流器		VC
电抗器		L	NPN 晶体管		V
蜂鸣器		B	PNP 晶体管		V
电铃		B			

附录 B　FANUC PMC 编程指令表

说明：

（1）指令格式 1：在代码表中书写指令，穿孔纸带时使用这种格式。

（2）指令格式 2：通过编程器输入指令时使用这种格式。这种格式简化了输入操作。例如：RN 即表示 RD.NOT，用"R"和"N"2 个键来输入。

（3）下表中给出的是 FANUC PMC 应用较多的指令，并不是全部指令，也不是每一种型号的 PMC 都支持所有指令。

附表 B-1　FANUC PMC 基本指令

序号	指 令		功 能
	格式 1（代码）	格式 2（FANUC LADDER III 键操作）	
1	RD	R	读入指定的信号状态并设置在 STO 中。
2	RD.NOT	RN	将读入的指定信号的逻辑状态取非后设到 STO。
3	WRT	W	将逻辑运算结果（STO 的状态）输出到指定的地址。
4	WRT.NOT	WN	将逻辑运算结果（STO 的状态）取非后输出到指定的地址。
5	AND	A	逻辑与。
6	AND.NOT	AN	将指定的信号状态取非后逻辑与。
7	OR	O	逻辑或。
8	OR.NOT	ON	将指定的信号状态取非后逻辑或。
9	RD. STK	RS	将寄存器的内容左移 1 位，把指定地址的信号状态设到 STO。
10	RD.NOT.STK	RNS	将寄存器的内容左移 1 位，把指定地址的信号状态取非后设到 STO。
11	AND.STK	AS	ST0 和 ST1 逻辑与后，堆栈寄存器右移一位。
12	OR. STK	OS	ST0 和 ST1 逻辑或后，堆栈寄存器右移一位。
13	SET	SET	ST0 和指定地址中的信号逻辑或后，将结果返回到指定的地址中。（不适合于 SA1 型号）
14	RST	RST	ST0 的状态取反后和指定地址中的信号逻辑与，将结果返回到指定的地址中。（不适合于 SA1 型号）

附表 B-2　FANUC PMC 功能指令

名　称	SUB 号	处理功能
END1	1	第一组程序结束
END2	2	第二组程序结束
TMR	3	定时器
DEC	4	译　码
CTR	5	计数器
ROT	6	旋转控制
COD	7	代码转换
MOVE	8	逻辑乘后的数据传送
COM	9	公共线控制
JMP	10	跳　转
PARI	11	奇偶校验
DCNV	14	数据转换
COMP	15	比　较
COIN	16	一致性检测
DSCH	17	数据搜寻
XMOV	18	变址数据传送
ADD	19	加　法
SUB	20	减　法
MUL	21	乘　法
DIV	22	除　法
NUME	23	常数定义
TMRB	24	固定定时器
DECB	25	二进制译码
ROTB	26	二进制旋转控制
CODB	27	二进制代码转换
MOVOR	28	逻辑式后的数据传送
COME	29	公共线控制结束
JMPE	30	跳转结束
DCNVB	31	扩展数据转换
COMPB	32	二进制比较
SFT	33	寄存器移位
DSCHB	34	二进制数据搜寻
XMOVB	35	二进制变址数据传送
ADDB	36	二进制加法
SUBB	37	二进制减法

续附表 B-2

名　称	SUB 号	处理功能
MULB	38	二进制乘法
DIVB	39	二进制除法
NUMEB	40	二进制常数定义
DISPB	41	扩展信息显示
EXIN	42	外部数据输入
MOVB	43	字节数据传送
MOVW	44	字数据传送
MOVN	45	块数据传送
WINDR	51	读窗口数据
WINDW	52	写窗口数据
AXCTL	53	PMC 轴控制
TMRC	54	定时器
CTRC	55	计数器
DIFU	57	上升沿检测
DTFD	58	下降沿检测
EOR	59	异　或
AND	60	逻辑乘
OR	61	逻辑或
NOT	62	逻辑非
END	64	子程序结束
CALL	65	条件子程序调用
CALLT	66	无条件子程序调用
JMPB	68	标号 1 跳转
LBL	69	标　号
SP	71	子程序
SPE	72	子程序结束
JMPC	73	标号 2 跳转
MMC3R	88	读 MMC3 窗口数据
MMC3W	89	写 MMC3 窗口数据
MMCWR	98	读 MMC2 窗口数据
MMCWW	99	写 MMC2 窗口数据

附录 C   FANUC CNC 与 PMC 间的信号表

附表 C-1   PMC 信号表按地址排序

组	地　址	符　号	信号功能	T 系列	M 系列
F	F000#0	RWD	倒回进行信号	○	○
	F000#4	SPL	进给暂停灯信号	○	○
	F000#5	STL	循环启动灯信号	○	—
	F000#6	SA	伺服就绪信号	○	○
	F000#7	OP	自动运行灯信号	○	○
	F001#0	AL	报警信号	○	○
	F001#1	RST	复位信号	○	○
	F001#2	BAL	电池报警信号	○	○
	F001#3	DEN	分配结束信号	○	○
	F001#4	ENB	主轴使能信号	○	○
	F001#5	TAP	攻丝信号	○	○
	F001#7	MA	CNC 就绪信号	○	○
	F002#0	INCH	英制输入信号	○	○
	F002#1	RPD 0	快速移动信号	○	○
	F002#2	CSS	恒表面切削速度信号	○	○
	F002#3	THRD	螺纹切削信号	○	○
	F002#4	SRNMY	程序再启动中信号	○	○
	F002#6	CUT	切削进给信号	○	○
	F002#7	MDRN	空运行检测信号	○	○
	F003#0	MINC	增量进给选择检测信号	○	○
	F003#1	MH	手轮进给选择检测信号	○	○
	F003#2	MJ	JOG 进给选择检测信号	○	○
	F003#3	MMDI	手动数据输入选择检测信号	○	○
	F003#4	MRMT	DNC 运行选择确认信号	○	○
	F003#5	MMEM	自动运行选择检测信号	○	○
	F003#6	MEDT	存储器编辑选择检测信号	○	○
	F003#7	MTCHIN	示教选择检测信号	○	○
	F004#0, F005	MBDT1, MBDT2～MBDT9	跳过任选程序段检测信号	○	○

续附表 C-1

组	地　址	符　号	信号功能	T系列	M系列
	F004#1	MMLK	所有轴机床锁住检测信号	○	○
	F004#2	MABSM	手动绝对值检测信号	○	○
	F004#3	MSBK	单程序段检测信号	○	○
	F004#4	MAFL	辅助功能锁住检查信号	○	○
	F004#5	MREF	手动返回参考点选择检测信号	○	○
	F007#0	MF	辅助功能选通信号	○	○
	F007#1	EFD	用于高速接口的外部操作信号	—	○
	F007#2	SF	主轴速度选通信号	○	○
	F007#3	TF	刀具功能选通信号	○	○
	F007#4	BF	第 2 辅助功能选通信号（BDT）	○	—
	F007#7	BF	第 2 辅助功能选通信号（BDT）	—	○
	F008#0	EF	外部运行信号		○
	F008#4	MF2	第 2M 功能选通信号	○	○
	F008#5	MF3	第 3M 功能选通信号	○	○
	F009#4	DM30	M 译码信号	○	○
F	F009#5	DM02	M 译码信号	○	○
	F009#6	DM01	M 译码信号	○	○
	F009#7	DM00	M 译码信号	○	○
	F010～F013	M00～M31	辅助功能代码信号	○	○
	F014～F015	M200～M215	第 2M 功能代码信号	○	○
	F016～F017	M300～M315	第 3M 功能代码信号	○	○
	F022～F025	S00～S31	主轴速度功能代码信号	○	○
	F026～F029	T00～T31	刀具功能代码信号	○	○
	F030～F033	B00～B31	第 2 辅助功能代码信号	○	○
	F034#0～#2	GR10，GR20，GR30	齿轮档选择信号（M 型换档）	—	○
	F035#0	SPAL	主轴波动检测报警信号	○	—
	F036#0～ F037#3	R010～R120	S12 位数代码输出信号	○	○
	F038#0	SCLP	主轴夹紧信号	○	—
	F038#1	SUCLP	主轴松开信号	○	—
	F038#2	ENB2	主轴使能信号	○	—
	F038#3	ENB3	主轴使能信号	○	—
	F040，F041	AR0～AR15	实际主轴速度信号	○	—

续附表 C-1

组	地　址	符　号	信号功能	T 系列	M 系列
F	F044#1	FSCSL	Cs 轮廓控制切换结束信号	O	O
	F044#2	FSPSY	主轴同步速度控制结束信号	O	O
	F044#3	FSPPH	主轴相位同步控制结束信号	O	O
	F044#4	SYCAL	相位误差监视信号	O	O
	F044#4	SYCAL	主轴同步控制报警信号	O	O
	F045#0	ALMA	报警信号（串行主轴）	O	O
	F045#1	SSTA	零速度信号（串行主轴）	O	O
	F045#2	SDTA	速度检测信号（串行主轴）	O	O
	F045#3	SARA	速度到达信号（串行主轴）	O	O
	F045#4	LDT1A	负载检测信号 1（串行主轴）	O	O
	F045#5	LDT2A	负载检测信号 2（串行主轴）	O	O
	F045#6	TLMA	转矩限制信号（串行主轴）	O	O
	F045#7	ORARA	定向完成信号（串行主轴）	O	O
	F046#0	CHPA	动力线切换信号（串行主轴）	O	O
	F046#1	CFINA	主轴切换结束信号（串行主轴）	O	O
	F046#2	RCHPA	输出切换信号（串行主轴）	O	O
	F046#3	RCFNA	输出切换结束信号（串行主轴）	O	O
	F046#4	SLVSA	从动运行状态信号（串行主轴）	O	O
	F046#5	PORA2A	用位置编码器的主轴定向接近信号（串行主轴）	O	O
	F046#6	MORA1A	用磁传感器的主轴定位结束信号（串行主轴）	O	O
	F046#7	MORA2A	用磁传感器的主轴定位接近信号（串行主轴）	O	O
	F047#0	PC1DTA	位置编码器一转信号的检测状态（串行主轴）	O	O
	F047#1	INCSTA	增量方式定向信号（串行主轴）	O	O
	F047#4	EXOFA	电机激磁关断状态信号（串行主轴）	O	O
	F049#0	ALMB	报警信号（串行主轴）	O	O
	F049#1	SSTB	零速度信号（串行主轴）	O	O
	F049#2	SDTB	速度检测信号（串行主轴）	O	O
	F049#3	SARB	速度到达信号（串行主轴）	O	O
	F049#4	LDT1B	负载检测信号 1（串行主轴）	O	O

续附表 C-1

组	地　址	符　号	信号功能	T 系列	M 系列
F	F049#5	LDT2B	负载检测信号 2（串行主轴）	○	○
	F049#6	TLMB	转矩限制信号（串行主轴）　·	○	○
	F049#7	ORARB	定向完成信号（串行主轴）	○	○
	F050#0	CHPB	动力线切换信号（串行主轴）	○	○
	F050#1	CFINB	主轴切换结束信号（串行主轴）	○	○
	F050#2	RCHPB	输出切换信号（串行主轴）	○	○
	F050#3	RCFNB	输出切换结束信号（串行主轴）	○	○
	F050#4	SLVSB	从动运行状态信号（串行主轴）	○	○
	F050#5	PORA2B	用位置编码器的主轴定向接近信号（串行主轴）	○	○
	F050#6	MORA1B	用磁传感器的主轴定位结束信号（串行主轴）	○	○
	F050#7	MORA2B	用磁传感器的主轴定位接近信号（串行主轴）	○	○
	F051#0	PC1DTB	位置编码器一转信号的检测状态（串行主轴）	○	○
	F051#1	INCSTB	增量方式定向信号（串行主轴）	○	○
	F051#4	EXOFB	电机激磁关断状态信号（串行主轴）	○	○
	F053#0	INHKY	键输入禁止信号	○	○
	F053#1	PRGDPL	程序屏幕显示方式信号	○	○
	F053#2	RPBSY	阅读/传出处理中信号	○	○
	F053#3	RPALM	阅读/传出报警信号	○	○
	F053#4	BGEACT	后台忙信号	○	○
	F053#7	EKENB	键代码读取结束信号	○	○
	F054，F055	U0000～U0015	用户宏程序输出信号	○	○
	F056～F059	U0100～U0131	用户宏程序输出信号	○	○
	F060#0	EREND	外部数据输入读取结束信号	○	○
	F060#1	ESEND	外部数据输入检索结束信号	○	○
	F060#2	ESCAN	外部数据输入检索取消信号	○	○
	F061#0	BUCLP	B0 轴松开信号	—	○
	F061#1	BCLP	B 轴夹紧信号	—	○
	F062#0	AICC	AI 先行控制方式信号	—	○
	F062#0	SHPC	AI 先行控制方式信号	○	○

续附表 C-1

组	地 址	符 号	信号功能	T系列	M系列
F	F062#3	S1MES	主轴1测量中信号	○	—
	F062#4	S2MES	主轴2测量中信号	○	—
	F062#7	PRTSF	所要零件计数到达信号	○	○
	F063#2	PSAR	主轴多边形速度到达信号	○	—
	F063#7	PSYN	多边形同步信号	○	—
	F06330	PSE1	主动轴没有到达信号	○	—
	F06331	PSE2	多边形同步轴没有到达信号	○	—
	F064#0	TLCH	刀具更换信号	○	○
	F064#1	TLNW	新刀具选择信号	○	○
	F064#2	TLCHI	每把刀具的切换信号	—	○
	F064#3	TLCHB	刀具寿命到期通知信号	—	○
	F065#0	RGSPP	主轴的转向信号	—	○
	F065#1	RGSPM	主轴的转向信号	—	○
	F066#0	G08MD	先行控制方式信号	—	○
	F066#1	RTPT	刚性攻丝回退结束信号	—	○
	F066#5	PECK2	钻小孔正在运行中信号	—	○
	F070#0 ~ F071#7	PSW01 ~ PSW16	位置开关信号	○	○
	F072	OUT0 ~ OUT7	软操作面板通用开关信号	○	○
	F073#0	MD10	软操作面板信号（MD1）	○	○
	F073#1	MD20	软操作面板信号（MD2）	○	○
	F073#2	MD40	软操作面板信号（MD4）	○	○
	F073#4	ZRN0	软操作面板信号（ZRN）	○	○
	F075#2	BDT0	软操作面板信号（BDT）	○	○
	F075#3	SBKO	软操作面板信号（SBK）	○	○
	F075#4	MLKO	软操作面板信号（MLK）	○	○
	F075#5	DRNO	软操作面板信号（DRN）	○	○
	F075#6	KEYO	软操作面板信号（KEY1 ~ KEY4）	○	○
	F075#7	SPO	软操作面板信号（*SP）	○	○
	F076#0	MP10	软操作面板信号（MP1）	○	○
	F076#1	MP20	软操作面板信号（MP2）	○	○
	F076#3	RTAP	刚性攻丝进程中信号	○	○
	F076#4	ROV10	软操作面板信号（R0V1）	○	○

续附表 C-1

组	地 址	符 号	信号功能	T 系列	M 系列
F	F076#5	ROV20	软操作面板信号（R 0 V2）	○	○
	F077#0	HS1AO	软操作面板信号（HS1（A））	○	○
	F077#1	HS1BO	软操作面板信号（HS1B）	○	○
	F077#2	HS1CO	软操作面板信号（HS1C）	○	○
	F077#3	HS1DO	软操作面板信号（HS1D）	○	○
	F077#6	RTO	软操作面板信号（RT）	○	○
	F078	*FV00 ~ *FV70	软操作面板信号（*FV0 ~ *FV7）	○	○
	F079，F080	*JV00 ~ *JV150	软操作面板信号（*JV0 ~ *JV15）	○	○
	F081#0，#2，#4，#6	+J10 ~ +J40	软操作面板信号（+J1 ~ +J4）	○	○
	F081#1，#3，#5，#7	−J10 ~ −J40	软操作面板信号（−J1 ~ −J4）	○	○
	F082#2	RVSL	回退过程中信号	—	○
	F090#0	ABTQSV	伺服轴异常负载检测信号	○	○
	F090#1	ABTSP1	第 1 主轴异常负载检测信号	○	○
	F090#2	ABTSP2	第 2 主轴异常负载检测信号	○	○
	F091#0	MRVMD	检测方式回退移动信号	○	—
	F091#1	MNCHG	反向禁止信号	○	—
	F091#2	MRVSP	回退移动禁止信号	○	—
	F094	ZP1 ~ ZP4	参考位置返回结束信号	○	○
	F096	ZP21 ~ ZP24	第 2 参考位置返回结束信号	○	○
	F098	ZP31 ~ ZP34	第 3 参考位置返回结束信号	○	○
	F100	ZP41 ~ ZP44	第 4 参考位置返回结束信号	○	○
	F102	MV1 ~ MV4	轴移动信号	○	○
	F104	INP1 ~ INP4	到位信号	○	○
	F106	MVD1 ~ MVD4	轴移动方向信号	○	○
	F108	MMI1 ~ MMI4	镜像检测信号	○	○
	F112	EADEN1 ~ EADEN4	分配结束信号（PMC 轴控制）	○	○
	F114	TRQL1 ~ TRQL4	转矩极限到达信号	○	—
	F120	ZRF1 ~ ZRF4	参考位置建立信号	○	○
	F122#0	HDO0	高速跳转状态信号	○	○
	F124	+OT1 ~ +OT4	行程限位到达信号	—	○
	F126	−OT1 ~ −OT4	行程限位到达信号	—	○

续附表 C-1

组	地　址	符　号	信号功能	T系列	M系列
F	F129#5	EOV0	倍率 0% 信号（PMC 轴控制）	O	O
	F129#7	*EAXSL	控制轴选择状态信号（PMC 轴控制）	O	O
	F130#0	EINPA	到位信号（PMC 轴控制）	O	O
	F130#1	ECKZA	零跟随误差检测信号（PMC 轴控制）	O	O
	F130#2	EIALA	报警信号（PMC 轴控制）	O	O
	F130#3	EDENA	辅助功能执行信号（PMC 轴控制）	O	O
	F130#4	EGENA	轴移动信号（PMC 轴控制）	O	O
	F130#5	EOTPA	正向超程信号（PMC 轴控制）	O	O
	F130#6	EOTNA	负向超程信号（PMC 轴控制）	O	O
	F130#7	EBSYA	轴控制指令读取完成信号（PMC 轴控制）	O	O
	F131#0	EMFA	辅助功能选通信号（PMC 轴控制）	O	O
	F131#1	EABUFA	缓冲器满信号（PMC 轴控制）	O	O
	F132，F142	EM11A~EM48A	辅助功能代码信号（PMC 轴控制）	O	O
	F133#0	EINPB	到位信号（PMC 轴控制）	O	O
	F133#1	ECKZB	零跟随误差检测信号（PMC 轴控制）	O	O
	F133#2	EIALB	报警信号（PMC 轴控制）	O	O
	F133#3	EDENB	辅助功能执行信号（PMC 轴控制）	O	O
	F133#4	EGENB	轴移动信号（PMC 轴控制）	O	O
	F133#5	EOTPB	正向超程信号（PMC 轴控制）	O	O
	F133#6	EOTNB	负向超程信号（PMC 轴控制）	O	O
	F133#7	EBSYB	轴控制指令读取完成信号（PMC 轴控制）	O	O
	F134#0	EMFB	辅助功能选通信号（PMC 轴控制）	O	O
	F134#1	EABUFB	缓冲器满信号（PMC 轴控制）	O	O
	F135，F145	EM11B~EM48B	辅助功能代码信号（PMC 轴控制）	O	O
	F136#0	EINPC	到位信号（PMC 轴控制）	O	O
	F136#1	ECKZC	零跟随误差检测信号（PMC 轴控制）	O	O
	F136#2	EIALC	报警信号（PMC 轴控制）	O	O
	F136#3	EDENC	辅助功能执行信号（PMC 轴控制）	O	O
	F136#4	EGENC	轴移动信号（PMC 轴控制）	O	O
	F136#5	EOTPC	正向超程信号（PMC 轴控制）	O	O
	F136#6	EOTNC	负向超程信号（PMC 轴控制）	O	O

续附表 C-1

组	地　址	符　号	信号功能	T 系列	M 系列
F	F136#7	EBSYC	轴控制指令读取完成信号（PMC 轴控制）	○	○
	F137#0	EMFC	辅助功能选通信号（PMC 轴控制）	○	○
	F137#1	EABUFC	缓冲器满信号（PMC 轴控制）	○	○
	F138, F148	EM11C~EM48C	辅助功能代码信号（PMC 轴控制）	○	○
	F139#0	EINPD	到位信号（PMC 轴控制）	○	○
	F139#1	ECKZD	零跟随误差检测信号（PMC 轴控制）	○	○
	F139#2	EIALD	报警信号（PMC 轴控制）	○	○
	F139#3	EDEND	辅助功能执行信号（PMC 轴控制）	○	○
	F139#4	EGEND	轴移动信号（PMC 轴控制）	○	○
	F139#5	EOTPD	正向超程信号（PMC 轴控制）	○	○
	F139#6	E 0 TND	负向超程信号（PMC 轴控制）	○	○
	F139#7	EBSYD	轴控制指令读取完成信号（PMC 轴控制）	○	○
	F140#0	EMFD	辅助功能选通信号（PMC 轴控制）	○	○
	F140#1	EABUFD	缓冲器满信号（PMC 轴控制）	○	○
	F141, F151	EM11D~EM48D	辅助功能代码信号（PMC 轴控制）	○	○
	F172#6	PBATZ	绝对位置检测器电池电压零报警	○	○
	F172#7	PBATL	绝对位置检测器电池电压低报警信号	○	○
	F177#0	IOLNK	从装置 I/O Link 选择信号	○	○
	F177#1	ERDIO	从装置外部读取开始信号	○	○
	F177#2	ESTPIO	从装置读/写停止信号	○	○
	F177#3	EWTIO	从装置外部写开始信号	○	○
	F177#4	EPRG	从装置程序选择信号	○	○
	F177#5	EVAR	从装置宏变量选择信号	○	○
	F177#6	EPARM	从装置参数选择信号	○	○
	F177#7	EDGN	从装置诊断选择信号	○	○
	F178#5	ESTPD	轴控制暂停信号（PMC 轴控制）	○	○
	F180	CLRCH1~CLRCH4	冲撞式参考点设定扭矩极限到达信号	○	○
	F182	EACNT1~EACNT4	控制信号（PMC 轴控制）	○	○
G	G000, G001	ED0~ED15	外部数据输入用的数据信号	○	○
	G002#0~#6	EA0~EA6	外部数据输入用地址信号	○	○
	G002#7	ESTB	外部数据输入读取信号	○	○

续附表 C-1

组	地 址	符 号	信号功能	T 系列	M 系列
	G004#3	FIN	结束信号	○	○
	G004#4	MFIN2	第 2M 功能结束信号	○	○
	G004#5	MFIN3	第 3M 功能结束信号	○	○
	G005#0	MFIN	辅助功能结束信号	○	○
	G005#1	EFIN	外部操作功能结束信号	—	○
	G005#2	SFIN	主轴功能结束信号	○	○
	G005#3	TFIN	刀具功能结束信号	○	○
	G005#4	BFIN	第 2 辅助功能结束信号（BDT）	○	—
	G005#6	AFL	辅助功能锁住信号	○	○
	G005#7	BFIN	第 2 辅助功能结束信号（BDT）	—	○
	G006#0	SRN	程序再启动信号	○	○
	G006#2	*ABSM	手动绝对值信号	○	○
	G006#4	OVC	倍率取消信号	○	○
	G006#6	SKIPP	跳转信号	○	—
	G007#0	RVS	回退信号	—	○
G	G007#1	STLK	启动锁住信号	○	—
	G007#2	ST	循环启动信号	○	○
	G007#4	RLSOT3	行程检测 3 解除信号	○	○
	G007#5	*FLWU	跟踪信号	○	○
	G007#6	EXLM	存储行程极限选择信号	○	○
	G007#7	RLSOT	行程检测解除信号	—	○
	G008#0	*IT	全轴互锁信号	○	○
	G008#1	*CSL	切削程序段开始互锁信号	○	○
	G008#3	*BSL	程序段开始互锁信号	○	○
	G008#4	*ESP	急停信号	○	○
	G008#5	*SP	进给暂停信号	○	○
	G008#6	RRW	复位和倒回信号	○	○
	G008#7	ERS	外部复位信号	○	○
	G009#0~4	PN1, PN2, PN4, PN8, PN16	工件号检索信号	○	○
	G010, G011	*JV0~*JV15	手动进给速度倍率信号	○	○
	G012	*FV0~*FV7	进给速度倍率信号	○	○
	G014#0, #1	ROV1, ROV2	快速移动倍率信号	○	○

续附表 C-1

组	地　址	符　号	信号功能	T 系列	M 系列
G	G016#0	MSDFON	电机速度检测功能有效信号	○	○
	G016#7	F1D	F1 位进给选择信号	—	○
	G018#0 ~ #3	HS1A ~ HS1D	手轮进给轴选择信号	○	○
	G018#4 ~ #7	HS2A ~ HS2D	手轮进给轴选择信号	○	○
	G019#0 ~ #3	HS3A ~ HS3D	手轮进给轴选择信号	—	○
	G019#4，#5	MP1，MP2	手轮进给倍率选择信号（增量进给信号）	○	○
	G019#7	RT	手动快速进给选择信号	○	○
	G024#0 ~ G025#5	EPN0 ~ EPN13	扩展工件号检索信号	○	○
	G025#7	EPNS	外部工件号检索开始信号	○	○
	G027#0	SWS1	主轴选择信号	○	○
	G027#1	SWS2	主轴选择信号	○	○
	G027#2	SWS3	主轴选择信号	○	○
	G027#3	*SSTP1	各主轴停止信号	○	○
	G027#4	*SSTP2	各主轴停止信号	○	○
	G027#5	*SSTP3	各主轴停止信号	○	○
	G027#7	CON	Cs 轮廓控制切换信号	○	○
	G028#1，#2	GR1，GR2	齿轮档选择信号（T 型换档）	○	○
	G028#4	*SUCPF	主轴松开完成信号	○	—
	G028#5	*SCPF	主轴夹紧完成信号	○	—
	G028#6	SPSTP	主轴定位信号	○	○
	G028#7	PC2SLC	第 2 位置编码器选择信号	○	○
	G029#0	GR21	齿轮档选择信号（输入）	○	—
	G029#4	SAR	主轴速度到达信号	○	○
	G029#5	SOR	主轴定向信号	○	○
	G029#6	*SSTP	主轴停止信号	○	○
	G030	SOV0 ~ SOV7	主轴速度倍率信号	○	○
	G032#0 ~ G033#3	R01I ~ R12I	主轴电机速度指令信号	○	○
	G033#5	SGN	主轴电机指令极性选择信号	○	○
	G033#6	SSIN	主轴电机指令输出极性选择信号	○	○
	G033#7	SIND	PMC 控制主轴速度输出控制信号	○	○
	G034#0 ~ G035#3	R01I2 ~ R12I2	主轴电机速度指令信号	○	○

续附表 C-1

组	地　址	符　号	信号功能	T 系列	M 系列
	G035#5	SGN2	主轴电机指令极性选择信号	○	○
	G035#6	SSIN2	主轴电机指令输出极性选择信号	○	○
	G035#7	SIND2	PMC 控制主轴速度输出控制信号	○	○
	G036#0 ~ G037#3	R01I3 ~ R12I3	主轴电机速度指令信号	○	○
	G037#5	SGN3	主轴电机指令极性选择信号	○	○
	G037#6	SSIN3	主轴电机指令输出极性选择信号	○	○
	G037#7	SIND3	PMC 控制主轴速度输出控制信号	○	○
	G038#0	*PLSST	多边形主轴停止信号	○	—
	G038#2	SPSYC	主轴同步控制信号	○	○
	G038#3	SPPHS	主轴相位同步控制信号	○	○
	G038#6	*BEUCP	B 轴松开完成信号	—	○
	G038#7	*BECLP	B 轴夹紧完成信号	—	○
	G039#0 ~ #5，	OFN0 ~ OFN5，0	刀具偏置号选择信号	○	—
	G039#6	WOQSM	工件坐标系偏移量写入方式选择信号	○	—
	G039#7	GOQSM	刀具偏移量读取方式选择信号	○	—
	G040#5	S2TLS	主轴测量选择信号	○	—
G	G040#6	PRC	位置记录信号	○	○
	G040#7	W 0 SET	工件坐标系偏移量写信号	○	—
	G041#0 ~ #3	HS1IA ~ HS1ID	手轮中断轴选择信号	○	○
	G041#4 ~ #7	HS2IA ~ HS2ID	手轮中断轴选择信号	○	○
	G042#0 ~ #3	HS3IA ~ HS3ID	手轮中断轴选择信号	—	○
	G042#7	DMMC	直接运行选择信号	○	○
	G043#0 ~ #2	MD1，MD2，MD4	方式选择信号	○	○
	G043#5	DNCI	DNC 运行选择信号	○	○
	G043#7	ZRN	手动返回参考点选择信号	○	○
	G044#0，G045	BDT1，BDT2 ~ BDT9	跳过任选程序段信号	○	○
	G044#1	MLK	所有轴机床锁住信号	○	○
	G046#1	SBK	单程序段信号	○	○
	G046#3 ~ #6	KEY1 ~ KEY4	存储器保护信号	○	○
	G046#7	DRN	空运行信号	○	○
	G047#0 ~ #6	TL01 ~ TL64	刀具组号选择信号	○	—
	G047#0 ~ G048#0	TL01 ~ TL256	刀具组号选择信号	—	○

续附表 C-1

组	地　址	符　号	信号功能	T 系列	M 系列
G	G048#5	TLSKP	刀具跳过信号	○	○
	G048#6	TLRST1	每把刀具的更换复位信号	—	○
	G048#7	TLRST	刀具更换复位信号	○	○
	G049#0 ~ G050#1	*TLV0 ~ *TLV9	刀具寿命计数倍率信号	—	○
	G053#0	TMRON	通用累计计数器启动信号	○	○
	G053#3	UINT	用户宏程序中断信号	○	○
	G053#5	ROVLP	快速移动程序段的重叠	○	○
	G053#6	SMZ	误差检测信号	○	○
	G053#7	CDZ	倒角信号	○	—
	G054，G055	UI000 ~ UI015	用户宏程序输入信号	○	○
	G058#0	MINP	外部程序输入开始信号	○	○
	G058#1	EXRD	外部读取开始信号	○	○
	G058#2	EXSTP	外部读取/传出停止信号	○	○
	G058#3	EXWT	外部传出开始信号	○	○
	G058#5	STRD	输入和运行同时进行方式选择信号	—	○
	G058#6	STWD	输出和运行同时进行方式选择信号	—	○
	G060#7	*TSB	尾架屏蔽选择信号	○	—
	G061#0	RGTAP	刚性攻丝信号	○	○
	G061#4, #5	RGTSP1，RGTSP2	刚性攻丝主轴选择信号（T 系列）	○	—
	G062#1	*CRTOF	CRT 显示自动清屏取消信号	○	○
	G062#6	RTNT	刚性攻丝回退启动信号	—	○
	G063#5	NOZAGC	垂直/角度轴控制无效信号	○	○
	G066#0	IGNVRY	所有轴 VRDY OFF 报警忽略信号	○	○
	G066#1	ENBKY	外部键输入方式选择信号	○	○
	G066#7	EKSET	键代码读取信号	○	○
	G067#1	MRVM	检测方式回退移动禁止信号	○	—
	G067#2	MMOD	检测方式信号	○	—
	G067#3	MCHK	检测方式手轮有效信号	○	—
	G070#0	TLMLA	转矩限制指令 LOW 信号（串行主轴）	○	○
	G070#1	TLMHA	转矩限制指令 HIGH 信号（串行主轴）	○	○
	G070#3, #2	CTH1A，CTH2A	离合器/齿轮档信号（串行主轴）	○	○
	G070#4	SRVA	CCW 指令信号（串行主轴）	○	○

续附表 C-1

组	地 址	符 号	信号功能	T 系列	M 系列
G	G070#5	SFRA	CW 指令信号（串行主轴）	O	O
	G070#6	ORCMA	定向指令信号（串行主轴）	O	O
	G070#7	MRDYA	机床就绪信号（串行主轴）	O	O
	G071#0	ARSTA	报警复位信号（串行主轴）	O	O
	G071#1	*ESPA	急停信号（串行主轴）	O	O
	G071#2	SPSLA	主轴选择信号	O	O
	G071#3	MCFNA	动力线切换结束信号（串行主轴）	O	O
	G071#4	SOCNA	软启动/停止取消信号（串行主轴）	O	O
	G071#5	INTGA	速度积分控制信号（串行主轴）	O	O
	G071#6	RSLA	输出切换请求信号（串行主轴）	O	O
	G071#7	RCHA	动力线状态检测信号（串行主轴）	O	O
	G072#0	INDXA	准停位置改变信号（串行主轴）	O	O
	G072#1	ROTAA	改变准停位置时的旋转方向指令信号（串行主轴）	O	O
	G072#2	NRROA	改变准停位置时最短距离移动指令信号（串行主轴）	O	O
	G072#3	DEFMDA	微分方式指令信号（串行主轴）	O	O
	G072#4	OVRA	模拟倍率指令信号（串行主轴）	O	O
	G072#5	INCMDA	增量指令外部设定方式定向信号(串行主轴)	O	O
	G072#6	MFNHGA	改变主轴信号时主主轴 MCC 状态信号（串行主轴）	O	O
	G072#7	RCHHGA	用磁传感器的高输出 MCC 状态信号（串行主轴）	O	O
	G073#0	MORCMA	用磁传感器的主轴定位指令（串行主轴）	O	O
	G073#1	SLVA	从动运行指令信号（串行主轴）	O	O
	G073#2	MPOFA	电机动力关断信号（串行主轴）	O	O
	G073#4	DSCNA	断线检测无效信号（串行主轴）	O	O
	G074#0	TLMLB	转矩限制指令 LOW 信号（串行主轴）	O	O
	G074#1	TLMHB	转矩限制指令 HIGH 信号（串行主轴）	O	O
	G074#3, #2	CTH1B, CTH2B	离合器/齿轮档信号（串行主轴）	O	O
	G074#4	SRVB	CCW 指令信号（串行主轴）	O	O

续附表 C-1

组	地　址	符　号	信号功能	T 系列	M 系列
G	G074#5	SFRB	CW 指令信号（串行主轴）	○	○
	G074#6	ORCMB	定向指令信号（串行主轴）	○	○
	G074#7	MRDYB	机床就绪信号（串行主轴）	○	○
	G075#0	ARSTB	报警复位信号（串行主轴）	○	○
	G075#1	*ESPB	急停信号（串行主轴）	○	○
	G075#2	SPSLB	主轴选择信号	○	○
	G075#3	MCFNB	动力线切换结束信号（串行主轴）	○	○
	G075#4	SOCNB	软启动/停止取消信号（串行主轴）	○	○
	G075#5	INTGB	速度积分控制信号（串行主轴）	○	○
	G075#6	RSLB	输出切换请求信号（串行主轴）	○	○
	G075#7	RCHB	动力线状态检测信号（串行主轴）	○	○
	G076#0	INDXB	准停位置改变信号（串行主轴）	○	○
	G076#1	ROTAB	改变准停位置时的旋转方向指令信号（串行主轴）	○	○
	G076#2	NRROB	改变准停位置时最短距离移动指令信号（串行主轴）	○	○
	G076#3	DEFMDB	微分方式指令信号（串行主轴）	○	○
	G076#4	OVRB	模拟倍率指令信号（串行主轴）	○	○
	G076#5	INCMDB	增量指令外部设定方式定向信号（串行主轴）	○	○
	G076#6	MFNHGB	改变主轴信号时主主轴 MCC 状态信号（串行主轴）	○	○
	G076#7	RCHHGB	用磁传感器的高输出 MCC 状态信号（串行主轴）	○	○
	G077#0	MORCMB	用磁传感器的主轴定位指令（串行主轴）	○	○
	G077#1	SLVB	从动运行指令信号（串行主轴）	○	○
	G077#2	MPOFB	电机动力关断信号（串行主轴）	○	○
	G077#4	DSCNB	断线检测无效信号（串行主轴）	○	○
	G078#0 ~ G079#3	SHA00 ~ SHA11	主轴定向外部停位置指令信号	○	○
	G080#0 ~ G081#3	SHB00 ~ SHB11	主轴定向外部停位置指令信号	○	○
	G092#0	IOLACK	I/O Link 确认信号	○	○
	G092#1	IOLS	I/O Link 指定信号	○	○

续附表 C-1

组	地　址	符　号	信号功能	T 系列	M 系列
G	G092#2	BGION	Power Mate 读/写进行中信号	○	○
	G092#3	BGIALM	Power Mate 读/写报警信号	○	○
	G092#4	BGEN	Power Mate 后台忙信号	○	○
	G096#0 ~ #6	*HROV0 ~ *HROV6	1%快速进给倍率信号	○	○
	G096#7	HROV	1%快速进给倍率选择信号	○	○
	G098	EKC0 ~ EKC7	键代码信号	○	○
	G100	+J1 ~ +J4	进给轴的方向选择信号	○	○
	G102	− J1 ~ − J4	进给轴的方向选择信号	○	○
	G104	+EXL1 ~ +EXL4	坐标轴方向存储行程限位开关信号	○	○
	G105	− EXL1 ~ − EXL4	坐标轴方向存储行程限位开关信号	○	○
	G106	MI1 ~ MI4	镜像信号	○	○
	G108	MLK1 ~ MLK4	各轴机床锁住信号	○	○
	G110	+LM1 ~ +LM4	行程极限外部设定信号	—	○
	G112	-LM1 ~ -LM4	行程极限外部设定信号	—	○
	G114	*+L1 ~ *+L4	超程信号	○	○
	G116	* − L1 ~ * − L4	超程信号	○	○
	G118	*+ED1 ~ *+ED4	外部减速信号	○	○
	G120	* − ED1 ~ * − ED4	外部减速信号	○	○
	G125	IUDD1 ~ IUDD4	异常负载检测忽略信号	○	○
	G126	SVF1 ~ SVF4	伺服关断信号	○	○
	G130	*IT1 ~ *IT4	各轴互锁信号	○	○
	G132#0 ~ #3	+MIT1 ~ +MIT4	各轴和方向互锁信号	—	○
	G134#0 ~ #3	− MIT1 ~ − MIT4	各轴和方向互锁信号	○	○
	G136	EAX1 ~ EAX4	控制轴选择信号（PMC 轴控制）	○	○
	G138	SYNC1 ~ SYNC4	简单同步轴选择信号	○	○
	G140	SYNCJ1 ~ SYNCJ4	简单同步手动进给轴选择信号	—	○
	G142#0	EFINA	辅助功能结束信号（PMC 轴控制）	○	○
	G142#1	ELCKZA	累加零位检测信号	○	○
	G142#2	EMBUFA	缓冲禁止信号（PMC 轴控制）	○	○
	G142#3	ESBKA	程序段停信号（PMC 轴控制）	○	○
	G142#4	ESOFA	伺服关断信号（PMC 轴控制）	○	○
	G142#5	ESTPA	轴控制暂停信号（PMC 轴控制）	○	○

续附表 C-1

组	地　址	符　号	信号功能	T 系列	M 系列
	G142#6	ECLRA	复位信号（PMC 轴控制）	○	○
	G142#7	EBUFA	轴控制指令读取信号（PMC 轴控制）	○	○
	G143#0 ~ #6	EC0A ~ EC6A	轴控制指令信号（PMC 轴控制）	○	○
	G143#7	EMSBKA	程序段停禁止信号（PMC 轴控制）	○	○
	G144，G145	EIF0A ~ EID15A	轴控制进给速度信号（PMC 轴控制）	○	○
	G146 ~ G149	EID0A ~ EID31A	轴控制数据信号（PMC 轴控制）	○	○
	G150#0，#1	ROV1E，ROV2E	快速移动倍率信号（PMC 轴控制）	○	○
	G150#5	OVCE	倍率取消信号（PMC 轴控制）	○	○
	G150#6	RTE	手动快速进给选择信号（PMC 轴控制）	○	○
	G150#7	DRNE	空运行信号（PMC 轴控制）	○	○
	G151	*FV0E ~ *FV7E	进给速度倍率信号（PMC 轴控制）	○	○
	G154#0	EFINB	辅助功能结束信号（PMC 轴控制）	○	○
	G154#1	ELCKZB	累加零位检测信号	○	○
	G154#2	EMBUFB	缓冲禁止信号（PMC 轴控制）	○	○
	G154#3	ESBKB	程序段停信号（PMC 轴控制）	○	○
	G154#4	ESOFB	伺服关断信号（PMC 轴控制）	○	○
	G154#5	ESTPB	轴控制暂停信号（PMC 轴控制）	○	○
G	G154#6	ECLRB	复位信号（PMC 轴控制）	○	○
	G154#7	EBUFB	轴控制指令读取信号（PMC 轴控制）	○	○
	G155#0 ~ #6	EC0B ~ EC6B	轴控制指令信号（PMC 轴控制）	○	○
	G155#7	EMSBKB	程序段停禁止信号（PMC 轴控制）	○	○
	G156，G169	EIF0B ~ EIF15B	轴控制进给速度信号（PMC 轴控制）	○	○
	G158 ~ G161	EID0B ~ EID31B	轴控制数据信号（PMC 轴控制）	○	○
	G166#0	EFINC	辅助功能结束信号（PMC 轴控制）	○	○
	G166#1	ELCKZC	累加零位检测信号	○	○
	G166#2	EMBUFC	缓冲禁止信号（PMC 轴控制）	○	○
	G166#3	ESBKC	程序段停信号（PMC 轴控制）	○	○
	G166#4	ESOFC	伺服关断信号（PMC 轴控制）	○	○
	G166#5	ESTPC	轴控制暂停信号（PMC 轴控制）	○	○
	G166#6	ECLRC	复位信号（PMC 轴控制）	○	○
	G166#7	EBUFC	轴控制指令读取信号（PMC 轴控制）	○	○
	G167#0 ~ #6	EC0C ~ EC6C	轴控制指令信号（PMC 轴控制）	○	○
	G167#7	EMSBKC	程序段停禁止信号（PMC 轴控制）	○	○
	G168，G169	EIF0C ~ EIF15C	轴控制进给速度信号（PMC 轴控制）	○	○
	G170 ~ G173	EID0C ~ EID31C	轴控制数据信号（PMC 轴控制）	○	○

续附表 C-1

组	地 址	符 号	信号功能	T 系列	M 系列
G	G178#0	EFIND	辅助功能结束信号（PMC 轴控制）	○	○
	G178#1	ELCKZD	累加零位检测信号	○	○
	G178#2	EMBUFD	缓冲禁止信号（PMC 轴控制）	○	○
	G178#3	ESBKD	程序段停信号（PMC 轴控制）	○	○
	G178#4	ES 0 FD	伺服关断信号（PMC 轴控制）	○	○
	G178#6	ECLRD	复位信号（PMC 轴控制）	○	○
	G178#7	EBUFD	轴控制指令读取信号（PMC 轴控制）	○	○
	G179#0 ~ #6	EC0D ~ EC6D	轴控制指令信号（PMC 轴控制）	○	○
	G179#7	EMSBKD	程序段停禁止信号（PMC 轴控制）	○	○
	G180，G181	EIF0D ~ EIF15D	轴控制进给速度信号（PMC 轴控制）	○	○
	G182 ~ G185	EID0D ~ EID31D	轴控制数据信号（PMC 轴控制）	○	○
	G192	IGVRY1 ~ IGVRY4	各轴 VRDY OFF 报警忽略信号	○	○
	G198	NPOS1 ~ NPOS4	位置显示忽略信号	○	○
	G199#0	IOLBH2	手摇脉冲发生器选择信号	○	○
	G199#1	IOLBH3	手摇脉冲发生器选择信号	○	○
	G200	EASIP1 ~ EASIP4	轴控制高级指令信号	○	○
X	X004#0	XAE	测量位置到达信号	○	○
	X004#1	YAE	测量位置到达信号	—	○
	X004#1	ZAE	测量位置到达信号	○	—
	X004#2	ZAE	测量位置到达信号	—	○
	X004#2，#4	+MIT1，+MIT2	刀具偏移量写入信号	○	—
	X004#2，#4	+MIT1，+MIT2	各轴手动进给互锁信号	○	—
	X004#2 ~ #6，#0，#1	SKIP2 ~ SKIP6，SKIP7，SKIP8	跳转信号	○	○
	X004#3，#5	−MIT1，−MIT2	各轴手动进给互锁信号	○	—
	X004#3，#6	−MIT1，−MIT2	刀具偏移量写入信号	○	—
	X004#6	ESKIP	跳转信号（PMC 轴控制）	○	○
	X004#7	SKIP	扭矩过载信号	—	○
	X004#7	SKIP	跳转信号	○	○
	X008#4	*ESP	急停信号	○	○
	X009	*DEC1 ~ *DEC4	参考点返回减速信号	○	○
Y	Y（n+0）	DSV1 ~ DSV4	伺服电机速度检测信号	○	○
	Y（n+1）#0，#2	DSP1，DSP2	主轴电机速度检测信号	○	○

注：表中：○表示可以使用；—表示不可使用。

附表 C-2　PMC 信号表按符号排序

组	符　号	信号功能	地　址	T 系列	M 系列
	*+ED1 ~ *+ED4	外部减速信号	G118	○	○
	*+L1 ~ *+L4	超程信号	G114	○	○
	*ABSM	手动绝对值信号	G006#2	○	○
	*BECLP	B 轴夹紧完成信号	G038#7	—	○
	*BEUCP	B 轴松开完成信号	G038#6	—	○
	*BSL	程序段开始互锁信号	G008#3	○	○
	*CRTOF	CRT 显示自动清屏取消信号	G062#1	○	○
	*CSL	切削程序段开始互锁信号	G008#1	○	○
	*DEC1 ~ *DEC4	参考点返回减速信号	X009	○	○
	*EAXSL	控制轴选择状态信号（PMC 轴控制）	F129#7	○	○
	*−ED1 ~ *−ED4	外部减速信号	G120	○	○
	*ESP	急停信号	G008#4	○	○
	*ESP		X008#4	○	○
	*ESPA	急停信号（串行主轴）	G071#1	○	○
	*ESPB		G075#1	○	○
*	*FLWU	跟踪信号	G007#5	○	○
	*FV0 ~ *FV7	进给速度倍率信号	G012	○	○
	*FV0E ~ *FV7E	进给速度倍率信号（PMC 轴控制）	G151	○	○
	*FV0O ~ *FV7O	软操作面板信号（*FV0 ~ *FV7）	F078	○	○
	*HROV0 ~ *HROV6	1% 快速进给倍率信号	G096#0 ~ #6	○	○
	*IT	互锁信号	G008#0	○	○
	*IT1 ~ *IT4	各轴互锁信号	G130	○	○
	*JV0 ~ *JV15	手动进给速度倍率信号	G010，G011	○	○
	*JV0O ~ *JV15O	软操作面板信号（*JV0 ~ *JV15）	F079，F080	○	○
	*−L1 ~ *−L4	超程信号	G116	○	○
	*PLSST	多边形主轴停止信号	G038#0	○	—
	*SCPF	主轴夹紧完成信号	G028#5	○	—
	*SP	进给暂停信号	G008#5	○	○
	*SSTP	主轴停止信号	G029#6	○	○
	*SSTP1		G027#3	○	○
	*SSTP2	各主轴停止信号	G027#4	○	○
	*SSTP3		G027#5	○	○

续附表 C-2

组	符　号	信号功能	地　址	T 系列	M 系列
*	*SUCPF	主轴松开完成信号	G028#4	○	—
	*TLV0～*TLV9	刀具寿命计数倍率信号	G049#0～G050#1	—	○
	*TSB	尾架屏蔽选择信号	G060#7	○	—
+	+EXL1～+EXL4	坐标轴方向存储行程限位开关信号	G104	○	○
	+J1～+J4	进给轴的方向选择信号	G100	○	○
	+J1O～+J4O	软操作面板信号（+J1～+J4）	F081#0, #2, #4, #6	○	○
	+LM1～+LM4	行程极限外部设定信号	G110	—	○
	+MIT1, +MIT2	刀具偏移量写入信号	X004#2, #4	○	—
	+MIT1, +MIT2	各轴手动进给互锁信号	X004#2, #4	○	—
	+MIT1～+MIT4	各轴和方向互锁信号	G132#0～#3	—	○
	+OT1～+OT4	行程限位到达信号	F124	—	○
-	−EXL1～−EXL4	坐标轴方向存储行程限位开关信号	G105	○	○
	−J1～−J4	进给轴的方向选择信号	G102	○	○
	−J10～−J40	软操作面板信号（−J1～−J4）	F081#1, #3, #5, #7	○	○
	−LM1～−LM4	行程极限外部设定信号	G112	—	○
	−MIT1, −MIT2	各轴手动进给互锁信号	X004#3, #5	—	—
	−MIT1, −MIT2	刀具偏移量写入信号	X004#3, #6	○	—
	−MIT1～−MIT4	各轴和方向互锁信号	G134#0～#3	○	○
	−OT1～−OT4	行程限位到达信号	F126	—	○
A	ABTQSV	伺服轴异常负载检测信号	F090#0	○	○
	ABTSP1	第 1 主轴异常负载检测信号	F090#1	○	○
	ABTSP2	第 2 主轴异常负载检测信号	F090#2	○	○
	AFL	辅助功能锁住信号	G005#6	○	○
	AICC	AI 先行控制方式信号	F062#0	—	○
	AL	报警信号	F001#0	○	○
	ALMA	报警信号（串行主轴）	F045#0	○	○
	ALMB		F049#0	○	○
	AR0～AR15	实际主轴速度信号	F040, F041	○	—
	ARSTA	报警复位信号（串行主轴）	G071#0	○	○
	ARSTB		G075#0	○	○

续附表 C-2

组	符　号	信号功能	地　址	T 系列	M 系列
B	B00～B31	第 2 辅助功能代码信号	F030～F033	○	○
	BAL	电池报警信号	F001#2	○	○
	BCLP	B 轴夹紧信号	F061#1	—	○
	BDT1，BDT2～BDT9	跳过任选程序段信号	G044#0，G045	○	○
	BDTO	软操作面板信号（BDT）	F075#2	○	○
	BF	第 2 辅助功能选通信号（BDT）	F007#4	○	—
	BF		F007#7	—	○
	BFIN	第 2 辅助功能结束信号（BDT）	G005#4	○	—
	BFIN		G005#7	—	○
	BGEACT	后台忙信号	F053#4	○	○
	BGEN	Power Mate 后台忙信号	G092#4	○	○
	BGIALM	Power Mate 读/写报警信号	G092#3	○	○
	BGION	Power Mate 读/写进行中信号	G092#2	○	○
	BUCLP	B 轴松开信号	F061#0	—	○
C	CDZ	倒角信号	G053#7	○	—
	CFINA	主轴切换结束信号（串行主轴）	F046#1	○	○
	CFINB		F050#1	○	○
	CHPA	动力线切换信号（串行主轴）	F046#0	○	○
	CHPB		F050#0	○	○
	CLRCH1～CLRCH4	冲撞式参考点设定扭矩极限到达信号	F180	○	○
	CON	Cs 轮廓控制切换信号	G027#7	○	○
	CSS	恒表面切削速度信号	F002#2	○	○
	CTH1A，CTH2A	离合器/齿轮档信号（串行主轴）	G070#3，#2	○	○
	CTH1B，CTH2B		G074#3，#2	○	○
	CUT	切削进给信号	F002#6	○	○
D	DEFMDA	微分方式指令信号（串行主轴）	G072#3	○	○
	DEFMDB		G076#3	○	○
	DEN	分配结束信号	F001#3	○	○
	DM00	M 译码信号	F009#7	○	○
	DM01		F009#6	○	○
	DM02		F009#5	○	○
	DM30		F009#4	○	○

续附表 C-2

组	符　号	信号功能	地　址	T 系列	M 系列
D	DMMC	直接运行选择信号	G042#7	○	○
	DNCI	DNC 运行选择信号	G043#5	○	○
	DRN	空运行信号	G046#7	○	○
	DRNE	空运行信号（PMC 轴控制）	G150#7	○	○
	DRNO	软操作面板信号（DRN）	F075#5	○	○
	DSCNA	断线检测无效信号（串行主轴）	G073#4	○	○
	DSCNB		G077#4	○	○
	DSP1，DSP2	主轴电机速度检测信号	Y（n+1）#0，#2	○	○
	DSV1～DSV4	伺服电机速度检测信号	Y（n+0）	○	○
E	EA0～EA6	外部数据输入用地址信号	G002#0～#6	○	○
	EABUFA	缓冲器满信号（PMC 轴控制）	F131#1	○	○
	EABUFB		F134#1	○	○
	EABUFC		F137#1	○	○
	EABUFD		F140#1	○	○
	EACNT1～EACNT4	控制信号（PMC 轴控制）	F182	○	○
	EADEN1～EADEN4	分配结束信号（PMC 轴控制）	F112	○	○
	EASIP1～EASIP4	轴控制高级指令信号	G200	○	○
	EAX1～EAX4	控制轴选择信号（PMC 轴控制）	G136	○	○
	EBSYA	轴控制指令读取完成信号（PMC 轴控制）	F130#7	○	○
	EBSYB		F133#7	○	○
	EBSYC		F136#7	○	○
	EBSYD		F139#7	○	○
	EBUFA	轴控制指令读取信号（PMC 轴控制）	G142#7	○	○
	EBUFB		G154#7	○	○
	EBUFC		G166#7	○	○
	EBUFD		G178#7	○	○
	EC0A～EC6A	轴控制指令信号（PMC 轴控制）	G143#0～#6	○	○
	EC0B～EC6B		G155#0～#6	○	○
	EC0C～EC6C		G167#0～#6	○	○
	EC0D～EC6D		G179#0～#6	○	○
	ECKZA	零跟随误差检测信号（PMC 轴控制）	F130#1	○	○
	ECKZB		F133#1	○	○

续附表 C-2

组	符　号	信号功能	地　址	T 系列	M 系列
	ECKZC	零跟随误差检测信号（PMC 轴控制）	F136#1	○	○
	ECKZD		F139#1	○	○
	ECLRA	复位信号（PMC 轴控制）	G142#6	○	○
	ECLRB		G154#6	○	○
	ECLRC		G166#6	○	○
	ECLRD		G178#6	○	○
	ED0 ~ ED15	外部数据输入用的数据信号	G000，G001	○	○
	EDENA	辅助功能执行信号（PMC 轴控制）	F130#3	○	○
	EDENB		F133#3	○	○
	EDENC		F136#3	○	○
	EDEND		F139#3	○	○
	EDGN	从装置诊断选择信号	F177#7	○	○
	EF	外部运行信号	F008#0	—	○
	EFD	用于高速接口的外部操作信号	F007#1	—	○
E	EFIN	外部操作功能结束信号	G005#1	—	○
	EFINA	辅助功能结束信号（PMC 轴控制）	G142#0	○	○
	EFINB		G154#0	○	○
	EFINC		G166#0	○	○
	EFIND		G178#0	○	○
	EGENA	轴移动信号（PMC 轴控制）	F130#4	○	○
	EGENB		F133#4	○	○
	EGENC		F136#4	○	○
	EGEND		F139#4	○	○
	EIALA	报警信号（PMC 轴控制）	F130#2	○	○
	EIALB		F133#2	○	○
	EIALC		F136#2	○	○
	EIALD		F139#2	○	○
	EID0A ~ EID31A	轴控制数据信号（PMC 轴控制）	G146 ~ G149	○	○
	EID0B ~ EID31B		G158 ~ G161	○	○
	EID0C ~ EID31C		G170 ~ G173	○	○
	EID0D ~ EID31D		G182 ~ G185	○	○
	EIF0A ~ EID15A	轴控制进给速度信号（PMC 轴控制）	G144，G145	○	○

续附表 C-2

组	符　号	信号功能	地　址	T 系列	M 系列
	EIF0B ~ EIF15B		G156, G169	○	○
	EIF0C ~ EIF15C		G168, G169	○	○
	EIF0D ~ EIF15D		G180, G181	○	○
	EINPA		F130#0	○	○
	EINPB	到位信号（PMC 轴控制）	F133#0	○	○
	EINPC		F136#0	○	○
	EINPD		F139#0	○	○
	EKC0 ~ EKC7	键代码信号	G098	○	○
	EKENB	键代码读取结束信号	F053#7	○	○
	EKSET	键代码读取信号	G066#7	○	○
	ELCKZA		G142#1	○	○
	ELCKZB	累加零位检测信号	G154#1	○	○
	ELCKZC		G166#1	○	○
	ELCKZD		G178#1	○	○
	EM11A ~ EM48A		F132, F142	○	○
	EM11B ~ EM48B	辅助功能代码信号（PMC 轴控制）	F135, F145	○	○
E	EM11C ~ EM48C		F138, F148	○	○
	EM11D ~ EM48D		F141, F151	○	○
	EMBUFA		G142#2	○	○
	EMBUFB	缓冲禁止信号（PMC 轴控制）	G154#2	○	○
	EMBUFC		G166#2	○	○
	EMBUFD		G178#2	○	○
	EMFA		F131#0	○	○
	EMFB	辅助功能选通信号（PMC 轴控制）	F134#0	○	○
	EMFC		F137#0	○	○
	EMFD		F140#0	○	○
	EMSBKA		G143#7	○	○
	EMSBKB	程序段停禁止信号（PMC 轴控制）	G155#7	○	○
	EMSBKC		G167#7	○	○
	EMSBKD		G179#7	○	○
	ENB	主轴使能信号	F001#4	○	○
	ENB2		F038#2	○	—

续附表 C-2

组	符　号	信号功能	地　址	T 系列	M 系列
	ENB3	主轴使能信号	F038#3	○	—
	ENBKY	外部键输入方式选择信号	G066#1	○	○
	EOTNA	负向超程信号（PMC 轴控制）	F130#6	○	○
	EOTNB		F133#6	○	○
	EOTNC		F136#6	○	○
	EOTND		F139#6	○	○
	EOTPA	正向超程信号（PMC 轴控制）	F130#5	○	○
	EOTPB		F133#5	○	○
	EOTPC		F136#5	○	○
	EOTPD		F139#5	○	○
	EOV0	倍率 0% 信号（PMC 轴控制）	F129#5	○	○
	EPARM	从装置参数选择信号	F177#6	○	○
	EPN0～EPN13	扩展工件号检索信号	G024#0～G025#5	○	○
	EPNS	外部工件号检索开始信号	G025#7	○	○
	EPRG	从装置程序选择信号	F177#4	○	○
E	ERDIO	从装置外部读取开始信号	F177#1	○	○
	EREND	外部数据输入读取结束信号	F060#0	○	○
	ERS	外部复位信号	G008#7	○	○
	ESBKA	程序段停信号（PMC 轴控制）	G142#3	○	○
	ESBKB		G154#3	○	○
	ESBKC		G166#3	○	○
	ESBKD		G178#3	○	○
	ESCAN	外部数据输入检索取消信号	F060#2	○	○
	ESEND	外部数据输入检索结束信号	F060#1	○	○
	ESKIP	跳转信号（PMC 轴控制）	X004#6	○	○
	ESOFA	伺服关断信号（PMC 轴控制）	G142#4	○	○
	ESOFB		G154#4	○	○
	ESOFC		G166#4	○	○
	ESOFD		G178#4	○	○
	ESTB	外部数据输入读取信号	G002#7	○	○
	ESTPA	轴控制暂停信号（PMC 轴控制）	G142#5	○	○
	ESTPB		G154#5	○	○

续附表 C-2

组	符 号	信号功能	地 址	T 系列	M 系列
E	ESTPC	轴控制暂停信号（PMC 轴控制）	G166#5	○	○
	ESTPD		F178#5	○	○
	ESTPIO	从装置读/写停止信号	F177#2	○	○
	EVAR	从装置宏变量选择信号	F177#5	○	○
	EWTIO	从装置外部写开始信号	F177#3	○	○
	EXLM	存储行程极限选择信号	G007#6	○	○
	EXOFA	电机激磁关断状态信号（串行主轴）	F047#4	○	○
	EXOFB		F051#4	○	○
	EXRD	外部读取开始信号	G058#1	○	○
	EXSTP	外部读取/传出停止信号	G058#2	○	○
	EXWT	外部传出开始信号	G058#3	○	○
F	F1D	F1 位进给选择信号	G016#7	—	○
	FIN	结束信号	G004#3	○	○
	FSCSL	Cs 轮廓控制切换结束信号	F044#1	○	○
	FSPPH	主轴相位同步控制结束信号	F044#3	○	○
	FSPSY	主轴同步速度控制结束信号	F044#2	○	○
G	G08MD	先行控制方式信号	F066#0	—	○
	GOQSM	刀具偏移量读取方式选择信号	G039#7	○	—
	GR1，GR2	齿轮档选择信号（T 型换挡）	G028#1，#2	○	○
	GR1O，GR2O，GR3O	齿轮档选择信号（M 型换挡）	F034#0 ~ #2	—	○
	GR21	齿轮档选择信号（输入）	G029#0	○	—
H	HDO0	高速跳转状态信号	F122#0	○	○
	HROV	1% 快速进给倍率选择信号	G096#7	○	○
	HS1A ~ HS1D	手轮进给轴选择信号	G018#0 ~ #3	○	○
	HS1AO	软操作面板信号（HS1D）	F077#0	○	○
	HS1BO		F077#1	○	○
	HS1CO		F077#2	○	○
	HS1DO		F077#3	○	○
	HS1IA ~ HS1ID	手轮中断轴选择信号	G041#0 ~ #3	○	○
	HS2A ~ HS2D	手轮进给轴选择信号	G018#4 ~ #7	○	○
	HS2IA ~ HS2ID	手轮中断轴选择信号	G041#4 ~ #7	○	○
	HS3A ~ HS3D	手轮进给轴选择信号	G019#0 ~ #3	—	○
	HS3IA ~ HS3ID	手轮中断轴选择信号	G042#0 ~ #3	—	○

续附表 C-2

组	符　号	信号功能	地　址	T 系列	M 系列
I	IGNVRY	所有轴 VRDY OFF 报警忽略信号	G066#0	○	○
	IGVRY1～IGVRY4	各轴 VRDY OFF 报警忽略信号	G192	○	○
	INCH	英制输入信号	F002#0	○	○
	INCMDA	增量指令外部设定方式定向信号(串行主轴)	G072#5	○	○
	INCMDB		G076#5	○	○
	INCSTA	增量方式定向信号（串行主轴）	F047#1	○	○
	INCSTB		F051#1	○	○
	INDXA	准停位置改变信号（串行主轴）	G072#0	○	○
	INDXB		G076#0	○	○
	INHKY	键输入禁止信号	F053#0	○	○
	INP1～INP4	到位信号	F104	○	○
	INTGA	速度积分控制信号（串行主轴）	G071#5	○	○
	INTGB		G075#5	○	○
	IOLACK	I/O Link 确认信号	G092#0	○	○
	IOLBH2	手摇脉冲发生器选择信号	G199#0	○	○
	IOLBH3		G199#1	○	○
	IOLNK	从装置 I/O Link 选择信号	F177#0	○	○
	IOLS	I/O Link 指定信号	G092#1	○	○
	IUDD1～IUDD4	异常负载检测忽略信号	G125	○	○
K	KEY1～KEY4	存储器保护信号	G046#3～#6	○	○
	KEYO	软操作面板信号（KEY1～KEY4）	F075#6	○	○
L	LDT1A	负载检测信号 2（串行主轴）	F045#4	○	○
	LDT1B		F049#4	○	○
	LDT2A		F045#5	○	○
	LDT2B		F049#5	○	○
M	M00～M31	辅助功能代码信号	F010～F013	○	○
	M200～M215	第 2M 功能代码信号	F014～F015	○	○
	M300～M315	第 3M 功能代码信号	F016～F017	○	○
	MA	CNC 就绪信号	F001#7	○	○
	MABSM	手动绝对值检测信号	F004#2	○	○
	MAFL	辅助功能锁住检查信号	F004#4	○	○
	MBDT1，MBDT2～MBDT9	跳过任选程序段检测信号	F004#0，F005	○	○

续附表 C-2

组	符 号	信号功能	地 址	T 系列	M 系列
	MCFNA	动力线切换结束信号（串行主轴）	G071#3	○	○
	MCFNB		G075#3	○	○
	MCHK	检测方式手轮有效信号	G067#3	○	—
	MD1，MD2，MD4	方式选择信号	G043#0 ~ #2	○	○
	MD1O		F073#0	○	○
	MD2O	软操作面板信号（MD4）	F073#1	○	○
	MD4O		F073#2	○	○
	MDRN	空运行检测信号	F002#7	○	○
	MEDT	存储器编辑选择检测信号	F003#6	○	○
	MF	辅助功能选通信号	F007#0	○	○
	MF2	第 2M 功能选通信号	F008#4	○	○
	MF3	第 3M 功能选通信号	F008#5	○	○
	MFIN	辅助功能结束信号	G005#0	○	○
	MFIN2	第 2M 功能结束信号	G004#4	○	○
	MFIN3	第 3M 功能结束信号	G004#5	○	○
M	MFNHGA	改变主轴信号时主主轴MCC状态信号（串行主轴）	G072#6	○	○
	MFNHGB		G076#6	○	○
	MH	手轮进给选择检测信号	F003#1	○	○
	MI1 ~ MI4	镜像信号	G106	○	○
	MINC	增量进给选择检测信号	F003#0	○	○
	MINP	外部程序输入开始信号	G058#0	○	○
	MJ	JOG 进给选择检测信号	F003#2	○	○
	MLK	所有轴机床锁住信号	G044#1	○	○
	MLK1 ~ MLK4	各轴机床锁住信号	G108	○	○
	MLKO	软操作面板信号（MLK）	F075#4	○	○
	MMDI	手动数据输入选择检测信号	F003#3	○	○
	MMEM	自动运行选择检测信号	F003#5	○	○
	MMI1 ~ MMI4	镜像检测信号	F108	○	○
	MMLK	所有轴机床锁住检测信号	F004#1	○	○
	MMOD	检测方式信号	G067#2	○	—
	MNCHG	反向禁止信号	F091#1	○	—
	MORA1A	用磁传感器的主轴定位接近信号（串行主轴）	F046#6	○	○

续附表 C -2

组	符　号	信号功能	地　址	T 系列	M 系列
M	MORA1B		F050#6	○	○
	MORA2A		F046#7	○	○
	MORA2B		F050#7	○	○
	MORCMA	用磁传感器的主轴定位指令(串行主轴)	G073#0	○	○
	MORCMB		G077#0	○	○
	MP1，MP2	手轮进给倍率选择信号（增量进给信号）	G019#4，#5	○	○
	MP1O	软操作面板信号（MP1）	F076#0	○	○
	MP2O	软操作面板信号（MP2）	F076#1	○	○
	MPOFA	电机动力关断信号（串行主轴）	G073#2	○	○
	MPOFB		G077#2	○	○
	MRDYA	机床就绪信号（串行主轴）	G070#7	○	○
	MRDYB		G074#7	○	○
	MREF	手动返回参考点选择检测信号	F004#5	○	○
	MRMT	DNC 运行选择确认信号	F003#4	○	○
	MRVM	检测方式回退移动禁止信号	G067#1	○	—
	MRVMD	检测方式回退移动信号	F091#0	○	—
	MRVSP	回退移动禁止信号	F091#2	○	—
	MSBK	单程序段检测信号	F004#3	○	○
	MSDFON	电机速度检测功能有效信号	G016#0	○	○
	MTCHIN	示教选择检测信号	F003#7	○	○
	MV1 ~ MV4	轴移动信号	F102	○	○
	MVD1 ~ MVD4	轴移动方向信号	F106	○	○
N	NOZAGC	垂直/角度轴控制无效信号	G063#5	○	○
	NPOS1 ~ NPOS4	位置显示忽略信号	G198	○	○
	NRROA	改变准停位置时最短距离移动指令信号（串行主轴）	G072#2	○	○
	NRROB		G076#2	○	○
O	OFN0 ~ OFN5，O	刀具偏置号选择信号	G039#0 ~ #5	○	—
	OP	自动运行灯信号	F000#7	○	○
	ORARA	定向完成信号（串行主轴）	F045#7	○	○
	ORARB		F049#7	○	○
	ORCMA	定向指令信号（串行主轴）	G070#6	○	○
	ORCMB		G074#6	○	○

续附表 C-2

组	符 号	信号功能	地 址	T系列	M系列
O	OUT0～OUT7	软操作面板通用开关信号	F072	○	○
	OVC	倍率取消信号	G006#4	○	○
	OVCE	倍率取消信号（PMC 轴控制）	G150#5	○	○
	OVRA	模拟倍率指令信号（串行主轴）	G072#4	○	○
	OVRB		G076#4	○	○
P	PBATL	绝对位置检测器电池电压低报警信号	F172#7	○	○
	PBATZ	绝对位置检测器电池电压零报警	F172#6	○	○
	PC1DTA	位置编码器一转信号的检测状态（串行主轴）	F047#0	○	○
	PC1DTB		F051#0	○	○
	PC2SLC	第 2 位置编码器选择信号	G028#7	○	○
	PECK2	钻小孔正在运行中信号	F066#5	—	○
	PN1, PN2, PN4, PN8, PN16	工件号检索信号	G009#0～4	○	○
	PORA2A	用位置编码器的主轴定向接近信号（串行主轴）	F046#5	○	○
	PORA2B		F050#5	○	○
	PRC	位置记录信号	G040#6	○	—
	PRGDPL	程序屏幕显示方式信号	F053#1	○	○
	PRTSF	所要零件计数到达信号	F062#7	○	○
	PSAR	主轴多边形速度到达信号	F063#2	○	—
	PSE1	主动轴没有到达信号	F06330	○	—
	PSE2	多边形同步轴没有到达信号	F06331	○	—
	PSW01～PSW16	位置开关信号	F070#0～F071#7	○	○
	PSYN	多边形同步信号	F063#7	○	—
R	R01I～R12I	主轴电机速度指令信号	G032#0～G033#3	○	○
	R01I2～R12I2		G034#0～G035#3	○	○
	R01I3～R12I3		G036#0～G037#3	○	○
	R01O～R12O	S12 位数代码输出信号	F036#0～F037#3	○	○
	RCFNA	输出切换结束信号（串行主轴）	F046#3	○	○
	RCFNB		F050#3	○	○
	RCHA	动力线状态检测信号（串行主轴）	G071#7	○	○
	RCHB		G075#7	○	○

续附表 C-2

组	符　号	信号功能	地　址	T 系列	M 系列
	RCHHGA	用磁传感器的高输出 MCC 状态信号（串行主轴）	G072#7	○	○
	RCHHGB		G076#7	○	○
	RCHPA	输出切换信号（串行主轴）	F046#2	○	○
	RCHPB		F050#2	○	○
	RGSPM	主轴的转向信号	F065#1	—	○
	RGSPP		F065#0	—	○
	RGTAP	刚性攻丝信号	G061#0	○	○
	RGTSP1，RGTSP2	刚性攻丝主轴选择信号（T 系列）	G061#4，#5	○	—
	RLSOT	行程检测解除信号	G007#7	—	○
	RLSOT3	行程检测 3 解除信号	G007#4	○	○
	ROTAA	改变准停位置时的旋转方向指令信号（串行主轴）	G072#1	○	○
	ROTAB		G076#1	○	○
	ROV1，ROV2	快速移动倍率信号	G014#0，#1	○	○
	ROV1E，ROV2E	快速移动倍率信号（PMC 轴控制）	G150#0，#1	○	○
	ROV1O	软操作面板信号（ROV1）	F076#4	○	○
	ROV2O	软操作面板信号（ROV2）	F076#5	○	○
R	ROVLP	快速移动程序段的重叠	G053#5	○	○
	RPALM	阅读/传出报警信号	F053#3	○	○
	RPBSY	阅读/传出处理中信号	F053#2	○	○
	RPDO	快速移动信号	F002#1	○	○
	RRW	复位和倒回信号	G008#6	○	○
	RSLA	输出切换请求信号（串行主轴）	G071#6	○	○
	RSLB		G075#6	○	○
	RST	复位信号	F001#1	○	○
	RT	手动快速进给选择信号	G019#7	○	○
	RTAP	刚性攻丝进程中信号	F076#3	○	○
	RTE	手动快速进给选择信号（PMC 轴控制）	G150#6	○	○
	RTNT	刚性攻丝回退启动信号	G062#6	—	○
	RTO	软操作面板信号（RT）	F077#6	○	○
	RTPT	刚性攻丝回退结束信号	F066#1	—	○
	RVS	回退信号	G007#0	—	○
	RVSL	回退过程中信号	F082#2	—	○
	RWD	倒回进行信号	F000#0	○	○

续附表 C-2

组	符　号	信号功能	地　址	T系列	M系列
S	S00～S31	主轴速度功能代码信号	F022～F025	○	○
	S1MES	主轴 1 测量中信号	F062#3	○	—
	S2MES	主轴 2 测量中信号	F062#4	○	—
	S2TLS	主轴测量选择信号	G040#5	○	○
	SA	伺服就绪信号	F000#6	○	○
	SAR	主轴速度到达信号	G029#4	○	○
	SARA	速度到达信号（串行主轴）	F045#3	○	○
	SARB		F049#3	○	○
	SBK	单程序段信号	G046#1	○	○
	SBKO	软操作面板信号（SBK）	F075#3	○	○
	SCLP	主轴夹紧信号	F038#0	○	—
	SDTA	速度检测信号（串行主轴）	F045#2	○	○
	SDTB		F049#2	○	○
	SF	主轴速度选通信号	F007#2	○	○
	SFIN	主轴功能结束信号	G005#2	○	○
	SFRA	CW 指令信号（串行主轴）	G070#5	○	○
	SFRB		G074#5	○	○
	SGN	主轴电机指令极性选择信号	G033#5	○	○
	SGN2		G035#5	○	○
	SGN3		G037#5	○	○
	SHA00～SHA11	主轴定向外部停位置指令信号	G078#0～G079#3	○	○
	SHB00～SHB11		G080#0～G081#3	○	○
	SHPC	AI 先行控制方式信号	F062#0	○	○
	SIND	PMC 控制主轴速度输出控制信号	G033#7	○	○
	SIND2		G035#7	○	○
	SIND3		G037#7	○	○
	SKIP	扭矩过载信号	X004#7	—	○
	SKIP	跳转信号	X004#7	○	○
	SKIP2～SKIP6，SKIP7，SKIP8		X004#2～#6，#0，#1	○	○
	SKIPP		G006#6	○	—
	SLVA	从动运行指令信号（串行主轴）	G073#1	○	○
	SLVB		G077#1	○	○

续附表 C-2

组	符　号	信号功能	地　址	T 系列	M 系列
	SLVSA	从动运行状态信号（串行主轴）	F046#4	○	○
	SLVSB		F050#4	○	○
	SMZ	误差检测信号	G053#6	○	—
	SOCNA	软启动/停止取消信号（串行主轴）	G071#4	○	○
	SOCNB		G075#4	○	○
	SOR	主轴定向信号	G029#5	○	○
	SOV0～SOV7	主轴速度倍率信号	G030	○	○
	SPAL	主轴波动检测报警信号	F035#0	○	—
	SPL	进给暂停灯信号	F000#4	○	○
	SPO	软操作面板信号（*SP）	F075#7	○	○
	SPPHS	主轴相位同步控制信号	G038#3	○	○
	SPSLA	主轴选择信号	G071#2	○	○
	SPSLB		G075#2	○	○
	SPSTP	主轴定位信号	G028#6	○	—
	SPSYC	主轴同步控制信号	G038#2	○	○
	SRN	程序再启动信号	G006#0	○	○
S	SRNMY	程序再启动中信号	F002#4	○	○
	SRVA	CCW 指令信号（串行主轴）	G070#4	○	○
	SRVB		G074#4	○	○
	SSIN	主轴电机指令输出极性选择信号	G033#6	○	○
	SSIN2		G035#6	○	○
	SSIN3		G037#6	○	○
	SSTA	零速度信号（串行主轴）	F045#1	○	○
	SSTB		F049#1	○	○
	ST	循环启动信号	G007#2	○	○
	STL	循环启动灯信号	F000#5	○	—
	STLK	启动锁住信号	G007#1	○	—
	STRD	输入和运行同时进行方式选择信号	G058#5	—	○
	STWD	输出和运行同时进行方式选择信号	G058#6	—	○
	SUCLP	主轴松开信号	F038#1	○	—
	SVF1～SVF4	伺服关断信号	G126	○	○
	SWS1	主轴选择信号	G027#0	○	○

续附表 C-2

组	符　号	信号功能	地　址	T 系列	M 系列
S	SWS2	主轴选择信号	G027#1	○	○
	SWS3		G027#2	○	○
	SYCAL	相位误差监视信号	F044#4	○	○
	SYCAL	主轴同步控制报警信号	F044#4	○	○
	SYNC1 ~ SYNC4	简单同步轴选择信号	G138	○	○
	SYNCJ1 ~ SYNCJ4	简单同步手动进给轴选择信号	G140	—	○
T	T00 ~ T31	刀具功能代码信号	F026 ~ F029	○	○
	TAP	攻丝信号	F001#5	○	○
	TF	刀具功能选通信号	F007#3	○	○
	TFIN	刀具功能结束信号	G005#3	○	○
	THRD	螺纹切削信号	F002#3	○	○
	TL01 ~ TL256	刀具组号选择信号	G047#0 ~ G048#0	—	○
	TL01 ~ TL64	刀具组号选择信号	G047#0 ~ #6	○	—
	TLCH	刀具更换信号	F064#0	○	○
	TLCHB	刀具寿命到期通知信号	F064#3	○	○
	TLCHI	每把刀具的切换信号	F064#2	—	○
	TLMA	转矩限制信号（串行主轴）	F045#6	○	○
	TLMB		F049#6	○	○
	TLMHA	转矩限制指令 HIGH 信号（串行主轴）	G070#1	○	○
	TLMHB		G074#1	○	○
	TLMLA	转矩限制指令 LOW 信号（串行主轴）	G070#0	○	○
	TLMLB		G074#0	○	○
	TLNW	新刀具选择信号	F064#1	○	○
	TLRST	刀具更换复位信号	G048#7	○	○
	TLRST1	每把刀具的更换复位信号	G048#6	—	○
	TLSKP	刀具跳过信号	G048#5	○	○
	TMRON	通用累计计数器启动信号	G053#0	○	○
	TRQL1 ~ TRQL4	转矩极限到达信号	F114	○	—
U	UI000 ~ UI015	用户宏程序输入信号	G054，G055	○	○
	UINT	用户宏程序中断信号	G053#3	○	○
	UO000 ~ UO015	用户宏程序输出信号	F054，F055	○	○
	UO100 ~ UO131		F056 ~ F059	○	○

续附表 C-2

组	符　号	信号功能	地　址	T 系列	M 系列
W	WOQSM	工件坐标系偏移量写入方式选择信号	G039#6	○	—
	WOSET	工件坐标系偏移量写信号	G040#7	○	—
X	XAE		X004#0	○	○
Y	YAE	测量位置到达信号	X004#1	—	○
	ZAE		X004#1	○	—
	ZAE		X004#2	—	○
Z	ZP1~ZP4	参考位置返回结束信号	F094	○	○
	ZP21~ZP24	第 2 参考位置返回结束信号	F096	○	○
	ZP31~ZP34	第 3 参考位置返回结束信号	F098	○	○
	ZP41~ZP44	第 4 参考位置返回结束信号	F100	○	○
	ZRF1~ZRF4	参考位置建立信号	F120	○	○
	ZRN	手动返回参考点选择信号	G043#7	○	○
	ZRNO	软操作面板信号（ZRN）	F073#4	○	○

注：表中：○表示可以使用；—表示不可使用。

参考文献

[1]　廖兆荣，杨旭丽．数控机床电气控制[M]．2 版．北京：高等教育出版社，2008.

[2]　许翏，王淑英．电气控制与 PLC 应用[M]．4 版．北京：机械工业出版社，2009.

[3]　崔兆华等．数控机床电气控制与维修[M]．济南：山东科学技术出版社，2009.

[4]　夏燕兰．数控机床电气控制[M]．北京：机械工业出版社，2006.

[5]　刘小春．电气控制与 PLC 技术应用[M]．北京：电子工业出版社，2009.

[6]　吕厚余，邓力．工业电气控制技术[M]．北京：科学出版社，2007.

[7]　张永飞．数控机床电气控制[M]．大连：大连理工大学出版社，2008.

[8]　赵承荻，杨利军．电机与电气控制技术[M]．3 版．北京：高等教育出版社，2011.

[9]　李宏胜，朱强，曹锦江．FANUC 数控系统维护与维修[M]．北京：高等教育出版社，2011.

[10]　程龙泉．可编程控制器应用技术（西门子）[M]．北京：冶金工业出版社，2009.

[11]　牛志斌．图解数控机床—西门子典型系统维修技巧[M]．北京：机械工业出版社，2005.

[12]　龚仲华．FANUC 0i C 数控系统完全应用手册[M]．北京：人民邮电出版社，2009.

[13]　刘永久．数控机床故障诊断与维修技术（FANUC 系统）[M]．2 版．北京：机械工业出版社，2009.

[14]　周兰，陈少艾．FANUC 0i-D/0i Mate-D 数控系统连接调试与 PMC 编程[M]．北京：机械工业出版社，2012.

[15]　曹智军，肖龙．数控 PMC 编程与调试[M]．北京：清华大学出版社，2010.

[16]　陈贤国．数控机床 PLC 编程[M]．北京：国防工业出版社，2010.

[17]　李宏胜．机床数控技术及应用[M]．北京：高等教育出版社，2008.